高等学校碳中和城市与低碳建筑设计系列教材

高等学校土建类专业课程教材与教学资源专家委员会规划教材

丛书主编　刘加平

低碳智慧建筑设计

Low-Carbon Smart Building Design

袁烽　张永明　庄智　编著

中国建筑工业出版社

图书在版编目（CIP）数据

低碳智慧建筑设计 = Low-Carbon Smart Building
Design / 袁烽，张永明，庄智编著 . -- 北京：中国建
筑工业出版社，2024.12. --（高等学校碳中和城市与低
碳建筑设计系列教材 / 刘加平主编）（高等学校土建类
专业课程教材与教学资源专家委员会规划教材）.

ISBN 978-7-112-30717-3

Ⅰ . TU18

中国国家版本馆 CIP 数据核字第 2024BE5648 号

为了更好地支持相应课程的教学，我们向采用本书作为教材的教师提供课件，有需要者可与出版社联系。
建工书院：https://edu.cabplink.com
邮箱：jckj@cabp.com.cn　电话：（010）58337285

策　　划：陈　桦　柏铭泽
责任编辑：王　惠　陈　桦
责任校对：芦欣甜

高等学校碳中和城市与低碳建筑设计系列教材
高等学校土建类专业课程教材与教学资源专家委员会规划教材
丛书主编　刘加平
低碳智慧建筑设计
Low-Carbon Smart Building Design
袁烽　张永明　庄智　编著
*
中国建筑工业出版社出版、发行（北京海淀三里河路9号）
各地新华书店、建筑书店经销
北京海视强森图文设计有限公司制版
北京中科印刷有限公司印刷
*
开本：787毫米×1092毫米　1/16　印张：16³⁄₄　字数：301千字
2025 年 2 月第一版　2025 年 2 月第一次印刷
定价：69.00元（赠教师课件）
ISBN 978-7-112-30717-3
　　　（44437）

《高等学校碳中和城市与低碳建筑设计系列教材》
总序

党的二十大报告中指出要"积极稳妥推进碳达峰碳中和，推进工业、建筑、交通等领域清洁低碳转型"，同时要"实施城市更新行动，加强城市基础设施建设，打造宜居、韧性、智慧城市"，并且要"统筹乡村基础设施和公共服务布局，建设宜居宜业和美乡村"。中国建筑节能协会的统计数据表明，我国 2020 年建材生产与施工过程碳排放量已占全国总排放量的 29%，建筑运行碳排放量占 22%。提高城镇建筑宜居品质、提升乡村人居环境质量，还将会提高能源等资源消耗，直接和间接增加碳排放。在这一背景下，碳中和城市与低碳建筑设计作为实现碳中和的重要路径，成为摆在我们面前的重要课题，具有重要的现实意义和深远的战略价值。

建筑学（类）学科基础与应用研究是培养城乡建设专业人才的关键环节。建筑学的演进，无论是对建筑设计专业的要求，还是建筑学学科内容的更新与提高，主要受以下三个因素的影响：建筑设计外部约束条件的变化、建筑自身品质的提升、国家和社会的期望。近年来，随着绿色建筑、低能耗建筑等理念的兴起，建筑学（类）学科教育在课程体系、教学内容、实践环节等方面进行了深刻的变革，但仍存在较大的优化和提升空间，以顺应新时代发展要求。

为响应国家"3060"双碳目标，面向城乡建设"碳中和"新兴产业领域的人才培养需求，教育部进一步推进战略性新兴领域高等教育教材体系建设工作。旨在系统建设涵盖碳中和基础理论、低碳城市规划、低碳建筑设计、低碳专项技术四大模块的核心教材，优化升级建筑学专业课程，建立健全校内外实践项目体系，并组建一支高水平师资队伍，以实现建筑学（类）学科人才培养体系的全面优化和升级。

"高等学校碳中和城市与低碳建筑设计系列教材"正是在这一建设背景下完成的，共包括 18 本教材，其中，《低碳国土空间规划概论》《低碳城市规划原理》《建筑碳中和概论》《低碳工业建筑设计原理》《低碳公共建筑设计原理》这 5 本教材属于碳中和基础理论模块；《低碳城乡规划设计》《低碳城市规划工程技术》《低碳增汇景观规划设计》这 3 本教材属于低碳城市规划模块；《低碳教育建筑设计》《低碳办公建筑设计》《低碳文体建筑设计》《低碳交通建筑设计》《低碳居住建筑设计》《低碳智慧建筑设计》这 6 本教材属于低碳建筑设计模块；《装配式建筑设计概论》《低碳建筑材料与构造》《低碳建筑设备工程》《低碳建筑性能模拟》这 4 本教材属于低碳专项技术模块。

本系列丛书作为碳中和在城市规划和建筑设计领域的重要研究成果，涵盖了从基础理论到具体应用的各个方面，以期为建筑学（类）学科师生提供全面的知识体系和实践指导，推动绿色低碳城市和建筑的可持续发展，培养高水平专业人才。希望本系列教材能够为广大建筑学子带来启示和帮助，共同推进实现碳中和城市与低碳建筑的美好未来！

丛书主编、西安建筑科技大学建筑学院教授、中国工程院院士

前言

随着全球气候变化日益严峻，建筑行业作为能源消耗和碳排放的主要来源之一，亟需采取行动降低其对环境的负面影响。如何高效转向探索以全生命周期为目标的低碳发展技术路径，是我国建筑业落实全社会双碳目标的关键。

2023年9月，习近平总书记在全国新型工业化推进大会上的讲话强调了适应新一轮科技革命和产业变革的重要性，利用新兴技术解决传统建筑工程问题已成为国家发展战略。将建筑工业化与新一代信息技术相结合，推动建筑业数字化、智能化转型，不仅是我国建筑工程实现高效精造和降本增效的驱动力，也是"双碳"目标下建筑设计、建造、运维突破减碳技术瓶颈的关键点。

当前，随着技术创新与理念革新，低碳智慧建筑正逐渐成为当代建筑发展的重要趋势。信息技术在建筑全生命周期的深度融合为低碳智慧建筑的设计、建造和运维带来了革命性的创新，智能生成设计方法、性能化设计技术、智能建造技术、高性能隔热材料、太阳能光伏技术、智能控制系统等技术革新不仅极大地提升了建筑设计的效能水平，而且为显著降低建筑碳排放提供了技术保障。低碳智慧建筑从设计阶段开始，就能够对建筑的全生命周期进行模拟优化，实现精细化管理和智能化监测调控，从而有效促进了建筑的降碳和增效。当前，尽管低碳智慧建筑发展仍然面临着一系列挑战，包括高昂的技术成本，建筑、土木、环境能源及智能科学等多领域高效协同难题，以及相关标准和评价体系的缺失等。在此背景下，《低碳智慧建筑设计》一书旨在提供一个全面的视角，系统梳理了低碳智慧建筑的设计理论、流程方法和关键技术，为建筑行业的低碳智慧发展提供理论支持和实践指导。

《低碳智慧建筑设计》从"面向隐含碳的低碳智慧建筑设计""面向运行碳的低碳智慧建筑设计""面向全生命周期的低碳智慧建筑设计"等不同的维度，对低碳智慧建筑设计展开立体的论述，厘清低碳智慧建筑的学科边界、发展现状和知识结构，并以案例与产业实践作为总结，展望低碳智慧建筑的前沿实践与产业化发展路径，为读者提供兼具深度和广度的低碳智慧建筑知识图景。本书共包含11章，第1章绪论章节介绍了低碳智慧建筑的内涵、发展需求、产业背景，以及面向全生命周期的低碳智慧建筑设计的主要理念；第2章概述了低碳智慧建筑的生成式设计原理、方法与减碳策略；第3章从结构性能化设计、环境性能化设计两个方面介绍了低碳智慧建筑的性能化设计理论与方法；第 4 章阐述了低碳智慧建筑的设计建造一体化理论，重点对机器人智能建造方法及其减碳策略进行了介绍；第 5 章重点介绍了低碳智慧建筑与能源交互设计的理论及技术方法；第 6、7 章分别针对低碳智慧建筑的环境交互设计、行为交互设计进行阐述；第 8 到 10 章从全生命周期的角度对低碳智慧建筑的 BIM 原理、标准、应用及碳计算等内容进行了介绍；第 11 章介绍了低碳智慧建筑的工程实践案例与未来展望。

本书编写团队多年深耕低碳智能建筑领域，在低碳智慧建筑设计的理论、方法与技术体系等方面具有深厚的研究积累。其中，同济大学袁烽教授主要承担了本书第 1 至 4 章、第 11 章的编写工作，副教授柴华、博士后欧雄全、傅嘉言、余君望、李瑜，博士生许心慧等人协助编写；同济大学姚佳伟副教授主要承担了第 3 章中低碳智慧建筑的性能化设计部分的编写；同济大学张永明副教授承担了第 5 章低碳智慧建筑能源交互设计的编写工作，博士生颜哲等人协助编写；同济大学庄智副教授主要承担了第 6 章低碳智慧建筑环境交互设计的编写工作；同济大学闫超助理教授承担了第 7 章低碳智慧建筑行为动态交互设计部分；同济大学特聘研究员任国乾承担了本书第 8 到 10 章的编写工作。全书由清华大学林波荣教授审定。

截至 2024 年底，本教材已建成配套核心课程 5 节，建成配套建设项目 10 项，相关资料及课件已上传至虚拟教研室，很好地完成了纸数融合的课程体系建设。

本书可作为高等学校建筑学专业教材使用，也可为低碳设计与建造领域的从业人员提供理论参考。在编写和审定过程中，本书得到了有关专家和业内同行的大力支持和帮助，在此编者表示衷心感谢！

目录

知识图谱

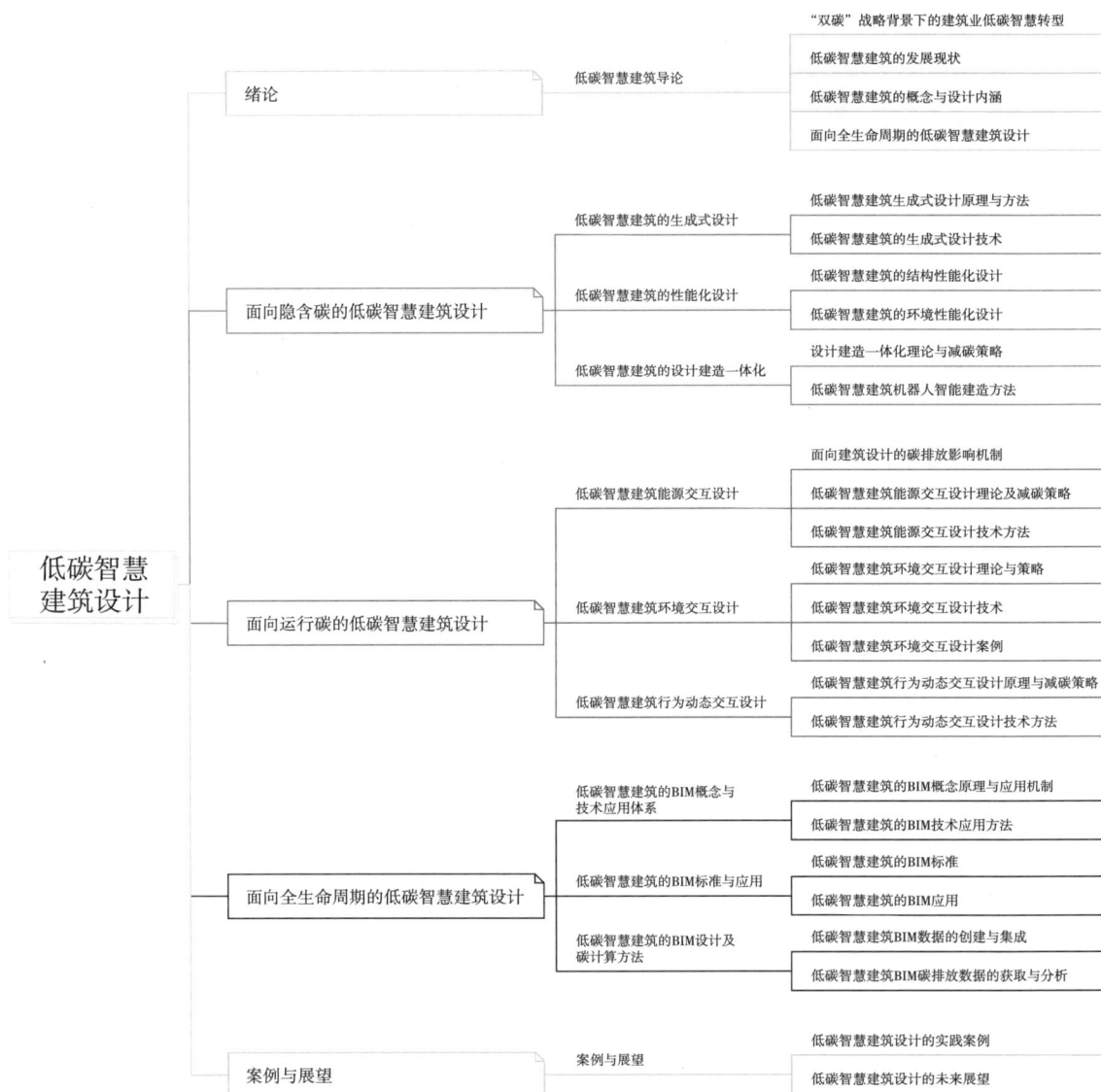

低碳智慧建筑设计

绪论
低碳智慧建筑导论
- "双碳"战略背景下的建筑业低碳智慧转型
- 低碳智慧建筑的发展现状
- 低碳智慧建筑的概念与设计内涵
- 面向全生命周期的低碳智慧建筑设计

面向隐含碳的低碳智慧建筑设计
- 低碳智慧建筑的生成式设计
  - 低碳智慧建筑生成式设计原理与方法
  - 低碳智慧建筑的生成式设计技术
- 低碳智慧建筑的性能化设计
  - 低碳智慧建筑的结构性能化设计
  - 低碳智慧建筑的环境性能化设计
- 低碳智慧建筑的设计建造一体化
  - 设计建造一体化理论与减碳策略
  - 低碳智慧建筑机器人智能建造方法

面向运行碳的低碳智慧建筑设计
- 低碳智慧建筑能源交互设计
  - 面向建筑设计的碳排放影响机制
  - 低碳智慧建筑能源交互设计理论及减碳策略
  - 低碳智慧建筑能源交互设计技术方法
- 低碳智慧建筑环境交互设计
  - 低碳智慧建筑环境交互设计理论与策略
  - 低碳智慧建筑环境交互设计技术
  - 低碳智慧建筑环境交互设计案例
- 低碳智慧建筑行为动态交互设计
  - 低碳智慧建筑行为动态交互设计原理与减碳策略
  - 低碳智慧建筑行为动态交互设计技术方法

面向全生命周期的低碳智慧建筑设计
- 低碳智慧建筑的BIM概念与技术应用体系
  - 低碳智慧建筑的BIM概念原理与应用机制
  - 低碳智慧建筑的BIM技术应用方法
- 低碳智慧建筑的BIM标准与应用
  - 低碳智慧建筑的BIM标准
  - 低碳智慧建筑的BIM应用
- 低碳智慧建筑的BIM设计及碳计算方法
  - 低碳智慧建筑BIM数据的创建与集成
  - 低碳智慧建筑BIM碳排放数据的获取与分析

案例与展望
案例与展望
- 低碳智慧建筑设计的实践案例
- 低碳智慧建筑设计的未来展望

第 1 篇 绪论

第 1 章 低碳智慧建筑导论

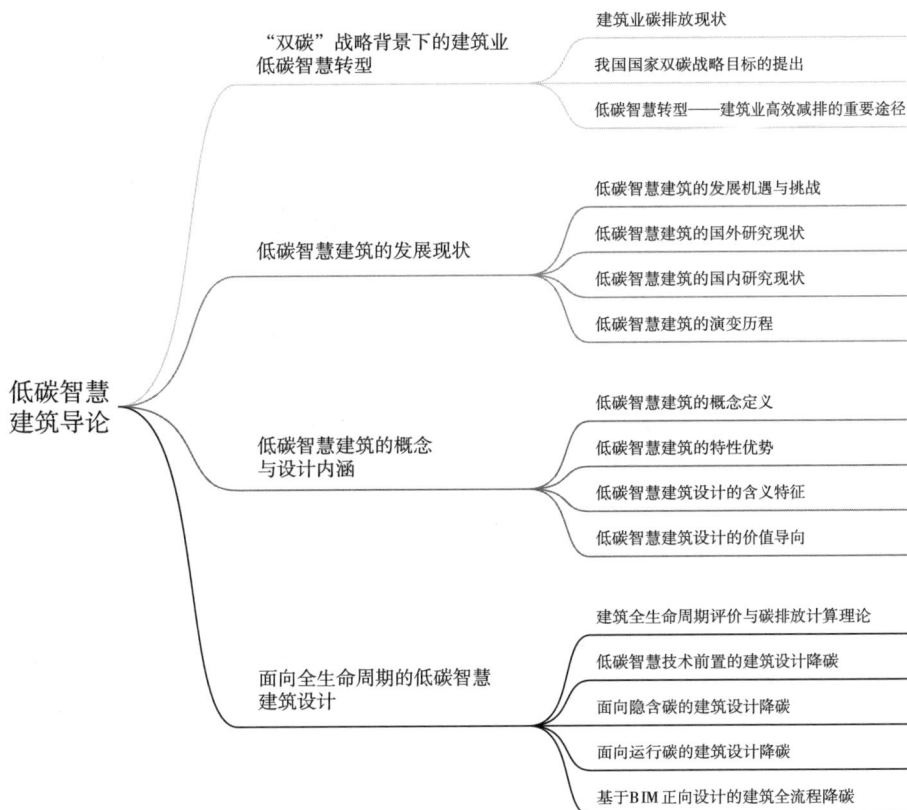

低碳智慧
建筑导论

"双碳"战略背景下的建筑业
低碳智慧转型
- 建筑业碳排放现状
- 我国国家双碳战略目标的提出
- 低碳智慧转型——建筑业高效减排的重要途径

低碳智慧建筑的发展现状
- 低碳智慧建筑的发展机遇与挑战
- 低碳智慧建筑的国外研究现状
- 低碳智慧建筑的国内研究现状
- 低碳智慧建筑的演变历程

低碳智慧建筑的概念
与设计内涵
- 低碳智慧建筑的概念定义
- 低碳智慧建筑的特性优势
- 低碳智慧建筑设计的含义特征
- 低碳智慧建筑设计的价值导向

面向全生命周期的低碳智慧
建筑设计
- 建筑全生命周期评价与碳排放计算理论
- 低碳智慧技术前置的建筑设计降碳
- 面向隐含碳的建筑设计降碳
- 面向运行碳的建筑设计降碳
- 基于BIM正向设计的建筑全流程降碳

本章要点:

知识点1. 低碳智慧建筑的发展机遇与研究现状。

知识点2. 低碳智慧建筑的三个演变阶段。

知识点3. 低碳智慧建筑的概念定义与设计内涵。

知识点4. 建筑全生命周期评价理论与碳排放计算方法。

知识点5. 面向全生命周期的低碳智慧建筑设计原理框架。

学习目标:

(1)了解低碳智慧建筑的发展现状与演变历程。

(2)理解低碳智慧建筑的概念定义与设计内涵。

(3)理解建筑全生命周期评价理论与碳排放计算方法。

(4)了解面向全生命周期的低碳智慧建筑设计原理。

『双碳』战略背景下的建筑业低碳智慧转型

1.1.1　建筑业碳排放现状

自工业革命以来，因人类活动而导致的化石燃料燃烧，排放出大量以二氧化碳（CO_2）为代表的温室气体。由于温室气体包裹，地球能够捕获更多的太阳热量，进而导致地表逐渐变暖。减少 CO_2 排放，是控制全球气候变暖的关键。国际能源署（International Energy Agency，IEA）2019 年发布的《全球能源与二氧化碳排放》报告指出，建筑业是全球第一能耗与碳排放大户，占比分别达 40% 和 33%[1]。联合国环境规划署（United Nation Environment Programme，UNEP）2022 年的全球建筑制造业现状报告反馈，建筑业当年的碳排放达到近 100 亿吨 CO_2 当量，比 2019 年的峰值还高出 2%[2]。建筑业减排任务艰巨、潜力巨大。

1.1.2　我国国家双碳战略目标的提出

2020 年，党中央提出了"2030 碳达峰、2060 碳中和"（以下简称"双碳"目标）重大战略决策。中国节能协会 2022 年发布的《中国建筑能耗与碳排放研究报告》数据显示，截至 2020 年底，建筑全生命周期碳排放已占到我国碳排放总量的 50% 以上[3]。住房和城乡建设部 2022 年批准并实施的国家标准《建筑节能与可再生能源利用通用规范》GB 55015—2021 将建筑工程碳排放计算作为强制要求，提出在设计阶段就坚持以低能耗和低碳排放来实现建筑工程的高品质产出。如何高效转向探索以全生命周期为目标的低碳发展技术路径，是我国建筑业落实全社会双碳目标的关键。[4]

1.1.3　低碳智慧转型——建筑业高效减排的重要途径

传统工程建造方式效率低、碳排放量高，长期制约着我国由建造大国迈向建造强国[5]。2023 年 9 月，习近平总书记在全国新型工业化推进大会上的讲话强调了适应新一轮科技革命和产业变革的重要性，利用新兴技术解决传统建筑工程问题已成为国家发展战略。将建筑工业化与新一代信息技术相结合，推动建筑业数字化、智能化转型，不仅是我国建筑工程实现高效精造和降本增效的驱动力，也是"双碳"目标下建筑设计、建造、运维突破减碳技术瓶颈的关键点。推动建筑低碳智慧转型，建立融合"设计智能—建材碳谱—环境健康—用能柔性—运维智慧"[4]的一体化、智能化减碳新范式，是促进我国建筑业高效减排的重要途径。

1.2

低碳智慧建筑的发展现状

1.2.1　低碳智慧建筑的发展机遇与挑战

在全球气候变化背景下，低碳智慧代表了当代建筑发展的重要方向。技术进步及理念革新正为低碳建筑带来良好发展机遇：

（1）技术创新如高性能隔热材料、太阳能光伏技术、智能控制系统等应用，既提升了空间环境舒适度，也显著减少了建筑碳排放。

（2）政府不断出台的税收优惠、财政补贴等措施，以及社会公众环保意识的提升，推动了低碳智慧建筑市场需求的增长。

（3）数字化与信息技术的深度融合为低碳智慧建筑的设计、建造和运维带来了创新，从设计阶段开始就能进行建筑全生命周期的模拟优化，实施精细化管理和智能化监测调控，进而促进建筑降碳增效。

尽管如此，低碳智慧建筑的发展仍面临诸多挑战。其中包括高昂的前期设计、材料和技术成本，建筑、土木、环境能源、智能科学等多领域的技术整合与项目管理协调，以及相关标准和评价体系的统一。

1.2.2　低碳智慧建筑的国外研究现状

国际的低碳智慧建筑的研究集中在几个关键领域：

（1）被动式建筑设计，如斯德哥尔摩皇家理工学院和麻省理工学院聚焦于提高建筑能效，通过建筑的朝向、布局及表皮的绝缘性能来最小化能源需求。

（2）智能建筑系统研究，如加州大学伯克利分校和剑桥大学深入探讨了智能感知技术、自动控制系统与用户行为分析，通过智能监测和调控来优化建筑能耗以及提升空间舒适度。

（3）绿色建筑评价标准与认证，如美国的 LEED 和英国的 BREEAM 评价体系已在全球广泛应用，推动了建筑业可持续发展及低碳技术应用。

（4）智能设计与建造方法，如瑞士苏黎世联邦理工学院（ETH）和德国斯图加特大学在结构性能化设计与机器人智能建造方面取得了突破，为建筑低碳智能建造提供了技术支持和方法论支撑。

1.2.3　低碳智慧建筑的国内研究现状

国内的低碳智慧建筑的研究关注以下几个不同方向：

（1）建筑节能技术，如清华大学和西安建筑科技大学专注于外围护结构节能设计、高效节能建筑材料开发以及供热通风与空气调节（Heating, Ventilation, and Air Conditioning，HVAC）系统优化。

（2）智能运维管理系统，如东南大学利用物联网、大数据和人工智能技术，实现建筑能耗实时监控与优化。

（3）可再生能源集成应用，如清华大学和同济大学深入研究如何将太阳能等新能源利用有效集成到建筑设计中，减少对于传统能源的依赖。

（4）绿色建材应用创新，如同济大学等在高性能保温材料、低碳水泥及可再生建材研究方面取得进展，探索了机器人木构和混凝土固废3D打印技术。

1.2.4 低碳智慧建筑的演变历程

（1）数字化阶段

数字化是低碳智慧建筑发展的初级阶段，主要特征是利用信息技术和数字工具来优化建筑设计、施工与管理过程。该阶段起始于20世纪70至80年代，伴随着个人计算机的普及和软件技术的进步。计算机辅助设计（Computer Aided Design，CAD）和建筑信息模型（Building Information Modeling，BIM）等核心技术的应用，提升了设计精度与施工效率，减少了工程变更与错误，建立了实时共享数据环境，有效地促进了资源优化配置和决策过程。数字化还推动了建筑材料和构件生产的进步，如数控机床（CNC）和3D打印技术的应用，实现了材料利用最大化与废料产出最小化。

（2）智能化阶段

21世纪初，随着传感器、人工智能（AI）、物联网（Internet of Things，IoT）和大数据（Big Data）等新信息技术的发展，建筑智能化阶段到来。该阶段的特征为建筑智能设计与建造技术的快速进步，如生成式设计、性能化设计和机器人建造的应用，提高了建造精度和效率。同时，建筑自动化和智能化管理水平显著提升。通过集成大量传感器和执行器，建筑能够自动调整其运行系统，如照明和HVAC系统，可显著减少能耗。智能家居系统和建筑管理系统（BMS）的应用使得大型设施的运营更加高效，通过实时能耗监控能够优化能源使用。

（3）智慧化阶段

智慧化是低碳智慧建筑发展的高级阶段，不仅包括智能化阶段的所有技术特征，更强调建筑与使用者、城市环境和能源系统的互动整合，进而转变为能够感知、学习和适应的生态系统。建筑智慧化的核心在于系统融合和优化：将建筑与城市的能源、交通和环境监测系统进行整合，实现资源共享与优化配置，依托数据驱动决策，利用人工智能技术开展精细化管理和个性化服务。例如建筑通过与城市基础设施和可再生能源系统的深度融合，实现柔性用能与高效控碳，通过收集人的行为数据和反馈，学习用户偏好与习惯，进而促进用户参与和体验优化。低碳智慧建筑最终将被视作为城市生态互联中的一环，与能源网格、交通系统、居民群体等形成动态互动系统，展现出一种建筑、人、环境协同的全新发展模式。

1.3.1 低碳智慧建筑的概念定义

在"双碳"背景下，低碳智慧建筑作为响应全球气候变化和推动建筑业绿色化、智能化转型升级的新兴概念被提出。"低碳建筑"于2003年首次在英国白皮书中与"低碳经济"一词共同被提出[6]，指向于在全生命周期中碳排放量相对较少的建筑物，聚焦于建筑规划、设计、建造、运维及拆除全过程中碳排放的最小化。"智慧建筑"则是"智能建筑"的进一步发展。国家标准《智能建筑设计标准》GB 50314—2015中指出："智能建筑是以建筑物为平台，基于对各类智能化信息的综合利用，集架构、系统、应用、管理及优化组合为一体，具有感知、传输、记忆、推理、判断和决策的综合智慧能力，形成以人、建筑、环境互为协调的整体，为人们提供安全、高效、便利及可持续发展功能环境的建筑"。相较于国内智能建筑定义侧重于对技术自动化和建筑功能控制作用的强调，国际上则更聚焦于通过智能技术来满足居住者的需求及建筑的绿色可持续发展。因此，智慧建筑可定义为将通信技术、计算机技术和自控技术进行融合应用的建筑，核心在于自我学习与自主决策[7]，通过数据分析预测并优化建筑能源、资源利用和环境、行为效能。结合"低碳建筑"和"智慧建筑"概念，本书对于低碳智慧建筑的理解如下：

在广义层面，低碳智慧建筑指向于一种绿色低碳和智慧建筑理念深度融合的建筑实践模式。"低碳"强调建筑全生命周期内的低碳排与低能耗，在实践中指向于可再生能源和绿色建材的使用，以及低碳智能设计、建造技术的应用。"智慧"则侧重利用物联网、大数据、智能控制系统等新信息技术，实现建筑能源管理的自动化和智能化，进而提高建筑运营效率与空间环境舒适性。

在狭义层面，低碳智慧建筑特指那些在设计阶段就整合了绿色和智能技术的建筑物。通过新信息技术赋能设计、生产、施工、运维、拆除全过程，实现建筑低碳排放、能源高效使用、用户个性化体验以及资源可持续利用，进而最大限度地减少建筑全生命周期对环境的负面影响。

1.3.2 低碳智慧建筑的特性优势

低碳智慧建筑具有显著的特性优势。例如：通过优化建筑性能和调节内部空间环境，可减少建筑对外部能源依赖，创造舒适健康的居住和工作环境；通过智能传感器和人工智能算法实现建筑系统的实时监控与智能管理，可提高能源使用效率，为环境保护和能源危机提供创新解决方案；利用雨水收集、太阳能发电和地热能等可再生能源技术，可减少化石燃料依赖，支持城市绿色低碳发展；通过提供高效、智能的生活空间，能够实现个性化的服务。

1.3.3 低碳智慧建筑设计的含义特征

低碳智慧建筑设计代表了建筑低碳设计和智能技术的深度融合。在这一过程中，生成式设计、性能化设计、设计建造一体化以及智慧运维等方法和理念起到了重要作用。

（1）生成式设计利用算法探索出满足给定参数条件下的最优设计方案，进而能够在早期设计阶段就对建筑形态、结构和材料等进行优化，实现对资源的高效利用。

（2）性能化设计关注建筑性能指标，通过性能模拟和评估以引导设计决策，进而确保建筑方案在实现功能和美学目标同时，能够满足低碳与高性能设计要求。

（3）设计建造一体化强调设计与建造过程的紧密协同，通过使用建筑信息模型等数字化工具和技术，实现设计数据与建造过程无缝对接，进而在设计阶段即发现并解决建造中可能存在的问题，减少资源浪费，降低建筑碳排放。

（4）智慧化运维利用物联网、大数据和人工智能等新信息技术，对建筑使用和运维进行实时监控与智能管理，根据建筑使用情况动态调整系统设置，进而提高能源效率和降低碳排放，同时提升用户居住体验。

1.3.4 低碳智慧建筑设计的价值导向

（1）生态环保是低碳智慧建筑设计的核心价值。通过运用可再生能源、高效材料及绿色技术，可在建筑的全生命周期内最大程度地减少碳足迹和环境影响。

（2）能源效率是低碳智慧建筑设计的关键目标。通过生成式设计和性能化设计等方法的应用，在设计初期就能够预测和优化建筑的性能，实现能源使用效率最大化和运营成本最小化。

（3）用户体验是低碳智慧建筑设计的重要内容。通过智慧运维系统和智能交互技术，实时监控和分析用户行为，可提供个性化的环境控制和服务，增强建筑空间的舒适性和便利性。

（4）技术创新是低碳智慧建筑设计的发展动力。通过整合物联网、大数据、人工智能和机器人技术，使得低碳智慧建筑在设计和建造阶段展现出高效智能操作，并在运营管理中通过自学习和自适应技术，自主优化建筑性能。

1.4.1 建筑全生命周期评价与碳排放计算理论

1）全生命周期评价理论

建筑是一种长生命周期产品，从原材料开采、生产建造、使用到拆除的整个过程都会对环境产生影响。全生命周期评价（Life Cycle Assessment，LCA）理论为建筑学科提供了一种评估建筑在其整个生命周期内对环境影响的系统性方法。该方法涵盖建筑生产、建造和使用全过程，着眼于期间能量和物质消耗及其对环境的潜在负面影响，通过识别并量化这些影响，寻求减轻环境负担策略。

全生命周期评价理论框架基于四个核心原则：整体性、关联性、结构性和动态性。整体性原则是指建筑全生命周期每个阶段都不可或缺，需作为完整系统来评价。关联性原则强调了各阶段之间的互相制约关系。结构性原则和动态性原则分别指出了在具体评价时需要考虑的阶段特点以及随时间变化的因素。

建筑全生命周期评价过程遵循国际 ISO 14044 标准，分为目的和范围定义、清单分析、影响评价（LCIA）和结果解释四个步骤。通过全生命周期评价流程，建筑师和工程师可以在设计阶段就预见建筑的环境影响，从而在材料选择、能源利用等方面做出更加环保的决策。我国在建筑可持续性和低碳评价方面起步较晚，但已经取得一定进展，例如《建筑工程可持续性评价标准》JGJ/T 222—2011 和《建筑碳排放计量标准》CECS 214—2014 的颁布。这些标准不仅参考了国际标准 ISO 14040 系列和 ISO 14046 系列，还提出了基于清单统计和建筑信息模型的评估方法，以适应国内建筑设计、建造和运维管理的实际情况。

2）建筑全生命周期碳排放计算方法

建筑全生命周期碳排放涉及环节因素复杂，因而其计算具有较大难度。目前国际上的代表性碳排放计算方法有：联合国环境规划署的碳排放通用指标（CCM）、英国的英格兰及威尔士地区公共建筑计算方法建模导则（NCM）、美国的 ASHARE 碳排放计算标准、德国的 DGNB 可持续建筑评估技术体系等。我国建筑碳排放计算方法主要包括实测法、物料衡算法和排放因子法。实测法通过现场监测获得直接数据，准确性强，但成本和技术要求高。物料衡算法通过分析建筑全过程的物料输入和输出来计算碳排放，工作量大，过程复杂。排放因子法通过统计数据和标准排放系数来简化计算过程，应用范围最广。基于排放因子的建筑碳排放计算方法包含核算边界、清单分析、排放因子三个基本要素：

（1）核算边界

确定核算边界是碳排放计算的关键步骤，涉及确定哪些活动或过程应包括在碳排放计算中。在建筑全生命周期视角下，核算边界涵盖从原材料的提取、加工到建筑的设计、施工、使用、维护，乃至最终的拆除和废弃物处理等所有阶段。

（2）清单分析

清单分析是收集和计算各阶段基础数据的过程，旨在评估每个阶段的总输入和总输出。该过程需要综合考虑能源的转换效率、材料的运输距离、建筑运营过程中能源使用情况等因素。

（3）排放因子

排放因子是计算碳排放量的关键参数，代表了特定活动或燃料燃烧过程中每单位能源或物料产生的碳排放量。不同能源种类和工艺流程的排放因子差异显著，世界上几乎所有碳排放数据库、数据清单等都基于《IPCC 国家温室气体清单指南》。代表性的碳排放数据库有：中国生命周期基础数据库（CLCD）、中国碳核算数据库（CEADs）、中国多尺度排放清单模型（MEIC）、全球碳预算数据库（GCB）、联合国气候变化框架公约（UNFCCC）数据库、二氧化碳信息分析中心数据档案库（CDIAC）、全球大气研究排放数据库（EDGAR）、美国能源信息署（EIA）等。

在建立计算框架和模型后，传统工作方式是通过调研、数据整理等方式收集碳排放计算所需信息，进行人工或借助软件工具统计。国外以"SimaPro""Gabi""BEES"等软件为代表，国内以"PKPM-CES""T20-CEV5.0""东禾建筑碳排放计算分析专用软件"等为代表。近年来，基于 BIM 建模和工程清单导入的碳排放计算工作方式在实践中展现了效率优势。住房和城乡建设部 2019 年颁布的《建筑碳排放计算标准》GB/T 51366—2019 规定了建筑在建材生产和运输、建造及拆除、运行等阶段的碳计算方法与公式，并提供了主要能源和建材碳排放因子、常用施工机械台班能源用量、建筑物运行特征等基础数据供计算查询。

1.4.2　低碳智慧技术前置的建筑设计降碳

与建筑碳排放相关的减排决策 50%~80% 发生在建筑设计阶段 [8]。将低碳智慧技术前置，基于合理设计进行源头控碳，能够实现低成本的最大化减碳。建筑全生命周期的碳排放主要包括隐含碳和运行碳，其中隐含碳是指建材生产、建造与拆除过程中发生的碳排放，运行碳则包括来自于建筑内部的燃气和散煤使用的直接碳排放以及外界输入建筑的电力、热力包含的间接碳排放 [9]（图 1-1）。依托生成式设计、性能化设计等智能设计方法以及设计建造一体化技术，进行材料、构造低碳选型与结构、环境高性能设计优化，调整生产和施工的工艺、工法，可有效控制建筑隐含碳排放。基于智慧化运营设计，进行能源使用和空间环境的动态监测与智能调控，开展人本设计和行为优化，能够高效减少建筑运行碳排放。BIM 是对工程项目信息进行系统数字化表达的三维模型，具有信息携带量高、数据交互性强等优势。基于 BIM 正向设计，进行碳排

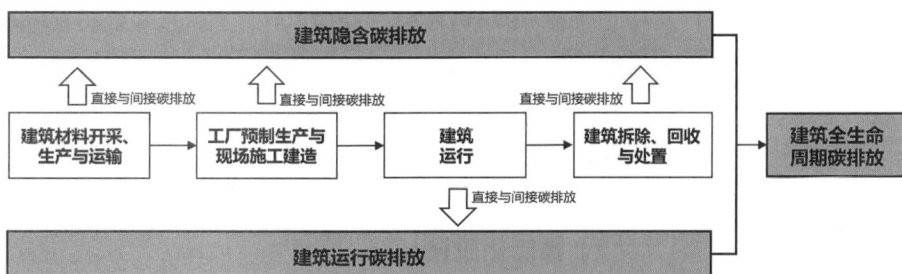

图 1-1　全生命周期视角下的建筑碳排放边界界定

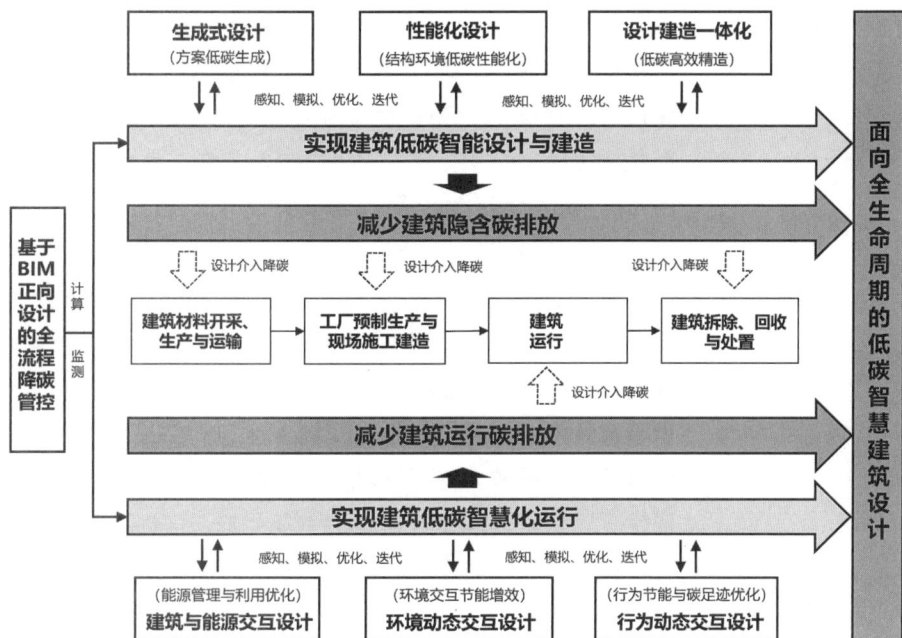

图 1-2　面向全生命周期的低碳智慧建筑设计原理框架

放计算和设计方案信息数据集成耦合与分析评估，能够形成协同隐含碳与运行碳的全流程、一体化控制，实现面向全生命周期的低碳智慧建筑设计（图 1-2）。

1.4.3　面向隐含碳的建筑设计降碳

（1）生成式设计

建筑生成式设计是一种基于算法、规则和参数化的设计方法，通过编写或利用现有算法来规范建筑元素之间的关系，并实现设计方案自动生成。

在低碳智慧建筑设计中，生成式设计致力于建筑空间形态的低碳智能生成，从建筑整体的布局形态、围护结构形式到部品构件的材料属性、几何尺寸等因素出发，对建筑全生命周期的隐含碳排放进行控制和优化。

基于人工智能技术的应用，建筑生成式设计依托变分自编码器（Variational

Auto Encoder, VAE)、生成对抗网络（Generative Adversarial Networks, GAN）和扩散模型（Diffusion Model, DM）等技术实现方案生成迭代过程的智能增强，在提升建筑形态自主智能生成效率和效果的同时，促进对设计方案碳排放的有效控制。

（2）性能化设计

性能化设计是将性能作为建筑设计生形的驱动要素，通过计算机技术来仿真模拟和评估优化设计方案，主要包括结构性能化与环境性能化设计。

结构性能化设计通过数字技术模拟和优化结构性能，寻求空间形态与结构的合理关系，实现形与力的互动。在低碳智慧建筑设计中，结构性能化通过选择低碳材料并优化结构形态，以实现结构高性能和节材设计，从而控制和优化建筑结构的隐含碳排放。常用方法包括力密度法（Force Density Method）、动态平衡法（Dynamic Equilibrium）、图解静力学（Graphic Statics）、拓扑优化（Topology Optimization）等。

环境性能化设计关注于实现特定的建成环境性能目标，并围绕性能目标进行设计和优化。环境性能化的减碳设计，通过合理的场地、建筑、环境规划设计，可以满足建筑自然通风、采光等需求，并结合被动式太阳能等技术，实现能源需求最小化与可再生能源利用最大化，在达到提高环境性能的同时减少碳排放。基于环境性能化的智能设计是通过应用人工智能技术与智能优化算法，开展设计方案的智能生成、实时评估、自主推演，并在设计过程中实现对环境性能、能耗和碳排放的精准分析与多目标优化。

（3）设计建造一体化

设计建造一体化强调设计与建造过程的紧密协同，借助参数化设计方法达成的人机协作，进而建立起从"设计意图"到"建造"之间的全新连接。

在低碳智慧建筑设计中，设计建造一体化致力于材料选用、工艺技术层面的低碳建造，通过结合机器人智能建造技术提高建造的精度与效能，进而对建筑建造过程中的隐含碳排放进行高效优化。

"生形—模拟—优化—迭代—建造"构成了建筑设计建造一体化的主要形式和工作流程，建造导向的工具研发、基于建造约束的计算性设计、设计与建造过程的交互反馈是支撑建筑设计建造一体化的重要技术基础。

1.4.4 面向运行碳的建筑设计降碳

（1）建筑与能源交互设计

建筑与能源交互设计通过优化方案设计中的建筑能源系统，从而有效降低建筑运行中的碳排放。

在低碳智慧建筑设计中，可基于降低能耗和碳负荷、增强可再生能源利用、提升建筑能效等策略，开展建筑能源需求分析、建筑能源系统方案设计与模拟评估，以有效实现建筑节能降碳。

建筑与能源交互设计依托于光伏发电、风力发电、生物质发电、热电联产、热泵、吸收式制冷等能源供应技术以及电能、热能等能源储存技术支持。建筑能源系统设计则涵盖四个方面：基于土地和可再生能源的低碳规划；基于新能源应用、能源微网和储能系统的节能设计；包括智慧管理系统、建筑需求响应和能源与碳交易的融合交互设计；以及聚焦于车辆到电网（Vehicle-to-Grid，V2G）和车辆到建筑（Vehicle-to-Building，V2B）技术的绿色交通交互设计。

（2）环境动态交互设计

环境交互设计强调了人类活动、行为和感知如何受到周围环境的影响，以及如何通过设计来改善这种相互作用。

建筑环境交互设计在此基础上进一步强调建筑与其周围环境以及内部环境之间形成的有机互动关系。这一概念涵盖了建筑表皮与外部自然环境、智能设备与室内人工环境之间的相互作用，旨在实现建筑的能源效率、舒适性和可持续性的综合提升。

建筑表皮交互设计重心集中在热环境调节及光环境调节两方面。热环境调节的主要设计策略包括：被动式气候调节腔层、热质动态调蓄、生态介质表皮、光热平衡遮阳、有源复合围护结构；光环境调节的主要设计策略为自然智能调光。设备交互设计策略主要指气候适宜性交互式控制运维，包括以下两种模式：根据室内外环境条件调节室内设备的运行模式以及根据室内人员的活动情况或需求调节室内设备的运行模式。

（3）行为动态交互设计

行为动态交互设计是对建成环境的人群行为进行数字化、动态化的建模与模拟，进而优化人类行为和空间环境之间的相互作用。

在低碳智慧建筑设计中，通过空间布局、材料选择、光照和通风等因素影响人群行为，结合智能建筑技术实现能源高效利用和精细化管理，能够有效减少行为碳足迹，从而降低建筑的运行碳排放。

基于行为导向的碳排测度和耦合计算、基于行为驱动的空间优化设计以及基于行为交互的智慧空间动态调节是行为动态交互设计减碳的重要工作内容。相关技术方法包括了行为动态数据的采集与可视化、复杂行为决策的建模与推演、"行为—空间"交互的生成与优化、人工智能行为模拟优化等。

1.4.5 基于 BIM 正向设计的建筑全流程降碳

（1）低碳智慧建筑设计的 BIM 技术应用

BIM 能够利用可共享的建筑资产数字化表现形式，为设计、施工和运营过程赋能，为相关决策提供可靠依据。

在低碳智慧建筑设计中，BIM 提供了不同阶段、专业进行数据融合的技术支撑，能够对建筑全生命周期碳排放和建设全流程信息进行精准追溯与精细管理，是支撑方案设计的重要信息交换工具和知识管理（Knowledge Management，KM）系统。

低碳智慧建筑设计的 BIM 技术应用依托于底层数据模式、底层数据词典、信息交换方法等基础方法，以解决设计方案与碳排放计算评估中的信息集成管理和互操作性（Interoperability）问题。

（2）面向全生命周期降碳的 BIM 标准与流程

BIM 应用标准提供了如何使用 BIM 进行项目信息管理过程的指导。从建筑项目的初始策划与准备阶段，可通过设定健全的 BIM 执行计划等来确保低碳方案设计的质量。

在设计阶段：通过 BIM 制定详细且可持续性的方案，助力低碳设计决策；确保所有低碳技术和材料的精确应用，并建立详细的数据管理规划、节能措施方案；使用 BIM 集成设计信息，确保建造、施工和运维阶段可以实现设计意图，进而实现低碳可持续性目标。在运维阶段：通过 BIM 确保资产管理过程中信息的完整性和可访问性，进而为设施高效管理和低碳智慧运营提供支持。

（3）基于 BIM 的建筑全生命周期碳排放计算

BIM 技术可以利用数字模型中的标准化数据进行能耗模拟、碳排放计算和环境影响评估，优化建筑材料选择、能源系统配置和形态布局，以减少碳排放。在设计中可通过 BIM 模型的创建和数据管理来获得碳排放相关数据，进而进行计算分析。

在创建方案 BIM 模型时，需综合 BIM 技术标准、设计交付要求及存储规范，确保模型元素分类和标识符合标准。模型的命名规则、功能空间表达和模型架构是核心要点。在数据管理层面，需要采用通用的标准格式导出和管理 BIM 数据，实现跨软件、平台的数据交换，保证数据的一致性和完整性。

基于 BIM 的建筑全生命周期碳排放计算分别涉及隐含碳和运行碳。隐含碳计算以 BIM 模型信息为支持，涵盖选材、生产、运输、施工过程，通过自动化数据交换精确获得设计方案中的隐含碳计算数据用于低碳设计决策。运行碳计算侧重于捕捉建筑能耗数据，通过统计、模拟和实时的监测评估来实现数据精确感知，并结合 BIM 与物联网技术来优化资源利用，有效减少运行碳排放。

（1）【填空】住房和城乡建设部2022年批准并实施的国家标准_____将建筑工程碳排放计算作为强制要求。

（2）【简答】简述低碳智慧建筑的概念定义。

（3）【填空】低碳智慧建筑的三个发展阶段分别是：____、____、____。

（4）【填空】低碳智慧建筑设计的四个价值导向是：____、____、____、____。

（5）【填空】全生命周期评价理论框架所基于的四个核心原则分别是指____、____、____、____。

（6）【填空】建筑全生命周期评价过程遵循国际____标准，分为____、____、____、____四个步骤。

（7）【简答】简述建筑碳排放的计算方法中实测法、物料衡算法和排放因子法之间的差异。

（8）【简答】简述对于建筑隐含碳与运行碳的概念理解。

（9）【简答】简述建筑能源系统设计的主要内容。

（10）【填空】低碳智慧建筑设计的BIM技术应用依托于____、____、____等基础方法，解决设计方案与碳排放计算评估中的信息集成管理和数据交互问题。

本章参考文献

[1] IEA. Global Energy & CO_2 Status Report [EB/OL].[2024-03-01] extension：//ngphe hpfehdmjellohmlojkplilekadg/pages/pdf/web/viewer.html?file=https%3A%2F%2Fiea. blob.core.windows.net%2Fassets%2F23f9eb39-7493-4722-aced-61433 cbffe10%2FGlobal_Energy_and_CO2_Status_Report_2018.pdf.

[2] UNEP. 2022 Global Status Report for Buildings and Construction：Towards a Zero-emission，Efficient and Resilient Buildings and Construction Sector[EB/OL]. [2024-03-01] https://wedocs.unep.org/handle/20.500.11822/41133.

[3] 中国建筑节能协会.2022中国建筑能耗与碳排放研究报告 [R]. 重庆：中国建筑节能协会，2022.

[4] 庄惟敏，刘加平，王建国，等.建筑碳中和的关键前沿基础科学问题 [J]. 中国科学基金，2023，37（3）：348-352.

[5] 丁烈云.智能建造创新型工程科技人才培养的思考 [J]. 高等工程教育研究，2019（5）：1-4+29.

[6] 鲍健强，叶瑞克.低碳建筑论 [M]. 北京：中国环境出版社，2015.

[7] 杜明芳.智慧建筑：智能＋时代建筑业转型发展之道 [M]. 北京：机械工业出版社，2020.

[8] 刘加平，王怡，王莹莹，等.绿色建筑设计标准体系发展面临的问题与建议 [J]. 中国科学基金，2023，37（3）：360-363.

[9] 林波荣，周浩."双碳"目标下的我国建筑工程标准发展建议 [J]. 工程建设标准化，2022（2）：28-29.

第 2 篇

面向隐含碳的低碳智慧建筑设计

第 2 章

低碳智慧建筑的生成式设计

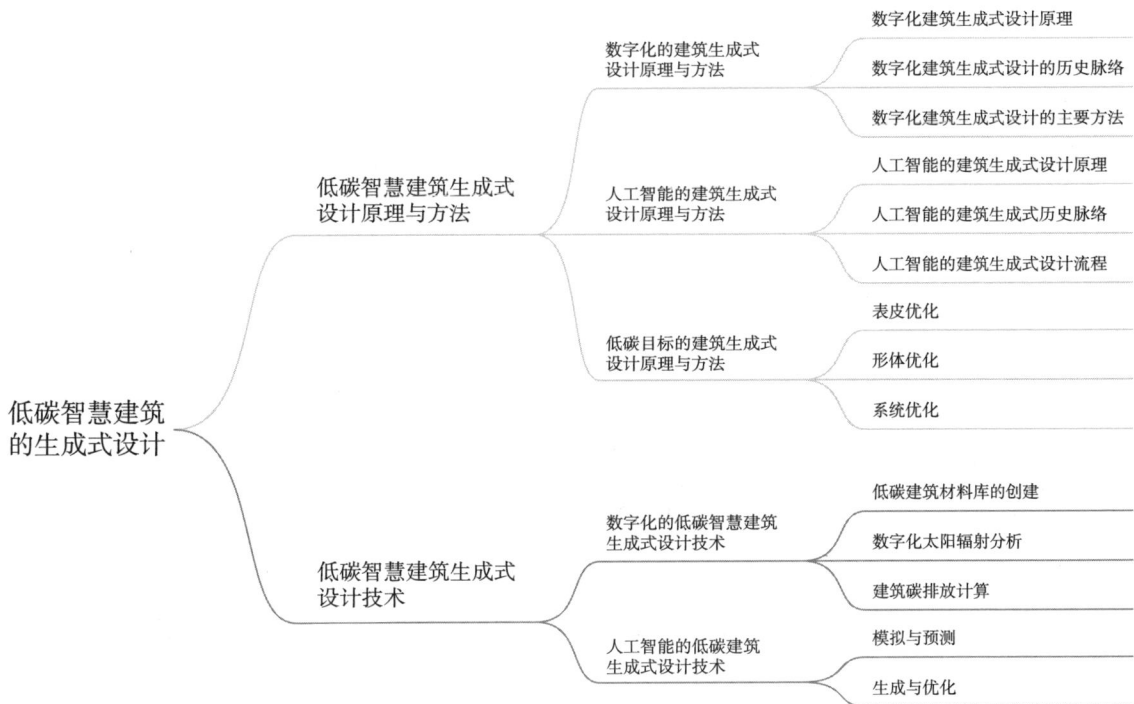

低碳智慧建筑
的生成式设计

低碳智慧建筑生成式
设计原理与方法

数字化的建筑生成式
设计原理与方法

- 数字化建筑生成式设计原理
- 数字化建筑生成式设计的历史脉络
- 数字化建筑生成式设计的主要方法

人工智能的建筑生成式
设计原理与方法

- 人工智能的建筑生成式设计原理
- 人工智能的建筑生成式历史脉络
- 人工智能的建筑生成式设计流程

低碳目标的建筑生成式
设计原理与方法

- 表皮优化
- 形体优化
- 系统优化

低碳智慧建筑生成式
设计技术

数字化的低碳智慧建筑
生成式设计技术

- 低碳建筑材料库的创建
- 数字化太阳辐射分析
- 建筑碳排放计算

人工智能的低碳建筑
生成式设计技术

- 模拟与预测
- 生成与优化

本章要点：

知识点 1. 数字化与人工智能建筑生成式设计的原理、方法。

知识点 2. 低碳目标的建筑生成式设计原理、方法。

知识点 3. 低碳建筑生成式设计的表皮、形体和系统优化。

知识点 4. 人工智能辅助低碳建筑设计的模拟、预测、生成和优化。

学习目标：

（1）了解生成式建筑设计的概念、发展历程和设计方法。

（2）掌握生成式低碳建筑设计的基本原理和主要方法，理解人工智能辅助建筑设计的工作流程。

2.1.1　数字化的建筑生成式设计原理与方法

1）数字化建筑生成式设计原理

传统设计受到人力、时间和资源的限制，成果的多样性不足。数字化的生成式设计通过计算机语言来解决设计问题，工作流的每一步都被译成编码、编码构成程序、设计模型由特定参数输入程序生成、设计等被分解为可量化的步骤，这些步骤创建了一组指令，包括可识别的模式和趋势，为算法解决设计问题奠定了框架。设计变成了一个动态的、可重复的程序进程，一旦实施，生成式设计可以提高生产力和创造更多样的结果。

2）数字化建筑生成式设计的历史脉络

数字化建筑生成式设计的历史发展可以划分为三个阶段：

（1）图解分析（1920—1950 年代）

鲁道夫·维特科瓦（Rudolf Wittkower）的著作《人文主义时代的建筑法则》给出了一个对帕拉第奥别墅几何模式的抽象图解[1]。柯林·罗（Colin Rowe）受老师维特科瓦的影响，在《理想别墅的数学》一文中，以平面图解的范式，将现代建筑与古典、文艺复兴时期建筑进行比较分析。彼得·埃森曼（Peter Eisenman）基于维特科瓦、柯林·罗等人的图解思想，将图解操作从建筑分析发展至设计生成，埃森曼借助计算机技术探索形式生成（错动、扭转、切割、放样、布尔等），将图解工具的生成性发展至顶峰状态。

（2）形式生成（1960—2000 年代）

格雷戈·林恩（Greg Lynn）在埃森曼的启发下结合算法又将设计推向了数字生成，林恩更强调一种建筑形式的动态生成过程，他将建筑设计从手工绘图的创作模式转变为数字化的生形体系，在计算机和 CNC "量产定制"的辅助下，这种数字化的形式生成理论在建筑领域中形成一支崛起的新兴力量，并对后来的生成式建筑设计探索产生了深远的影响。

（3）算法生成（2000—至今）

卡尔·初（Karl Chu）提出的"星球自动机"提供了一种生成式设计方法，建筑设计摆脱了形式范式，转向对规则的描述。乔治·斯特尼（George Stiny）则将设计与运算紧密联系，实现了设计由"自上而下"到"自下而上"的转变。迭代、递归、多代理系统、集群智能等算法不仅实现了形式生成的高度自动化，也打开了人们对设计中不确定性的全新认知[2]。

3）数字化建筑生成式设计的主要方法

（1）数字图解

在数字图解的发展中，折叠（Folding）、泡状物（Blob）、动态形式

（Animate Form）和复杂性（Intricacy）依次成为各个阶段的核心思想。折叠的概念反映出两种运动方式：折入（Fold in）与折出（Fold out），是拓扑层面的变换过程。

"泡状物"则来源于 3D 软件 Wavefront 的塑形技术名称，英文 Blob 是 Binary Large Objects（二进制大型物体）的缩写。"泡状物"是基于计算机变形技术所提出的一种形式概念，是受动态参数控制作用力影响而成的流体形态。

通过泡状物中整体与部分间的动态关系，可衍生出随时空变换的动态形式，这里的"动"并不是物理学所定义的位移与运动，而是更接近"动画"的概念。动态形式与建筑形体的生成、衍变和塑形有关。

"复杂性"是一个具有差异性和多样性的系统，巴洛克时期的流动更接近于"复杂"概念，因为消除了重复性，通过变化和差异，每个点都具有在时空上的特殊定义，而无法被简单地还原为孤立的个体。

（2）形式语法

形式语法的诞生可以追溯到 20 世纪 50 年代中期，初期目的在于发展出一种类似于自然语言的形态描述体系，使计算机能够自动理解和翻译。到了 1960 年代，艾伦·伯恩霍尔兹（Allen Bernholtz）和爱德华·比尔斯顿（Edward Bierstone）利用算法将复杂设计问题分解为简单子问题，进而重构解决方案。1972 年乔治·斯特尼和詹姆斯·吉普斯（James Gips）将形式语法描述为一种代表视觉、空间甚至是思维的原始绘画语言，形式语法以类比自然语言的自发展方式，将"设计规则"作为语法结构，运用图解作为语言的交流工具，扩充了建筑生成体系的发展（图 2-1）[3]。

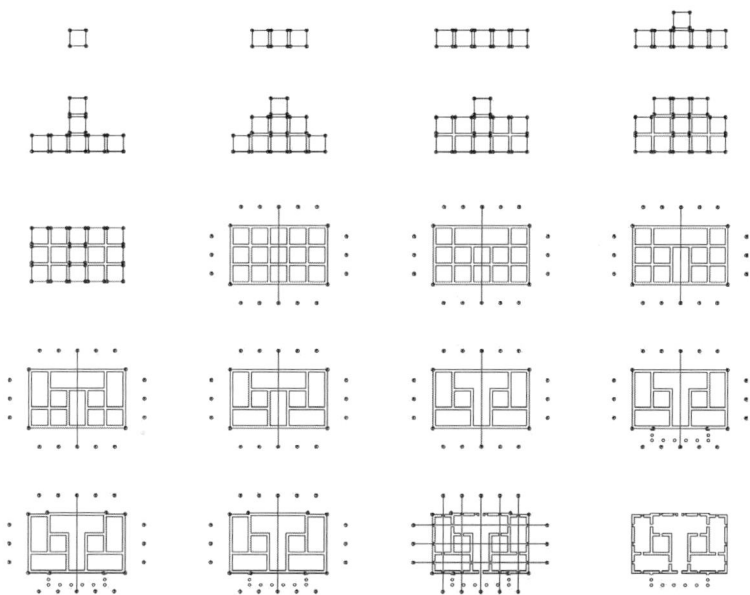

图 2-1　基于帕拉第奥别墅平面规则的形式语法生成图解

作为一种基于设计规则的生成系统，形式语法具备模仿、创造和分析的特点。而在实践中，形式语法则是一种通过直接操控形式规则来生成设计的通用式计算机语言。在固定的规则与条件下，形式语法以"形"作为基本设计单元，通过不断地将规则应用于"初始形态"或者"当前形态"来迭代衍生出设计结果。形式语法采用了"if-then"的程序语言作为核心架构，以递归的方式施加到基本形体上，直到设计完成。设计师既可以在相同的设计规则下通过改变初始基本形态而获取不同的设计结果，又可以基于同一初始形态，通过制定不同的设计规则来达到不同的设计预期。形式语法允许设计师通过编码规则对已有的设计进行分析，使得编码同时具备生成性和分析性。

（3）算法生成

不同于形式语法基于规则的设计流程，计算模式下的建筑生成设计将"规则"转化为"算法"，设计以代码和运算的方式演进。单一形式规则首先在计算机内部被编码为运算器，以进行初级形态操作，之后不同运算器间的组合与迭代在设定判定条件的情况下形成真正意义上的"算法"，进而将形态操作向更加复杂化的层级衍生。生成过程中的"算法"对应于形式语法中的"规则"，而"迭代和递归"与"判定和优化"成为连接建筑设计与计算机算法的两组核心。

迭代算法中，其预先设定的规则在整个递推过程中始终保持不变，影响最终结果的只有迭代的初始值，因此规则是迭代算法中最重要的部分（图2-2）。与迭代的推演不同，递归是指将每一步迭代所产生的结果累积在一起的过程，其生成的最终形态可以被认为是从第1~n步所有迭代结果的集合。从结果上来看，递归可以被看作是另一种规则下的迭代算法，而从过程上来说，两者则是基于完全不同的运算逻辑[4]。

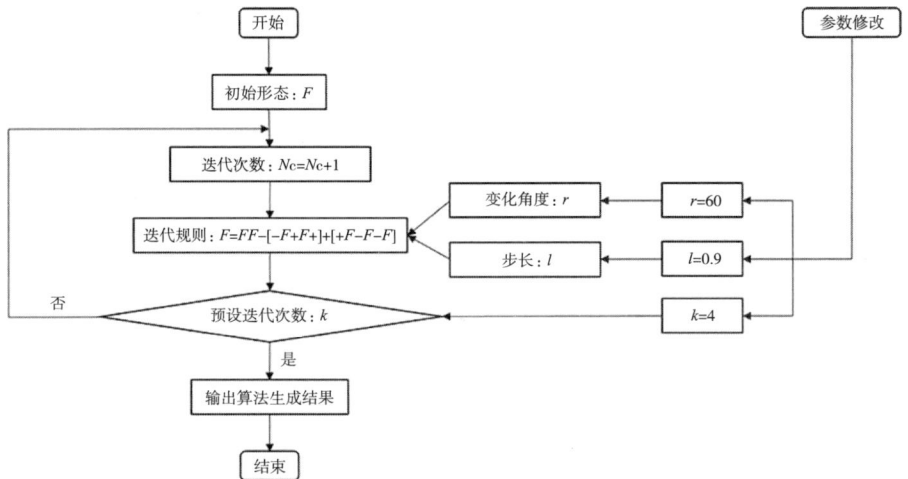

图 2-2 迭代算法生成逻辑

在生成式设计中，判定与优化使得结果更合理，判定是程序中最基本的逻辑运算符，一般以"if-then"语言来执行，而优化是执行判定的前提条件，它往往与设计目标有关。由于判定的标准和优化的方式都可以被视为对设计问题的量化，所以在理论上存在着对形式结果进行操作的无数种可能性。

2.1.2 人工智能的建筑生成式设计原理与方法

1）人工智能的建筑生成式设计原理

数字化设计在过去几十年对建筑行业影响深远，显著提升了设计和建造效率，但它们都以计算性思维为基础，通过规则和算法生成设计方案。与计算性设计相比，AI辅助设计通过学习数据训练模型来生成设计方案，这种"结果反向拟合规则"的方式为设计师提供了更多可能性，为建筑行业带来了新的机遇。人工智能通过感知、认知、学习和推理，利用大数据自动分析信息和条件，并根据设计要素找到建筑创作的规律和思维方式，生成大量可能的建筑方案。例如，丹尼尔·博勒简（Daniel Bolojan）通过生成对抗网络，结合森林与圣家族大教堂，探索了两种意象的结合（图2-3）[5]。现阶段的人工智能能够理解建筑的含义，提取设计特征，使整个设计过程更加智能化和自动化。特别是生成式人工智能技术，在吸收了海量设计资料后，通过设计要素组合、外延、创新，甚至能超越建筑师的想象力，生成更加丰富、精确的设计成果。

生成式人工智能是指专门用于生成内容的人工智能技术，如文本、图像、音乐和视频。生成式人工智能受益于深度生成模型，如生产对抗网络、

图2-3 森林与圣家族大教堂的意向融合

变分自编码器和扩散模型的快速发展，通过大数据的学习和模式识别，在不同场景下展现出独特的优势和能力，能自动生成符合特定需求和约束的设计方案，为建筑生成式设计提供了更丰富的可能。

（1）VAE 是一种概率模型，结合了自动编码器和概率推断的概念。它由编码器、解码器和损失函数组成，损失函数确保生成的图像与输入分布匹配。VAE 不仅学习将输入数据编码成潜在空间中的向量表示，还学习了该潜在空间的分布结构，使得我们可以从分布中采样生成新的数据点。

（2）生成式对抗网络包括生成器和鉴别器。生成器负责产生噪声的样本，鉴别器用于确定生成样本的真实性。这种对抗性使模型能够在生成和鉴别之间保持动态平衡，推动整个系统的学习和优化。GAN 包括各种诸如 StyleGAN、BigGAN、CycleGAN 等各种算法，StyleGAN 引入了基于样式的生成器，允许对生成图像的样式和内容进行控制；CycleGAN 则专为非配对图像到图像的转换而设计，它可以在不需要配对训练数据的情况下学习两个域之间的映射；BigGAN 专为大规模图像生成而设计，通常用于大规模图像合成任务。

（3）扩散模型是图像生成领域的后起之秀，目前使用的大多数扩散模型都是基于去噪扩散概率模型（Denoising Diffusion Probistic Models，DDPM），该模型包含正向扩散和反向去噪过程。正向扩散过程遵循马尔可夫链的概念，将输入图像转化为高斯噪声。反向去噪过程通过训练后的去噪自编码器序列，预测出相应的去噪图像。这种方法引入了变化的学习过程，增强对视觉内容的理解（图 2-4）。

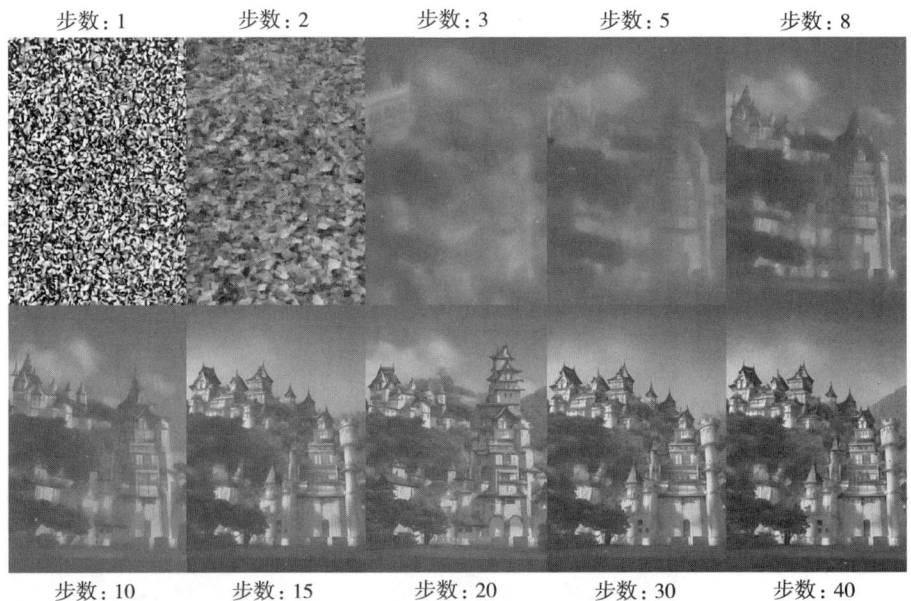

图 2-4　DDPM 的去噪过程

2）人工智能的生成式设计历史脉络

（1）萌芽阶段（1950年代至1990年代中期）

人工智能的生成式设计在萌芽阶段受技术限制，仅限于小范围实验与应用，如1957年出现了首支电脑创作的音乐作品《Illiac Suite》[6]。然而由于高成本和难以商业化，资本投入有限，这一阶段的成绩有限。

（2）积累阶段（1990年代至2010年代中期）

积累阶段是生成式设计从实验性向实用性转变的阶段。在这个阶段，深度学习算法取得了进展，同时计算设备的性能不断提升，互联网的快速发展为各类人工智能算法提供了海量数据进行训练。

（3）爆发阶段（2010年代至今）

爆发阶段的代表性事件是2014年深度学习算法GAN的推出。随后，一系列具有里程碑意义的事件相继发生，2017年微软"小冰"推出世界首部100%由人工智能创作的诗集《阳光失了玻璃窗》，2018年NVIDIA发布了可自动生成图片的StyleGAN模型，2019年DeepMind发布了可生成连续视频的DVD-GAN模型，2021年Open AI推出DALL-E并更新迭代版本DALL-E-2，用于文本和图像的交互生成内容，2022年OpenAI发布ChatGPT（Chat Generative Pre-trained Transformer），实现人工智能技术驱动的自然语言处理生成。目前人工智能生成式设计仍处于起步阶段，距离大规模证明和体系化发展仍有距离。

3）人工智能的建筑生成式设计流程

建筑生成式设计以建筑师的需求为主导，为让人工智能学习建筑师设计思维，需要实现"数据—模型—生成"三个步骤。

（1）数据收集是建筑师建立个性化知识库的核心步骤。它涉及根据建筑师的需求和偏好筛选建筑相关的文本、图片、模型等数据，以构建专属的数据库。建筑师可以确定人类与机器在数据生成中的角色，并建立好提示、输入和生成数据之间的文本关系和互动流程。例如，机器生成的数据和人机共创的数据可以作为训练过程的输入，以便数据集在清洗、集成、变换和归约过程中更好地支持人工智能的训练，从而使模型更好地理解建筑领域的语义和特征，实现从逻辑控制到自主生成的转变。

（2）模型训练将人类设计思维与经验判断转化为机器可理解的多维度建筑表达。模型包括参数和超参数两类：参数涉及材料、尺度、布局等与建筑学科相关的知识，并将其转化为变量、权重等形式；超参数则包括学习率、批量大小等人工智能认知过程的控制参数。在模型定制化方面，应当通过人机交互的方式逐步将建筑师的创作思维融入人工智能决策模型中，以便模型更好地捕捉建筑领域的特征和规律，并提供专业性的设计解决方案。

（3）生成式设计要求基于单一或多重目标的人机交互，这些目标可以是借助指标，也可以是建筑师的经验决策。人工智能的生成式设计并非一蹴而就，而是需要建筑师不断检验设计形式、性能和建造性，调整每一环节的生成结果，最终转化为建筑师思维导向下的建筑方案。建筑设计被视为一个连续学习过程，在调整的过程中，应最大程度地打破人工智能与建筑师之间的隔阂，建立可追溯和可迭代的交互形式。生成式人工智能契合了建筑创作思维，使建筑师能够从繁琐的设计任务中解脱出来，从而为建筑学的创作带来新的可能性。在建筑设计的背景下，生成式人工智能可以通过算法和模型在创建、修改或优化设计方面发挥重要作用，生成式人工智能通常以文本生成、图像生成、模型生成等形式出现。

文本生成技术包括使用算法和模型来生成上下文相关的文本内容，在建筑领域内，早就有学者利用本体论方法进行建筑知识管理；随着统计语言模型（Statisitical Language Model，SLM）的出现，自然语言处理也被应用在建筑信息查询的研究中，例如 Lin 等人基于 Stanford Parser，实现了文字和语音驱动的 BIM 信息查询，也有研究基于 CLIP（Contrastive Language-Image Pretraining）进行图像和文本的对比训练，提出自然语言驱动的概念设计图生成。

图像生成技术对建筑师来说更为重要，图像生成人工智能通常依赖于深度学习架构，如生成对抗网络和变分网络，它涉及各种模型和算法，每个模型和算法都有自己的方法来创建逼真和多样化的图像。图像生成在建筑设计中主要被用于两个领域：平面生成和效果图生成。

平面生成存在三种常见算法：第一是基于目标反馈，这类方法多将建筑平面通过参数化的方式表示，并将各类参数接入形状语法、进化算法或数学规划中，通过定义需要优化的目标，例如住宅平面通风量、采光、房间交叠度等，生成建筑平面；第二是基于环境反馈，这类方法构建过程与基于目标反馈的方法类似，但区别在于生成过程使用多智能体或强化学习的算法，将建筑平面构成的各要素（窗、墙、柱等），与环境进行交互，通过试错的方法总结出最佳行为决策；第三是基于数据反馈，这类方法多使用生成对抗网络、稳定扩散模型等架构，将图结构放入深度学习的算法中进行训练、生成。这类方法常见的特征提取方式有卷积神经网络（Convolutional Neural Networks，CNN）、图神经网络（Graph Neural Network，GNN）、自注意力机制进行提取。此外，GAN 也可以被用来生成建筑布局，通过引入矢量工作流来处理高级约束，利用卷积消息方法传递拓扑和几何条件[7]（图 2-5）。

效果图生成是建筑设计方案最直观的呈现方式，通常依赖于对 3D 模型的渲染和精细化后期处理，根据不同的任务流程，建筑效果图生成可以分为草图转渲染图、渲染图风格转变、文本信息转渲染图。总体而言，2D 方案生

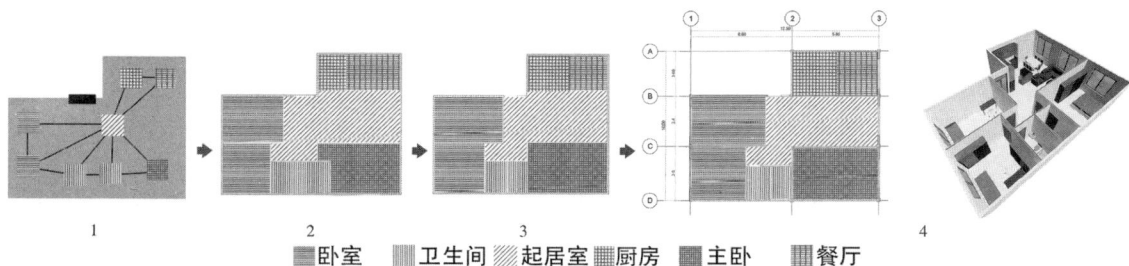

■ 卧室　■ 卫生间　▨ 起居室 ▨ 厨房　■ 主卧　▥ 餐厅

图 2-5　基于 GAN 的建筑布局生成

成主要以图片生成为主，可用于概念图生成、创意辅助、平面图生成以及快速渲染等任务。随着相关研究和 AI 工具的大范围使用，这些技术已经在艺术设计创作流程以及设计行业中产生了重要影响。

建筑三维形态生成是近年来备受关注的新兴方向，三维形态可以多种方式表示，包括基于欧几里得结构的表示，如体素（Voxel）、多视图、深度图等，基于非欧几里得结构的表示，如点云、网格等，以及通过参数方程构建的 3D 模型（如 NURBS、SubD 等）。根据不同形态表示方式，使用的 AI 技术也十分多样[8]。

建筑实体模型生成方面，技术上主要有两种思路：一种是将体素理解为像素的第三维度，然后将三维形态转化为有限个二维像素组，再通过基于图像的神经网络如 VAE、GAN 或者风格迁移（Style Transfer）来生成三维形态；另一种是使用强化学习直接作用于三维体素空间，根据给定的评估环境来生成一个优化形态。

相比于实体模型，曲面模型能更好地还原形态本身的边界，并且数据比较轻量化，易于 AI 模型的训练。根据曲面的属性，可以输入图像、参数、文本信息进行曲面生成。图像作为输入可以直接生成点云，并根据点云重建曲面；参数作为输入可以通过预测和计算机辅助设计，评估曲面情况并输出满足要求的曲面结果；文本信息作为输入，可以通过自然语言处理和深度学习网络，训练文本信息与曲面之间的关系，直接输出相应的 3D 模型。

尽管人工智能本质上是技术的具象，但不可否认的是，人工智能所展现出的想象力与感知力，彻底改变了传统建筑设计中的概念生成优化过程，也同时指导着建筑的建造与评估过程。可以说，以人工智能为主的机器智能已悄然改变了建筑设计范式，带来一体化的全新建筑设计与建造模式。

2.1.3　低碳目标的建筑生成式设计原理与方法

建筑业是全球温室气体排放的重要来源，设计和建造低碳建筑，对减少碳排放、降低全球气候变暖具有重要意义。生成式设计的优点在于设计初期就能考虑许多与性能有关的因素，如光照、通风、能耗等，使得建筑师对建筑表皮、形态、系统等因素进行优化，从而降低能耗，减少碳排放。具体操作中，建筑师可以使用参数化模型研究不同设计参数对建筑性能的影响，使用模拟软件如 EnergyPlus 或 DesignBuilder 预测建筑的能源消耗，使用优化工具如 Octopus 根据特定目标函数（如最小化能源消耗）寻找最佳设计参数，使用全生命周期评价模型以计算从建造到拆除整个过程的碳排放。低碳目标的建筑生成式设计有常见三种策略[9]：

（1）表皮优化

建筑表皮是内部空间与外部环境相互作用的媒介，除视觉作用和维护作用外，其关键在于运用表皮的可适性和变化性以节约能源。表皮的气候适应性越强，建筑的能耗越低，反之则越高。低碳目标驱动下的建筑表皮数字化设计，建筑师需要纵观全局、有始有终，其设计不应只局限于从热工性能和环境模拟方面进行生态建筑分析，继而需要通过参数建模、智能控制等方面进行优化设计，从而实现表皮低碳设计的合理化、高效化、标准化。常见的有三种方法：

首先是低碳目标下建筑表皮形态的数字化塑造，基于可视化建模，建筑师可以通过调节参数对数字模型不断调整更新，支持建筑表皮形态更加精细灵动，使建筑表皮向着更加节能、生态的方向调节，达到预期的低碳目标。也可运用脚本编程建模，将环境因素、建筑形体与数学编程相结合，从而影响表皮形态的设计结果，达到顺应气候环境、低碳节能的目的。经过脚本编程之后的表皮形态更具动态变化，也可以为建筑带来别具一格的艺术特色和视觉冲击力。

其次，是低碳目标下建筑表皮孔洞的数字化生成。建筑表皮孔洞的低碳化设计受多种因素的影响，需要考虑建筑的热能耗、采光效能、通风性能、噪声干扰以及组织排水等，体现在孔洞的位置、面积、窗墙比、朝向和形状等多个方面。运用数字化编程优化表皮孔洞样式，是在数字技术的多平台交互基础上完成的。首先对建筑的环境信息加以采集和分析，再通过接口程序将所得信息转化为可识别的运算语言，之后导入数字化编程平台将建筑的表皮逻辑进行参数设定，把干扰建筑低碳化设计的因素融入编程，从而影响整个表皮孔洞样式。

最后是低碳目标下建筑表皮材料的数字化选用，数字技术的参与使得低碳表皮材料有了更广泛的应用，其能帮助建筑师模拟总结出低碳表皮的使用位置，改进原有的材料甚至研发出新型的表皮材料。现有的太阳能技术、雨水收集技术、绿植种植模式都可以与建筑表皮结合，通过 Ecotect 分析、计算机流体力学（Computational Fluid Dynamics，CFD）模拟等，融入真实的环境，突破传统的设计方法，将各类低碳材质使用在表皮合适的区域上，以自给自足的方式达成建筑的低碳目标。

以低碳为目标的建筑表皮设计中，表皮的孔洞设计依据具体的环境模型，运用多平台交互系统进行数字化编程，控制表皮的窗墙比、孔洞大小和形状，改善建筑的微气候，降低建筑的耗能量；表皮材质的选用以及位置的确立，则配合验证模拟、研发实现等数字技术，结合具体的设计手段，将设计师的低碳理念进行落实，最终使表皮与建筑融为一体[10]（图2-6）。

（2）形体优化

在形体生成过程中，可分步骤评估、比较各种建筑形体的碳排放性能，从而实现在充分考虑各种设计影响因素的同时，引导设计向低碳方向发展。从减少碳排放的角度出发，建筑形体操作有三种模式：形体特征与能耗、形体与被动式设计、形体与主动式设计。

首先是形体特征与能耗，各种建筑形体和空间组织方式在风、光、热环境等方面具有显著的性能差异，是形体本身的能耗特征。比如：三角形

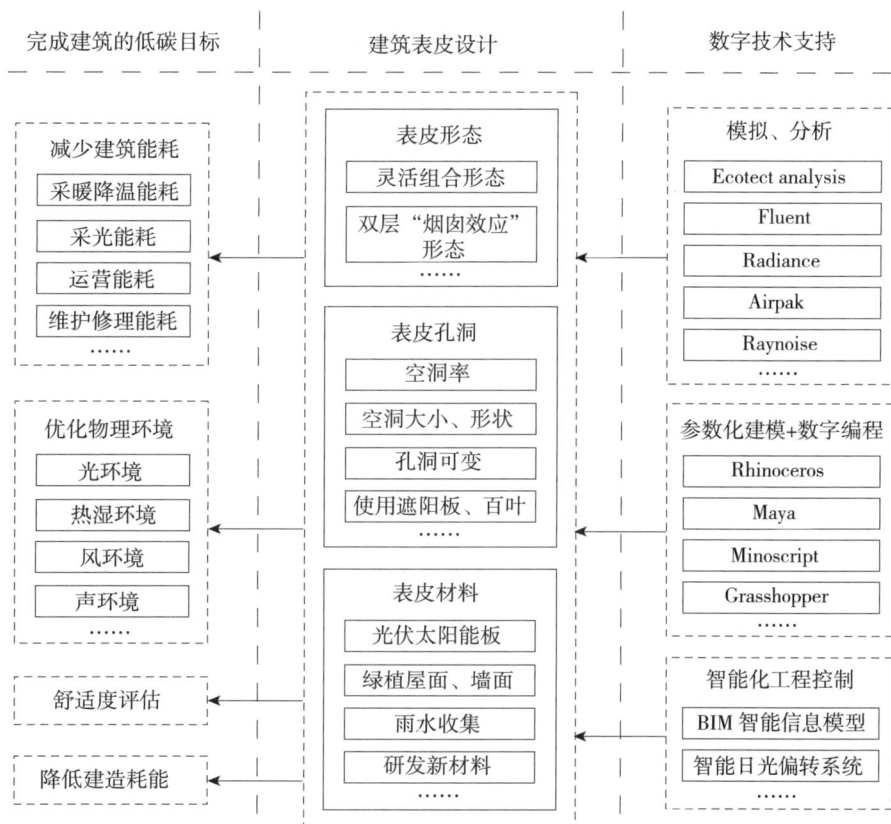

图2-6　低碳目标下数字技术在建筑表皮设计中的应用

和圆形平面的建筑物在体形系数和能耗指标上不同，对外部环境的影响也明显不同。各种形体操作所引起的建筑能耗特性的改变也有所不同，比如窗洞的朝向、大小、深度，在改变建筑形体的同时也改变了它们的能耗特征。建筑师在掌握形态特征与能耗关系的关联性之后，就能有意识地采取相应的、利于降低碳排放量的形体操作，实现低碳建筑设计的目标。在特定的具体条件下，如相同气候条件、外围护结构、层高和层数、开窗率等，通过对空调、采光能耗等指标参数的模拟计算，比较它们之间低碳节能性能的优劣，就可以为建筑师在方案阶段提供一个相对明确的"低碳"指导方向。

其次是形体与被动式设计，"被动式设计"是指不依靠机械设备和外部不可再生能源输入为前提，通过规划布局、建筑设计、建筑材料处理等方式达到低碳节能的效果。它强调的是建筑物对整个自然气候及地理条件的适应及利用，遵循建筑环境控制的原则，表达了一种人与自然、建筑与自然关系和谐相处的理念。被动设计与形体操作具有紧密联系，涉及自然通风、天然采光、遮阳设计、太阳能利用、热缓冲区布置、风环境优化等方面。被动式设计从大布局、大形体到具体的细部处理层层深入，被动式设计是降低建筑碳排放的主要途径之一。对于各种基础建筑形体，挖掘它们各自具有的被动式设计潜能，归纳整理出针对每一种形体类型的被动式设计手法，也是形体操作与低碳建筑研究的一个重要方面。

第三是形体与主动式设计，主动式设计是指采用纯技术手段来达到节能减排目标的方法。主动式设计作为一种手段，应该与被动式设计统筹考虑。目前，设计界倾向于在被动式设计的整体形态构架上，通过主动式设计达到进一步降低碳排放量的效果。建筑界已经有各种成熟的节能减排技术，涉及太阳能利用（如太阳能热水、太阳能光电转换）、采光技术（如导光管、反光板）、机械遮阳、通风技术（如地道风、置换通风）、可再生能源利用（如地源热泵、风力发电）、围护结构技术（如外墙、屋面、门窗、楼地面）、水利用（如雨水、中水、污水处理技术）等。建筑师应充分了解这些技术的性能及要求，并在形体操作和技术选择中，使这些主动式设计与建筑形体紧密结合，与被动式设计互相配合，充分发挥这些主动式设计的长处，达到形体与技术的高度融合。比较不同形体操作对技术选择和技术使用效果的影响，有助于提高建筑师对低碳技术手段的运用能力，更好地实现多专业之间的整合[11]。

研究建筑形态操作与低碳节能的相互关联是一种适合建筑师思考方式的研究方式，它适合建筑师的思维特点，对建筑师方案创作中的低碳节能构思带来很大的帮助，并同时具有针对性强、重点突出、科学性强、易于操作的特点。

（3）系统优化

低碳建筑在建筑设计、建造、运维和拆除的全生命周期内，改善能源结构，提升能源效率，降低CO_2排放量，从而适应人类社会可持续发展的要求。低碳建筑并不是一个全新的概念，而是经历了有机建筑、生态建筑、绿色建筑、可持续建筑等发展理念之后，在低碳经济的推动下形成的产物。BIM作为数字化协同作业工具，正被逐步应用于低碳建筑研究及应用中。碳排放的测算与评估为碳排放的异常识别提供数据基础，碳排放的异常识别为碳排放的主动控制提供决策依据，在主动控制完成之后，需调节碳排放的测算评估结果，从而形成建筑碳排放的闭环管理。

测算碳排放是实现低碳建筑的第一步。基于BIM的碳排放测算主要运用BIM技术将模型与碳排放相关数据（例如材料消耗量、能源消耗量、碳排放因子等）进行集成，实现建筑全生命周期的碳排放测算及评估。

基于BIM的碳排放异常识别技术，可对碳排放的测算结果进行异常识别，及时发现用能不合理的建造及运营过程，发现故障设备可及时报修，减少不必要的能源消耗，为主动式的建筑低碳管理提供基础。

建筑碳排放的控制可分阶段进行，在建筑设计阶段利用BIM进行建筑的通风、光照等模拟计算，并采用多目标遗传算法优化低碳节能建筑设计方案，实现建筑隐含碳定量化计算；在建筑建造阶段利用BIM可进行施工现场运输车辆的路线规划，减少运输车辆的燃油能耗；在建筑拆除阶段基于BIM进行拆除方案的模拟或者建筑构件的再利用，减少建筑拆除对周围环境的破坏[12]（图2-7）。

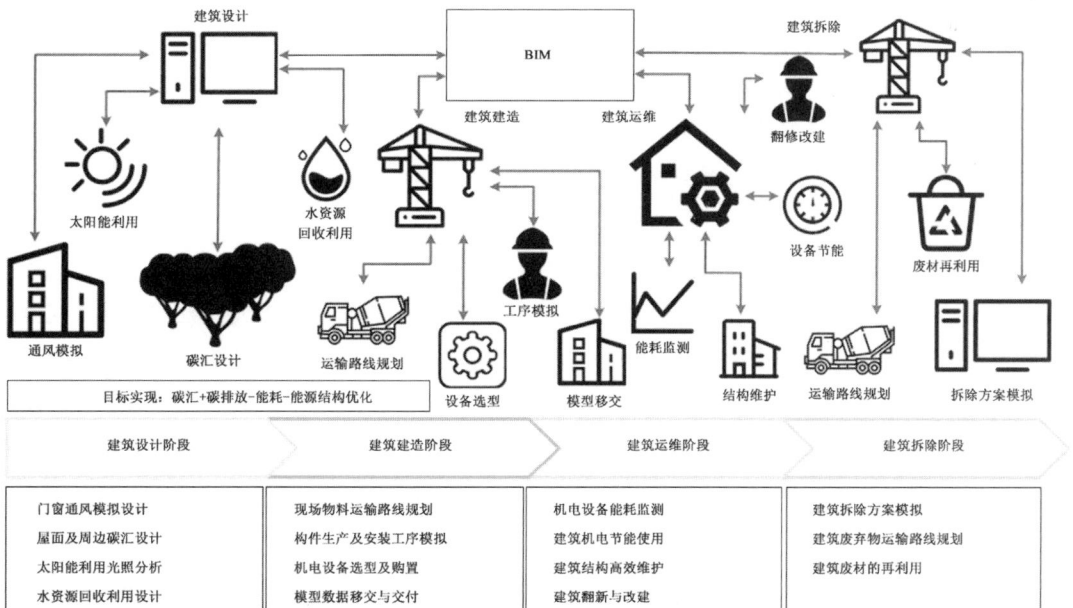

图2-7 基于BIM的碳排放控制

随着低碳智慧建筑的概念发展和智慧应用深入，BIM 技术自然用于其学术研究和实践中。基于 BIM 技术开展低碳智慧建筑研究应用已取得初步成效，低碳智慧建筑软件已较好利用了 BIM 的特性，实现通风及光照设计、施工现场布置、建筑拆除方案模拟等，有利于定量判断方案的碳环境可行性及效益，提升建筑品质。

2.2.1　数字化的低碳智慧建筑生成式设计技术

传统建筑设计的方法是一种单向线性的建筑构思，以图示信息针对不同设计阶段和不同对象。如今，凭借强大的数字建模技术、通用集成模型、网络协作等手段，数字化技术为建筑师提供了新的起点，设计回归到三维空间和整体性的信息模型之中，数字化技术特别是新兴的 BIM 技术在许多方面正改变着传统的设计过程。以数字化手段开展低碳建筑设计，更有利于对自然资源的合理使用，数字化辅助低碳建筑的最大作用就是构建强大的"虚拟模型库"和进行"性能模拟"[13, 14]（图 2-8），具体设计方法可以总结为以下三个方面：

（1）低碳建筑材料库的创建

通过数字化技术，建筑方案可以通过信息化模型 BIM 虚拟搭建，在信息化模型中查看结构、材料、设备等技术要素的参数列表。材料是低碳建筑设计的重要考虑要素，低碳绿色建材大致可以分为四类：无匮乏危机的自然材料、低逸散性低污染的建材、循环利用的建材和废弃物再生建材。建筑师在长期实践中可以采用 Design Builder 等软件建立低碳材料库，方便能耗计算，以计算结果评估设计方案优劣。

（2）数字化太阳辐射分析

低碳建筑非常强调对太阳辐射能的利用，不光在建筑屋顶、立面上被动式地布置太阳能光伏板，建筑形体的主动优化也是为了充分利用太阳能而进行，譬如在坡屋顶建筑设计中，屋顶坡度很多时候是根据建筑师的经验而设计，这时借助数字化能耗模拟软件 Ecotect，即可对建筑场地内不同季节、时段的太阳轨迹开展分析，如此得出屋顶最优坡度。

（3）建筑碳排放计算

建筑全生命周期的碳排放，包括土地利用、材料选择、能源系统配置等。在建筑物整个生命周期中，使用过程的能耗与碳排放在各种损耗中所占比例最大，因此建筑使用过程的节能对于实现低碳建筑至关重要。能耗模拟软件如 EnergyPlus、eQUEST、OpenStudio 能够模拟建筑运行过程中的碳排放。

下文以三个实例简要说明低碳建筑的数字化生成式设计：

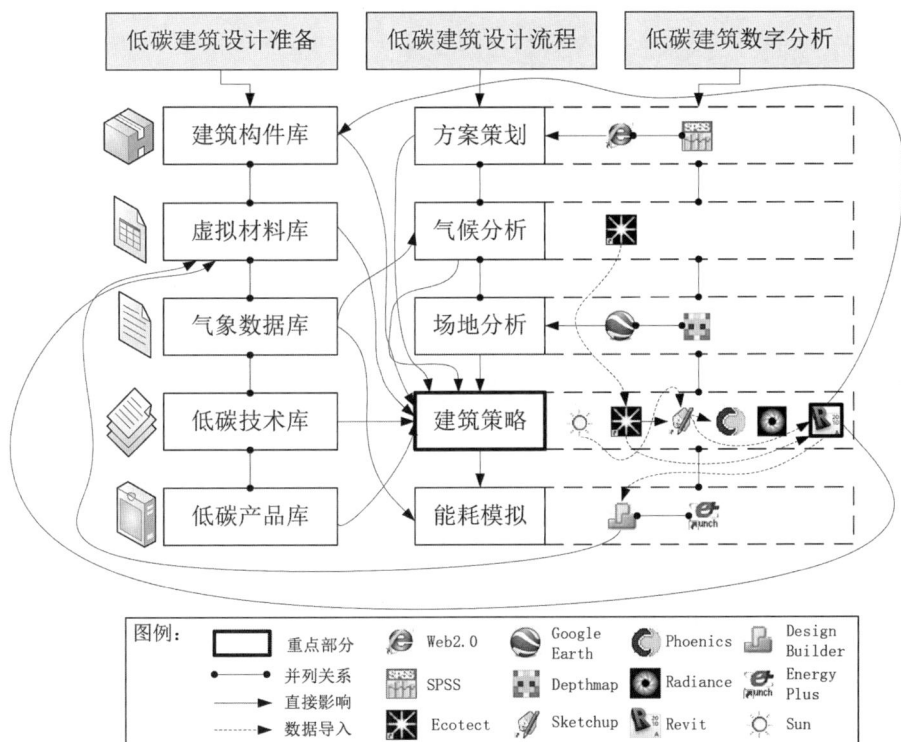

图 2-8　数字化技术辅助低碳建筑设计方法图解

（1）低碳建筑表皮优化

低碳建筑表皮优化以 eVolo 摩天楼某竞赛方案为例说明。项目选址于上海环球金融中心、中心大厦与金茂大厦三座超高层建筑之间。由于一定范围内风速与气体输送速度呈正相关，即风速越大，大气中 CO_2 损失量越大，且不同高度 CO_2 通量、浓度等在垂直方向有显著变化，该方案平面形态在竖向的变化趋势与 CO_2 通量的高度变化曲线相呼应，使产生涡激共振的临界风速减小，削弱风的叠加效应。建筑表皮通过藻类外壳的多孔结构，模仿生物形态的同时，也利于固碳，体现了建筑内在功能组织和形象构成 [15]（图 2-9、图 2-10）。

方案通过 Grasshopper 平台的 Butterfly 插件设置模拟参数进行优化测试，

33

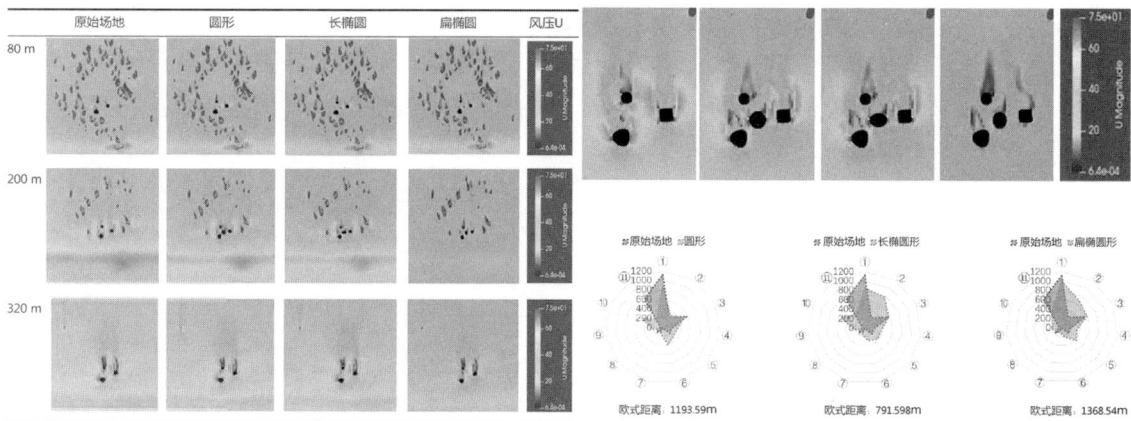

图 2-9　摩天楼不同高度横截面风场云图与风压数据对比

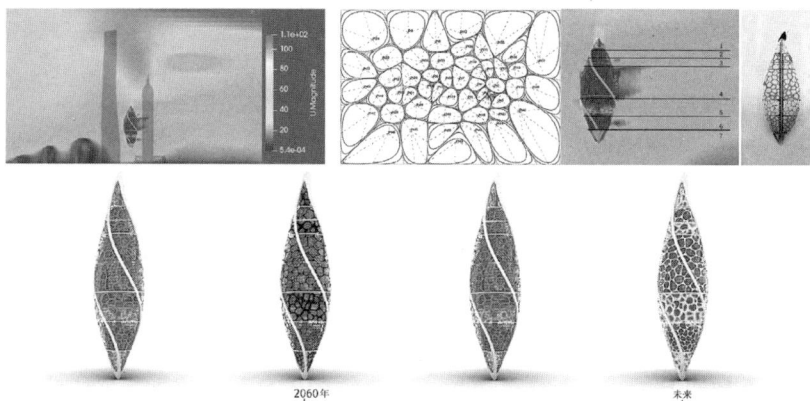

图 2-10　摩天楼表皮生成逻辑与最终形态

由于圆形和椭圆形对横向作用力的敏感性低，尾流宽度减小，从而有效降低横向风阻力和脉动升力。确立建筑横截面形态为圆形（直径 75m）、长椭圆（长轴东南方向 75m，短轴西北方向 67m）、扁椭圆（长轴西北方向 75m，短轴东南方向 67m），并将低碳建筑平面形状作为唯一变量。

运算设置分三步：首先是计算域和网格划分，模拟计算域尺寸为 2080m（L）×1980m（W）×950m（H）。在网格划分设置时，研究主要采用结构化网格，并对建筑及壁面处进行网格加密，网格总数量约为 858 万；其次是边界条件设置，参照上海气象参数，上海市 1901—2011 年最大风速为 29.2m/s，为保证建筑物的抗风能力和整体稳定性，设定风速为 30m/s，主导风向东南向。第三是输出设置，为准确观测形态优化对于原有建筑风环境以及整体通风的影响，方案通过不同高度处的平面风场云图进行建筑周边整体通风的观察。

由模拟结果可知，在建筑80m和320m高度时，横截面较小，三种形态风场相似，风影区风压稍增大。在200m高度时，CO_2通量最大，相对应的建筑横截面最大，三种形态的风场变化差距较大，特别是三座超高层附近风场变化。当在风场中置入低碳建筑时，位于来风向后方建筑风影区的风压减小。当横截面为圆形和长椭圆形时，风场环境类似，建筑自身风影区风压较小，周围风压增大；当横截面为扁椭圆时，不仅风影区风压减小，同时建筑周边风压相较于原始场地也有所降低。当横截面为扁椭圆形时，整体风压环境有所提升。在200m高度风压测试面模型的四周均匀布置11个测点，将三种横截面测试点的数据与原始场地风压数据进行对比，并且分别计算与原始场地的距离，距离与稳定程度呈正相关。扁椭圆形横截面建筑形态不仅整体风压变化小，且每个测试点风压差距也小，整体风环境更稳定，采取横截面为扁椭圆形的平面形态，比圆形、长椭圆形更优。

在建筑表皮的生成过程中，结合风压分析，进行参数化孔隙率调节，确保建筑有良好的抗风能力和室内风舒适性，模拟结果表明风压有7个梯度。不同风压梯度的立面部分与开窗尺寸相对应分为7种，风压越大的部分，所产生的碳纤维越多，建筑实体材料更充足，对应开窗面积越小。表皮间距自由灵活，依照表面风压进行设计，窗洞系统与建筑表面风压呈正相关，风压大处立面厚实，风压小处立面轻盈。泰森多边形使CO_2转化为碳纤维后到达各个边角边线的距离更有规律，有利于设计参数化控制和快速编织建造。这种基于立面风压的参数化设计不仅可以形成独特韵律的表皮，且优化了建筑风环境，降低了整体能耗。

本方案基于空气动力学模拟，建筑整体呈流线型，最大限度地减小表面风压的同时，对气流起到疏导和柔化作用，提供了较为舒适的微气候条件；立面采用可生长表皮，随着CO_2固定生成碳纤维，建筑表皮颜色与形态都会发生一定变化，满足了功能和美学需求[16]。

（2）低碳建筑形体优化

在北京顺义万通联排别墅设计中，首先根据该项目气候分区，在Ecotect软件中导入气候数据，分别对被动式技术中的蓄热体、太阳能、自然通风、蒸发散热、进行分析，结果表明蓄热技术非常重要，因此设计时考虑设置阳光房和蓄热墙体。在建筑形体设计中，首先确定场地红线、限高要求；然后通过众智日照进行日照包络体推导，得出建筑北侧屋面倾角；其次让建筑南立面平行夏至日太阳高度角，形成建筑自身阴影系统；再次考虑建筑自然通风，该项目采用被动式通风策略，通过电扇来辅助解决高峰负荷的降温，同时屋顶设置风帽系统，可回收70%的显热和潜热；最后由Ecotect最佳朝向分析可知建筑南偏东17.5°是全年利用太阳能最好的朝向（图2-11）[17]。

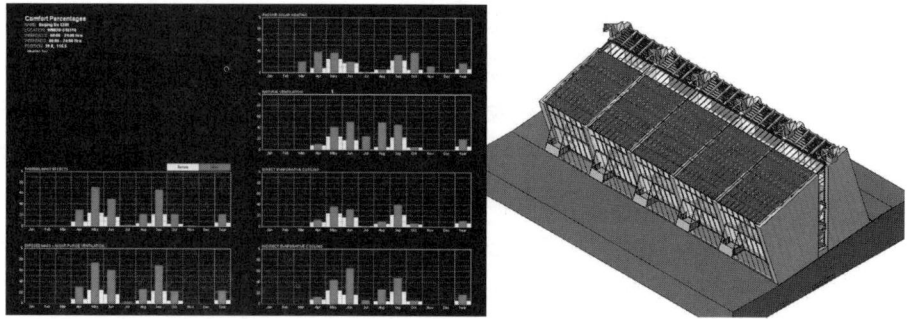

图 2-11　北京顺义万通联排别墅设计的 Ecotect 被动式策略分析

能耗模拟通过 Revit 中的体量模型导出为中间格式进入 Design Builder 中进行分析,能耗模拟模型如实反映该建筑外观与特点,南面设置阳光房区域,该区域上下连通,将室外热空气从屋顶高点排出,可以起到降低空调负荷的作用。模拟结果显示设计建筑相较基准线减碳量约 88%,计算光伏薄膜年发电量约 59787kWh,由于能耗模拟计算包括了地下车库的能耗,所以模拟计算出的能耗小于实际能耗,光伏发电量基本满足建筑所需的电力需求。参照国家发展改革委 2009 年华北区域电网基准线排放因子,可得到该项目每年运营期的 CO_2 的排放量约为 12t,平均到住户每个人,基本上接近零 CO_2 排放。

(3)低碳建筑系统优化

在绿色建筑和城市更新的背景下,我国开始大力推广装配式建筑与模块化建筑,特别是在学校、办公、医院等场景中,模块化建筑因其快速应急和高质量建造等特点,展现出独有的竞争优势。模块化集约空间具有减碳优势,减少材料用量和系统负荷,增大过渡季自然通风面积区域,减少过渡季空调的使用,又通过各类遮阳措施的设计,减少进入室内的太阳辐射,营造舒适的室内温度,从气候适应性营造方面减少空调负荷。模块化结构体系通过设计优化减少钢材、混凝土等建筑材料的使用从而减少碳排放。而其低碳能源系统通过设备系统(空调系统、照明系统)选型优化减少运行阶段碳排放。

由于模块化建筑均在工厂内加工,现场无水作业,基本不产生额外的建筑垃圾,在搭建现场,施工工人仅需要完成模块间的连接,一定程度上减少了高风险作业。其绿色低碳优势,不仅体现在建筑生产过程中,还体现在建筑使用过程中。由于模块化建筑的构件可以拆卸和组装,因此可以在不同的地方实现重复使用,这种方式可以减少建筑废弃物的产生,提高建筑的使用效率和经济效益,从而实现可持续发展的目标[18]。

实际案例中,中建海龙开发的模块化集成建筑(Modular Integrated Construction,MiC)建造方式极具代表性,MiC 采用"组装合成"概念,在建筑方案及施工图设计时，根据建筑功能分区的不同，将建筑拆分成为不同的模块，再将模块进行高标准、高质量、高效率的规模化制作，然后运送至施工现场安装。其中混凝土 MiC 在现场通过框架式模块的干式连接，形成模块化堆叠式框架结构，或以隔墙式模块作为模板，在现场浇筑混凝土，形成混凝土模块化现浇框架建筑或混凝土模块化现浇剪力墙建筑；钢结构 MiC 则以"钢框架支撑 +MiC 箱体"组成钢结构建筑（图 2-12）。MiC 技术在紧急防疫、教育、医疗、酒店、宿舍等建筑领域广泛应用，展现出快速建造、绿色环保、经济高效、智慧集成的特点，形成了工业化、绿色化、经济化、智慧化优势，成为助推新型建筑工业化和建筑业低碳转型升级，实现建筑业高质量发展的关键利器。

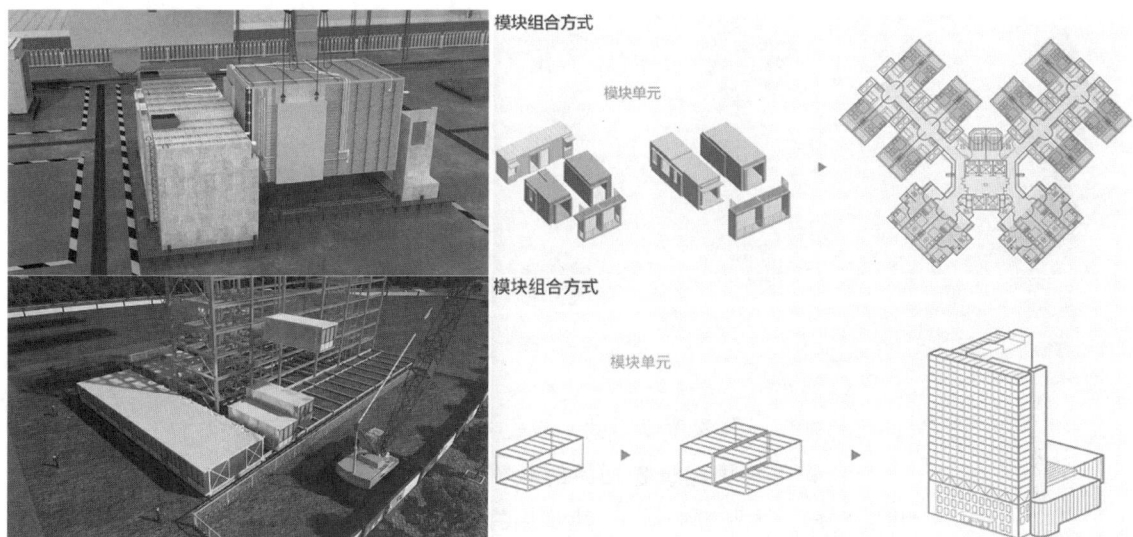

图 2-12　混凝土 MiC（上）和钢结构 MiC（下）

2.2.2　人工智能的低碳建筑生成式设计技术

随着全球气候变化的加剧和能源危机的凸显，低碳建筑已成为建筑领域的一个重要研究方向。低碳建筑不仅关注能源的高效利用和环境的友好性，还注重在设计阶段通过优化建筑形态和材料选择来减少碳排放。人工智能辅助下的生成式设计作为一种创新的设计方法，利用算法和计算机技术，可以在短时间内生成多种设计方案，并通过优化算法选择碳排放最小的方案。具体设计方法可以总结为以下三个方面：

（1）模拟与预测
清华大学林波荣等人提出了一种基于人工神经网络（Artificial Neural

Networks，ANN）的快速建筑能耗预测方法，用于复杂建筑形态的早期设计阶段。他利用建筑形态分解的思路，将输入层定义为窗墙比、体形系数等不同形态属性，从而将一个复杂建筑形态转化为多个简单模块，消除了早期设计阶段的复杂性。通过 ANN 的多个隐藏层运算，最终实现降温能耗和升温能耗的预测，充分利用了 ANN 对复杂关系的高速响应能力[19]（图 2-13）。

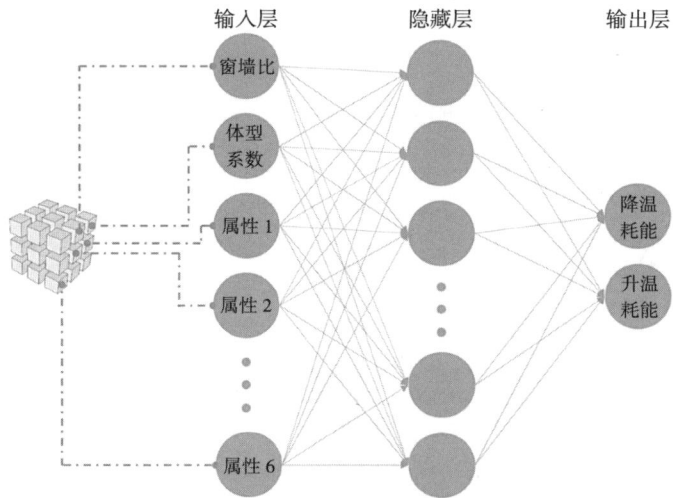

图 2-13　基于建筑形态分解方法的 ANN 网络结构

另外，一些深度学习的生成式方法也可被用于能耗模拟。

首先，收集建筑物相关的数据，如历史能源消耗数据、气象数据（温度、湿度、太阳辐射等）、建筑物的物理参数（建筑材料、建筑结构等）、使用情况数据（人员数量、设备使用情况等）。

其次，需要选择相应模型。常用的深度学习模型包括长短期记忆网络（Long Short-Term Memory，LSTM）、卷积神经网络（CNN）、深度信念网络（Deep Belief Network，DBN）等。这些模型可以处理时间序列数据，捕捉能源消耗的动态变化和复杂的非线性关系。根据具体的能源模拟需求，构建适合的深度学习模型。对于时间序列数据，长、短期记忆网络和门控循环单元（Gated Recurrent Unit，GRU）是常用的选择。对于空间数据，可以考虑卷积神经网络。

然后，使用预处理后的数据集进行模型训练。可以采用监督学习的方法，使用历史数据中的输入特征（如气象数据、建筑参数等）和目标变量（如能源消耗）进行训练。通过反向传播算法，调整模型参数，使模型在训练集上的预测误差最小化，常用的优化算法包括自适应力矩估计计算法（Adaptive Moment Estimation，Adam）、随机梯度下降（Stotastic Gradient Descent，SGD）等。

盖比·巴什（Gaby Baasch）等人提出了一种以时序为条件的 GAN 架构模型（图 2-14），可以生成类似于原始建筑能耗的数据，来进行未来改造分析、智能电网集成和优化，以及负荷预测等活动[20]。

具体来说，他们提出了一种以时序为条件的 GAN 架构模型（图 2-14）。在研究中，实现了两种变体的条件时间 GAN（C-TimeGAN），一种是单通道模型，另一种是多通道模型[20]。

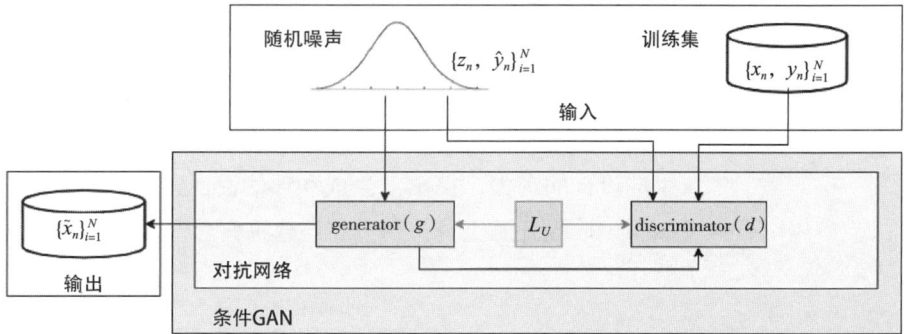

图 2-14 以时序为条件的 GAN 架构模型

最终，该研究的成果被运用于两个数据集：单个住宅的电表数据集、教育和政府建筑数据集。通过使用 JS 散度（Jensen-Shannon Divergence）和预测性负荷预测验证误差，对 22 个不同的数据输入实验进行了基准测试。研究对这些实验中表现最佳的进行了评估，使用了一套扩展自先前工作的指标，包括基于深度学习的预测以及趋势和季节性测量，验证了该研究的可行性。

（2）生成与优化

利用参数化设计技术，在设计过程中引入可调节的参数，以探索不同形态对能源利用的影响。通过调整建筑的形状、朝向和外部遮阳装置的设计，可以最大限度地利用自然光和自然通风，减少对人工照明和空调系统的依赖，从而降低能源消耗。同时利用进化或遗传算法，从大量可能的方案中搜索出能最大程度减少碳排放的方案。陈俊文等人基于遗传算法，通过参数化建模，综合考虑了结构拓扑和单个构件优化之间的相互作用关系，系统地探索了替代设计方案，并生成出成本最低和低碳设计的最优解[21]。吉国华团队提出一种基于减法形态生成原则的参数化形态算法，可以生成具有显著拓扑变化的多样化建筑体量，并通过两个日照案例优化形体性能[22]。

人工智能，特别是深度学习算法可以学习大量建筑设计数据，从中提取出潜在的设计规律和模式。在生成式设计中，AI 可以生成各种创新性和优化性的设计方案。例如，利用生成对抗网络，可以生成多样化的建筑形态，并通过评价函数选择低碳排放的设计。

　　一般来说，设计方案的生成首先需要收集相对应的数据集，例如建筑平面图、立面图、建筑参数（如高度、面积、材料等）。并将建筑方案数据集与环境数据集配对，例如气候数据（温度、湿度、太阳辐射等）、地理数据（地形、朝向等）、历史能源消耗数据（具体到建筑功能区、时间段等）、不同建筑材料和能源使用的碳排放因子。将这些条件数据与建筑方案数据成对训练，最终生成符合条件的结果。

　　以建筑形态的优化为例，朱利安·萨拉萨（Julian Zaraza）等人提出了一种减少"隐含排放"（embodied emission）的方法，用于在高层住宅建筑概念阶段减少 EE。这种工具结合了生成设计与概念建筑设计中的目标和约束：最大化土地利用、视野和符合建筑规范。该研究阐明了在早期设计阶段使用生成设计的潜力，提出了生成和评估设计方案的新系统，并提供了一个名为 GenGHG 的开源工具，用于高层建筑概念设计[23]（图 2-15）。

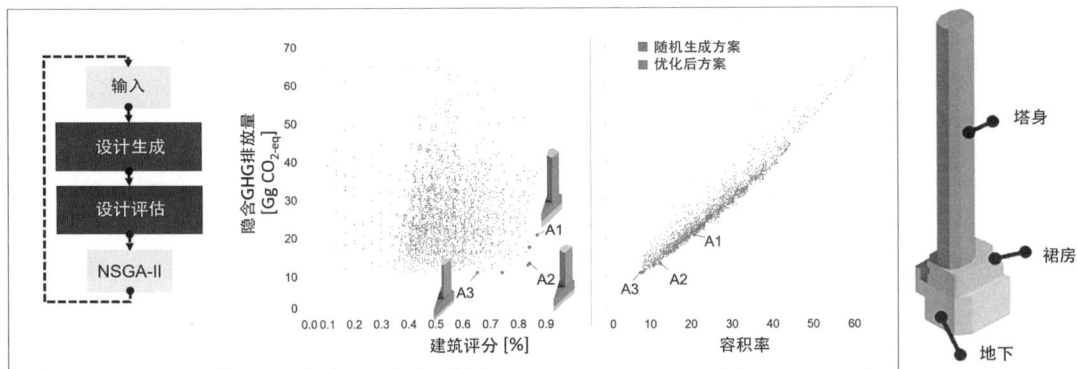

图 2-15　用于高层建筑概念设计的 GenGHG 工具

　　生成式设计可以通过多样化的几何形态探索，寻找最优的设计方案。利用参数化设计技术，设计者可以调整建筑的形状、朝向和外部遮阳装置，以最大限度地利用自然光和通风，减少能源消耗。同时，生成式设计还可以利用进化算法或遗传算法等优化方法，从大量可能的设计方案中搜索出最优方案，从而实现低碳目标。

　　建筑的空间布局对能源利用效率和室内舒适度有着重要影响。通过生成式设计方法，可以优化建筑的空间布局，实现低碳目标。基于低碳目标的空间布局生成式设计，在设计过程中对建筑的热、光、风等环境因素进行模拟分析，通过对不同空间布局方案的仿真结果进行评估，找到最优的空间布局方案，以最大程度地减少能源消耗和碳排放。

　　以空间布局的优化为例，赫姆·霍夫迈尔（Herm Hofmeyer）和达维拉·

德尔加多（J. M. Davila Delgado）提出了两种开发和优化建筑空间和结构设计的方法：第一种方法是协同进化法，通过确定性程序，循环地将适当的结构设计添加到空间设计的输入中，通过有限元方法和拓扑优化改进结构设计，根据改进后的结构调整空间设计，以满足初始需求（图 2-16）。第二种方法使用基于遗传算法的方法，对一组关联的建筑空间和结构设计进行评估[24]。

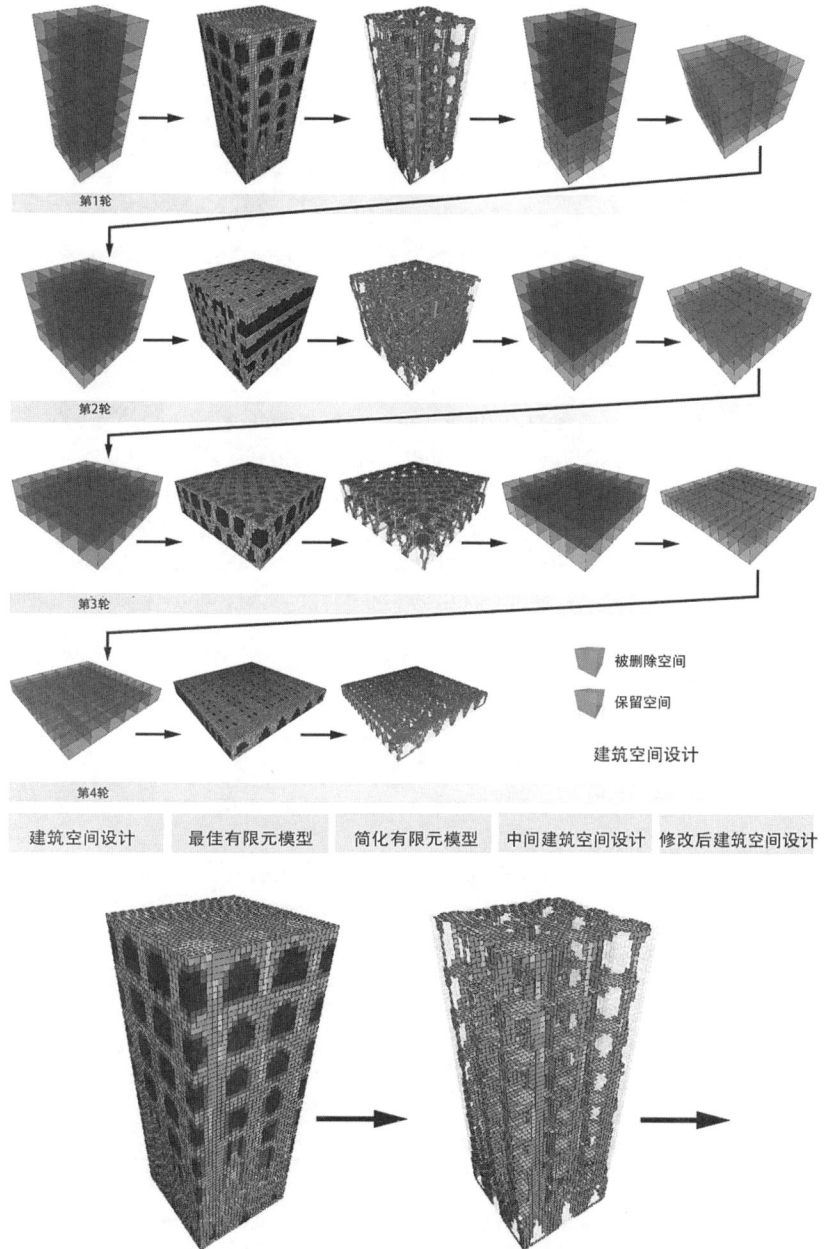

第1轮

第2轮

第3轮

被删除空间

保留空间

建筑空间设计

第4轮

| 建筑空间设计 | 最佳有限元模型 | 简化有限元模型 | 中间建筑空间设计 | 修改后建筑空间设计 |

图 2-16　建筑空间和结构设计的协同进化法

2.2.3 结语

通过生成式设计方法，设计者可以在建筑表皮、几何形态、整体系统层面进行优化，实现建筑设计的低碳目标，为未来的城市建设做出积极贡献。生成式设计不仅可以帮助设计者在建筑设计过程中更好地考虑环境和能源利用的因素，还可以为建筑行业的可持续发展做出重要贡献。

2.3 课后习题

（1）【简答】数字化和人工智能生成式设计发展的历史脉络是什么？

（2）【简答】数字化生成式设计的具体操作步骤是什么？

（3）【简答】低碳建筑的数字化生成策略是什么？

（4）【简答】人工智能如何辅助建筑设计？

（5）【简答】人工智能如何生成与模拟低碳建筑设计？

本章参考文献

［1］ WITTKOWER R.Architectural Principle in the age of humanism[M].New York：William Warder. Norton&Compan，1971.

［2］ CHU K.Planetary Automata[J].The Gen[h]ome Project.Los Angeles，CA：MAK Center for Art and Architecture，Los Angeles，2006：32-37.

［3］ STINY G，GIPS J.Shape Grammars and the Generative Specification of Painting and Sculpture.[J].Segmentation of Buildings Fordgeneralisation in Proceedings of the Workshop on Generalisation & Multiple Representation Leicester，1971，71：1460-1465.

［4］ 袁烽.从图解思维到数字建造[M].上海：同济大学出版社，2016.

［5］ BOLOJAN D. Creative AI：Augmenting design potency [J]. Architectural Design，2022，92（3）：22-7.

［6］ 卢兆麟，宋新衡，金昱成.AIGC技术趋势下智能设计的现状与发展[J].包装工程，2023，44（24）：18-33+13.

［7］ AALAEI M, SAADI M, RAHBAR M, et al. Architectural layout generation using a graph-constrained conditional Generative Adversarial Network（GAN）[J]. Automation in Construction, 2023, 155：105053.

［8］ 袁潮，郑豪.生成式人工智能影响下的建筑设计新模式[J].建筑学报，2023（10）：29-35.

［9］ DEKAY M, BROWN G Z.SUN, WIND&LIGHT：Architectural Design Strategies[M]. New Jersey：John Wiley & Sons, 2013.

［10］ 马源鸿，付本臣.低碳目标驱动下数字技术在建筑表皮设计中的应用初探[C]//全国高等院校建筑学学科专业指导委员会，建筑数字技术教学工作委员会.数字技术与建筑——2014年全国建筑院系建筑数字技术教学研讨会论文集.中国建筑工业出版社，2014：6.

［11］ 夏冰，陈易.建筑形态操作与低碳节能的关联性研究[J].住宅科技，2014，34（9）：41-45.

［12］陈芊茹，彭阳，余芳强．基于 BIM 的低碳建筑研究与应用综述 [J]．建筑科学，2024，40（4）：66-74.

［13］高路，李嘉军，林国诚．基于数字化技术的低碳建筑设计方法初探 [J]．土木建筑工程信息技术，2012，4（3）：8-12.

［14］姚佳伟，黄辰宇，袁烽．低碳建筑发展及其数字化未来 [J]．建筑技艺，2020，26（8）：13-17.

［15］史立刚，李玉青，陶露露，等．基于风环境模拟的低碳建筑形态设计研究 [J]．当代建筑，2022，（2）：130-133.

［16］福伦，沈晓飞．环境参数化气候协同与适应性建筑界面原型设计 [J]．时代建筑，2015（2）：42-47.

［17］高路．未来建筑师的两只手：数字化技术＋低碳理念——以北京万通新家园联排别墅建筑设计为例 [C]// 中国城市科学研究会，中国绿色建筑与节能专业委员会，中国生态城市研究专业委员会，中城科绿色建材研究院．第九届国际绿色建筑与建筑节能大会论文集——S01：绿色建筑设计理论、技术和实践．[出版者不详]，2013：17.

［18］彭典勇，明艳，韩淑巧．模块化建筑技术的实践与应用 [J]．建设科技，2023（12）：22-26.

［19］Li Z., Dai J., Chen H. et al. An ANN-based fast building energy consumption prediction method for complex architectural form at the early design stage[J].Build. Simul, 2019, 12：665-681.

［20］BAASCH G, ROUSSEAU G, EVINS R. A Conditional Generative adversarial Network for energy use in multiple buildings using scarce data [J]. Energy and AI, 2021, 5：100087.

［21］GAN V J, WONG C L, TSE K T, et al. Parametric modelling and evolutionary optimization for cost-optimal and low-carbon design of high-rise reinforced concrete buildings [J]. Advanced Engineering Informatics, 2019, 42: 100962.

［22］WANG L, JANSSEN P, CHEN K W, et al. Subtractive building massing for performance-based architectural design exploration: a case study of daylighting optimization [J]. Sustainability, 2019, 11（24）: 6965.

［23］ZARAZA J, MCCABE B, DUHAMEL M, et al. Generative design to reduce embodied GHG emissions of high-rise buildings [J]. Automation in Construction, 2022, 139：104274.

［24］HOFMEYER H, DELGADO J M D. Coevolutionary and genetic algorithm based building spatial and structural design [J]. AI EDAM, 2015, 29（4）：351-370.

第 3 章

低碳智慧建筑的性能化设计

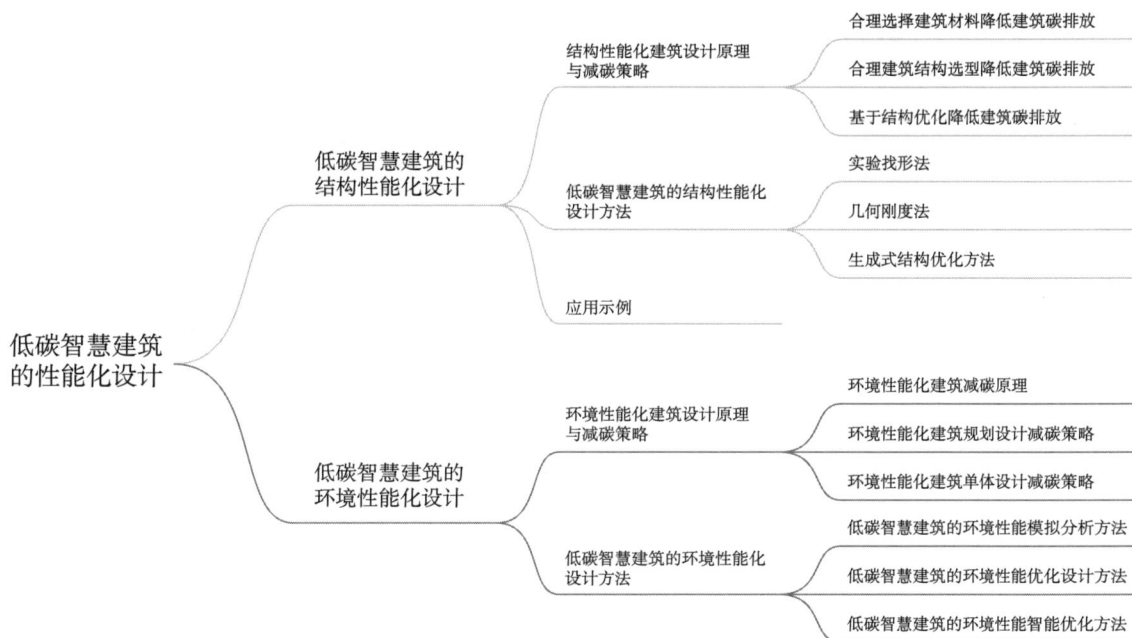

```
                                        ┌─ 合理选择建筑材料降低建筑碳排放
                          结构性能化建筑设计原理 ├─ 合理建筑结构选型降低建筑碳排放
                          与减碳策略          └─ 基于结构优化降低建筑碳排放
             低碳智慧建筑的                      ┌─ 实验找形法
             结构性能化设计    低碳智慧建筑的结构性能化 ├─ 几何刚度法
                          设计方法            └─ 生成式结构优化方法
                          应用示例
  低碳智慧建筑
  的性能化设计
                                        ┌─ 环境性能化建筑减碳原理
                          环境性能化建筑设计原理 ├─ 环境性能化建筑规划设计减碳策略
                          与减碳策略          └─ 环境性能化建筑单体设计减碳策略
             低碳智慧建筑的                      ┌─ 低碳智慧建筑的环境性能模拟分析方法
             环境性能化设计    低碳智慧建筑的环境性能 ├─ 低碳智慧建筑的环境性能优化设计方法
                          设计方法            └─ 低碳智慧建筑的环境性能智能优化方法
```

本章要点：

知识点 1. 结构性能化设计的原理与减碳策略。

知识点 2. 低碳智慧建筑的结构性能化设计方法。

知识点 3. 环境性能化建筑减碳原理与减碳策略。

知识点 4. 低碳智慧建筑的环境性能模拟、优化方法。

学习目标：

（1）掌握结构性能化设计的基本原理和相关的减碳策略。

（2）了解主流的结构性能化设计方法，掌握对应减碳原理。

（3）了解环境性能化建筑规划层面和单体设计层面的减碳策略。

（4）了解低碳智慧建筑的环境性能分析、优化方法及应用。

3.1.1　结构性能化建筑设计原理与减碳策略

低碳智慧建筑旨在通过优化设计、选择合适的材料和结构形式，以及应用先进的技术手段，降低建筑的碳排放量，同时提高建筑的可持续性和性能。建筑业碳排放占全球人类总碳排放量的 40%，且排放量仍呈现上升趋势，成为碳减排的主阵地之一。目前广泛被使用的建筑结构，如混凝土结构的主要原材料水泥与钢筋均为碳排放密集型产品，这些大宗材料的运输与现场施工也是碳排放密集型过程，致使在当前建设热潮与未来城市更新热潮下，混凝土结构的传统建造模式成为人类碳排放持续上升的主要诱因之一。传统建筑材料和施工方法在生产和运输过程中都产生大量的 CO_2 排放，加剧了气候变化的速度[1]。

如图 3-1 所示，在全球碳排放持续上升和气候变化的时代背景下，如何以尽可能少的建筑材料实现建筑结构，在自然环境下的非稳态环境和荷载的前提下提供足够可靠的建筑物是当下的关键任务。因此基于结构性能化的建筑设计策略的核心思想即为保证结构安全可靠性的核心目标的同时，尽可能节约建筑材料的使用或使用低碳材料，从而为建筑结构设计赋予碳减排的重要使命[2]。

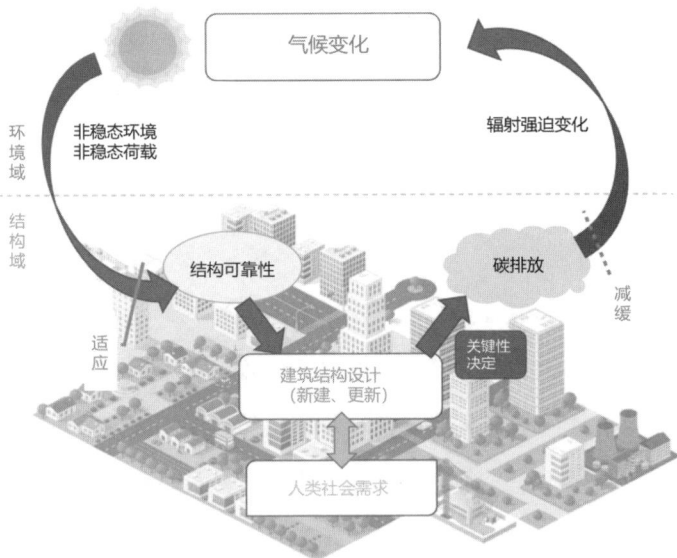

图 3-1　气候变化背景下的建筑结构设计与减碳

为了应对这一挑战，建筑业必须进行深刻的变革，向低碳和可持续发展转型。低碳建筑的核心理念是通过减少建筑生命周期内的碳排放，从而降低对环境的负面影响[3]。这不仅包括建筑物在使用过程中的能耗，还涵盖了建筑材料的生产、施工、使用等各个环节（图 3-2）。

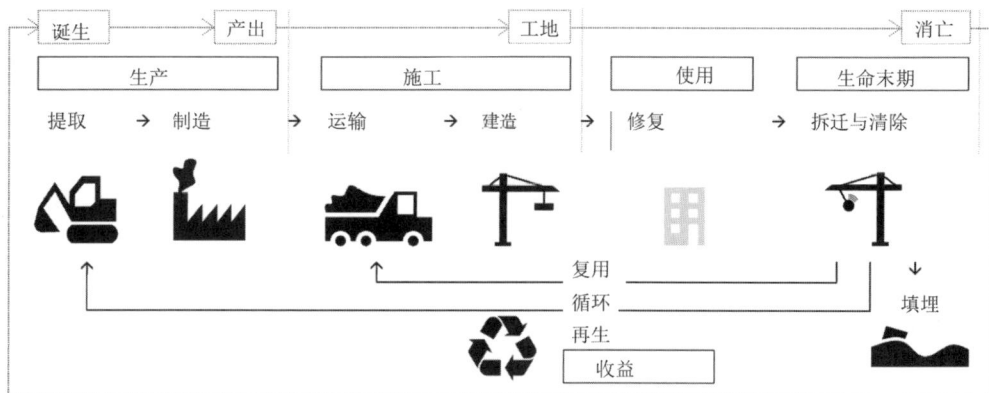

图 3-2 建筑材料的生产、施工、使用等各个环节

1）合理选择建筑材料降低建筑碳排放

材料选择在低碳智慧建筑中扮演着关键角色。传统建筑材料（如水泥、钢材、混凝土、砖、石灰、沥青、玻璃及建筑陶瓷等）在生产过程中都有着不同程度的碳排放，近些年新兴的新型材料（如木材、复合材料）在生产和使用过程中可能具有更好的减碳效果。因此，选择新型、低碳的材料是实现低碳建筑的重要策略。从建筑材料选择的角度考虑，降低建筑碳排放的措施主要有：

（1）选择绿色建筑材料：选择绿色建筑材料不仅可以减少碳排放，还能提高建筑的可持续性。绿色材料通常包括可再生资源、低毒环保材料等，这些材料对环境影响较小。

（2）优先选择本地材料：本地材料的使用可以减少运输过程中产生的碳排放，同时支持当地经济。这种做法还可以降低材料供应链的复杂性，提高建筑工程的可持续性。

（3）选择再生材料和低碳材料：再生材料和低碳材料的使用可以有效降低建筑的整体碳足迹。这些材料往往具有更低的碳排放量和能源消耗。

（4）重视建筑设计与材料的协调：在建筑设计过程中，合理选择材料，确保材料与建筑设计的协调，有助于提升建筑的整体减碳效果。这种协调可以通过材料的特性和建筑设计的特点相结合，实现最佳的效果。

2）合理建筑结构选型降低建筑碳排放

结构选型是低碳智慧建筑设计中的重要环节。合理的结构选型不仅可以提高建筑的稳定性和安全性，还可以有效降低建筑的碳排放。不同的建筑材料和结构体系之间的碳排放对比如图 3-3 所示。不同类型的建筑结构将会带来明显的建筑碳排放差异。在建筑的概念设计初期需要结合建筑材料、施工方式、功能需求、设计风格等决定最优的建筑结构选型[4]。

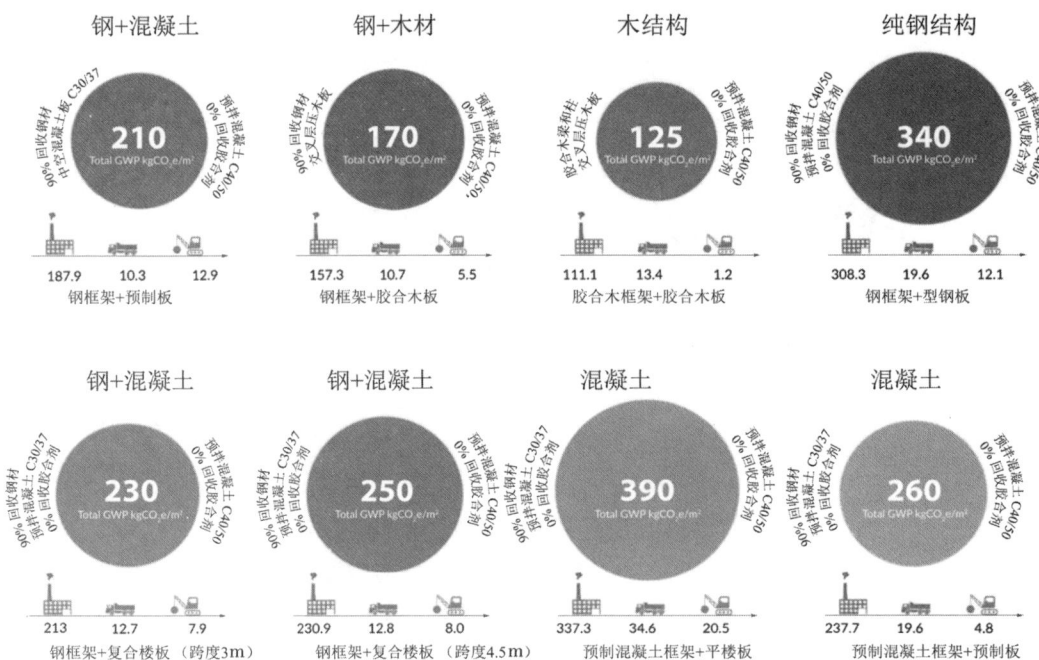

钢+混凝土	钢+木材	木结构	纯钢结构
210 Total GWP kgCO₂e/m²	**170** Total GWP kgCO₂e/m²	**125** Total GWP kgCO₂e/m²	**340** Total GWP kgCO₂e/m²
187.9 10.3 12.9	157.3 10.7 5.5	111.1 13.4 1.2	308.3 19.6 12.1
钢框架+预制板	钢框架+胶合木板	胶合木框架+胶合木板	钢框架+型钢板

钢+混凝土	钢+混凝土	混凝土	混凝土
230 Total GWP kgCO₂e/m²	**250** Total GWP kgCO₂e/m²	**390** Total GWP kgCO₂e/m²	**260** Total GWP kgCO₂e/m²
213 12.7 7.9	230.9 12.7 8.0	337.3 34.6 20.5	237.7 19.6 4.8
钢框架+复合楼板（跨度3m）	钢框架+复合楼板（跨度4.5m）	预制混凝土框架+平楼板	预制混凝土框架+预制板

图 3-3　不同建筑材料和结构体系之间碳排放对比

3）基于结构优化降低建筑碳排放

在整个建筑流程中，建材生产阶段的碳排量最大。因此，若能减少建筑材料的使用，便可有效地减少碳排放。然而，减少建筑材料的使用不能以降低结构安全性为代价。如何以有限的建筑材料设计高效的建筑结构，实现建筑材料的高效率使用，对于建筑结构概念设计阶段减少碳排放具有重要意义。

从优化的程度区分，建筑的结构优化主要可以分为结构整体的优化和结构局部优化，它们对于降低建筑的碳排放具有不同程度的影响。

（1）结构整体优化

在建筑的概念设计阶段，对建筑整体的找形将会很大程度上决定建筑的碳排放效果。建筑整体的找形是指通过对建筑外形和内部空间布局的合理设计，使得建筑能够在保证使用功能和美观的前提下，尽可能减少材料的使用量，从而节约建筑材料能源消耗，从而降低碳排放[5]。这方面的典型应用如使用 RhinoVault 软件进行壳体结构的找形（图 3-4），通过将壳体设计为纯受压的薄壳，充分发挥砖或混凝土等建筑材料优异的受压性能，以尽可能少的材料实现大跨度空间的覆盖，从而节约整体建筑碳排放。

（2）结构局部优化

不同部位的碳排放具有不同的占比。由建筑的各个局部构件如墙体、楼板、柱、梁等组成的建筑整体，其碳排放量往往不均衡。如图 3-5 所示，统

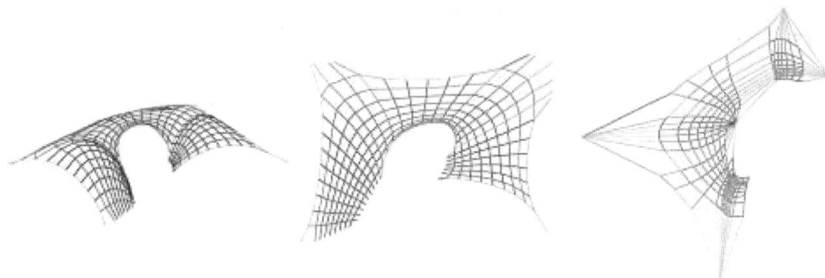

图 3-4　使用 RhinoVault 软件设计的壳体结构

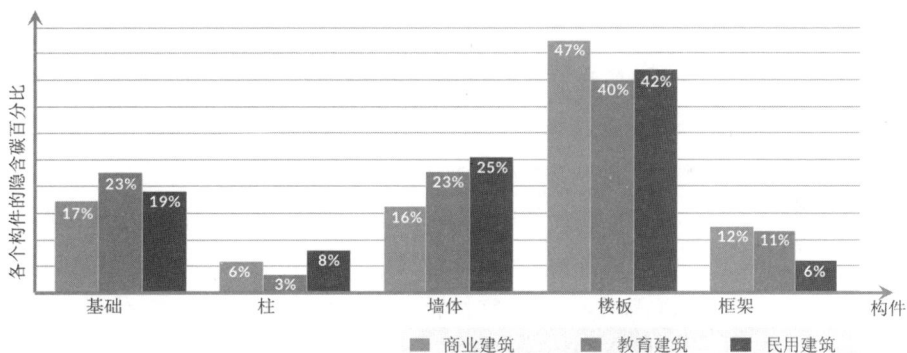

图 3-5　建筑的不同局部构件所产生的建筑碳排放比例

计表明，在单一的建筑结构中，墙体和楼板的碳排放占比最大。在以降低碳排放为目的的局部建筑结构优化过程中可以重点关注相应的局部构件[4]。

　　为了实现建筑结构的碳排放优化，整体和局部优化应结合使用。针对这些局部构件的优化，可以显著减少建筑整体的碳排放。这种方式可以在整体建筑结构布局确定之后使用，以进一步降低建筑整体的碳排放。首先，在概念设计阶段，应该优先考虑整体的结构优化，通过合理的形状设计和布局，减少不必要的材料和能源消耗。在此基础上，再针对具体的结构部位进行细化优化，通过采用高性能材料、新型施工技术和先进的设计工具，进一步降低建筑的碳排放。

图 3-6 展示了使用双向渐进结构优化法（Bi-directional Evolutionary Structural Optimization，BESO）进行了一个短悬臂梁的结构优化。该悬臂梁的左侧完全固定，右侧承受一个集中作用力。优化后的短悬臂梁在结构强度相差不大的情况下，材料使用量降低了 60%，从而实现该局部结构的建筑减碳。

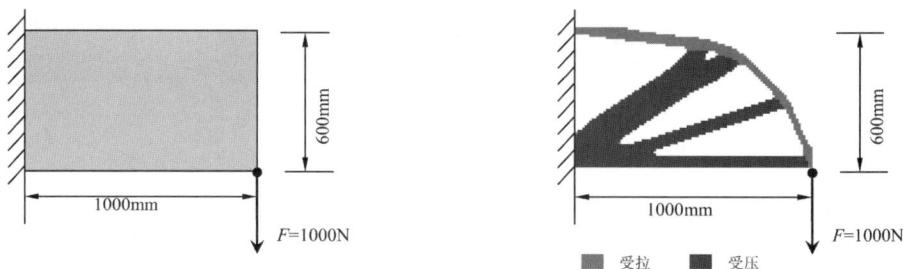

图 3-6　使用 BESO 技术对短悬臂梁结构进行优化

3.1.2　低碳智慧建筑的结构性能化设计方法

1）实验找形法

在"后合理化"的传统工作模式下，结构工程师的职责主要在于对既有建筑形态进行结构分析和优化。结构工程师在建筑师预设的形式概念上工作，通过繁复冗杂的结构计算对形式概念进行支撑。作为结构工程师的主要工具，"数学分析法"虽然赋予结构设计过程高度的科学性和合理性，却以"黑箱操作"的模式丢失了视觉形式与物理结构之间的有机关联。虽然 19 世纪的图解静力学已发展出对"形"与"力"的综合操控能力，但是也往往仅被用于工程师对结构形式的分析中。这种工作流程上的分工使建筑与结构学科之间的隔阂不断加深。结构"找形"（Form-finding）作为一种寻求建筑结构学科之间全新契合点、探索结构自身形式可能性的设计过程，在前计算机时代便已经出现了。在前计算机时代，面对超出的数学计算能力的复杂结构，三维物理模型被用作结构找形的主要手段，对复杂空间结构进行形式生成设计。物质化结构找形技术在创造丰富形态的同时，也为结构本身增添了缜密的力学逻辑。而这些逻辑本身，正是数字化设计中算法的核心。所以，利用物理模型的实验找形法无疑成为当今对数字化结构性能生形技术进行研究的主要切入点。

（1）悬吊模型

基于三维物理模型的"结构找形"可以被认为是数字化结构性能生形方法的雏形。三维物理模型通常能够在不需要结构计算的情况下有效地预测足尺结构的性能特征，所以往往在无法用常规几何或数学公式定义的复杂结构形式设计中展现出明显的优势。当然，并不是所有结构体系都能够通过缩尺的三维物理模型进行找形实验。例如在网壳等需要抵抗弯矩的结构体系中，结构性能表现会随着整体尺度的缩放而发生非线性变化，所以小尺度模型并不能表征真实的结构状况。当涉及三维物理模型找形时，结构体系的性能往往需要无关尺度，即随着比例缩放呈线性变化。故这种方法常常被用在砖石拱等纯受压结构或悬链结构等纯受拉结构中[6]。

悬吊模型一般被认为是物质化"结构找形"中最为广泛使用的方式之一。以胡克的悬链线定律为基础，悬吊模型不断地被用于历史上许多拱券或拱顶的找形和优化过程中。早期悬吊模型实践大多是在拱顶剖面上进行的二维实验。这种方法在三维空间的运用直到西班牙建筑师安东尼奥·高迪（Antonio Gaudi）才被人广泛了解。高迪利用三维链条和沙袋的组合来模拟砖石拱壳结构的受力平衡状态，以寻找最理想的结构形式。在古埃尔领地教堂地下礼拜堂设计中，高迪便利用一个倒挂模型来研究礼拜堂中倾斜柱子和拱券的静力平衡形式[7]。他首先将教堂平面在木板上进行定位，之后在倒挂下来的索链上加铅袋，每个铅袋的重量依据荷载分布而调整，最终通过将悬链模型图像倒置，便得到了精准的纯受压结构形式，倒置的悬链线对应于砖石结构的推力线（图3-7）。

如果将高迪的倒挂实验理解为采用二维链条来表达三维空间形态的话，那么海因茨·伊斯勒（Heinz Isler）的研究则是直接采用三维曲面完成结构找形。伊斯勒的倒挂织物找形可以看作是高迪的悬链找形的延伸。倒挂织物在重力作用下会产生自由曲面形态，并往往因其优雅的形式而令人惊叹。伊斯勒在重力生形的基础上又发明了两种形式固定技术：一种方式是将一块布浸泡在液体石膏或树脂中，布料凝固后吊挂的形态就被固定了下来；另一种方式是在瑞

图 3-7　高迪运用倒挂模型进行古埃尔领地教堂地下礼拜堂的找形

士冬天的晚上将浸湿的布料悬吊在室外凝冻，也可以同样取得将形式固化的效果[8]。此外，伊斯勒还探索了以其他的物理找形技术来代替悬吊模型的方法，其中包括著名的利用气压对弹性膜结构进行充气找形的技术[9]。在利用不同的方式生成理想结构形式之后，伊斯勒会利用数学模型对形式的结构性能的进行分析，根据必要的强度、刚度和抗屈曲能力要求确定所需的加固形式。图3-8是伊斯勒在1959年IASS会议上列举的壳体结构的丰富可能性。

（2）皂膜实验

在伊斯勒之后，弗雷·奥托（Frei Otto）对壳体结构和张拉结构的物理模型找形做出了更进一步的创新。奥托强调自然建筑理念，主张结构应既符合建筑美学，又具有缜密的内在力学逻辑。在20世纪50年代，奥托采用物理模型实验开创性地解决了三维膜结构和索网结构等找形问题。由于重力荷载在张拉结构中作用极小，奥托采用了本身十分轻质的膜或织物材料进行试验，这其中最著名的是利用具有恒定表面张力的肥皂泡进行"极小曲面"（Minimal Surface）找形的皂膜实验[10]。奥托将闭合的框架浸入到肥皂泡液体中，取出后在框内便形成了表面积最小的肥皂泡薄膜，同时薄膜表面压力也完全均匀（图3-9）。此外，奥托和他领导的轻型结构研究所（Institute for Lightweight Structures）还对充气结构、液压结构和分支结构等丰富的三维

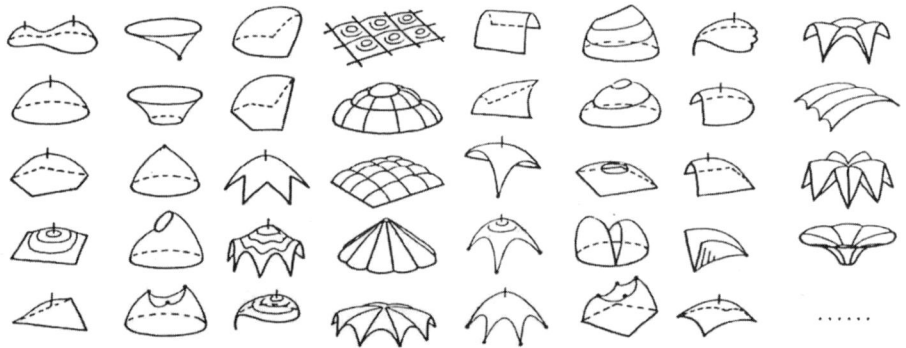

图3-8 伊斯勒在1959年IASS会议上列举的壳体结构的丰富可能性

图3-9 奥托用皂膜实验进行张拉结构找形

模型技术进行了实验和探索，巧妙地生成无法采用数学模型定义的复杂结构形式。

2）几何刚度法

（1）传统力学分析与图解

图解静力学的起源与悬链线拱的发展密切相关。正因如此，拱结构和壳体结构一直是图解静力学研究的重要领域。法国学者菲利普·德雷耶（Philippe de Lahire）在 1695 年首次将静力学应用于拱券研究中。为了计算拱券的平衡状态，他在图解中将拱券内力用线段表示，并运用平行四边形的对角线特性将两个非平行的应力替代为单一力学向量（图 3-10）。这套图解可以被认为是图解静力学在历史上的首次出现。

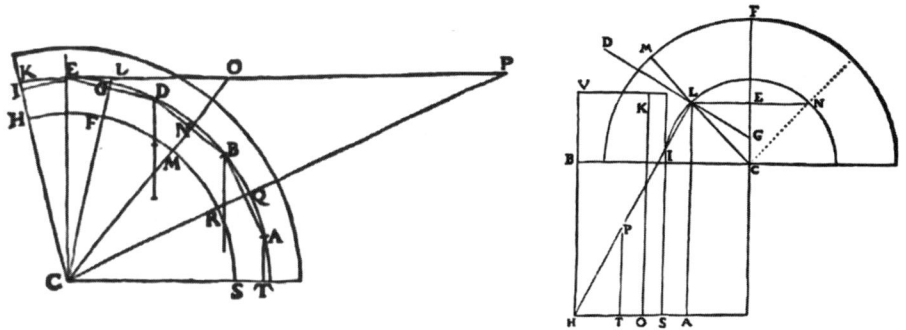

图 3-10 菲利普·德雷耶运用力的平行四边形法则分析拱券的平衡

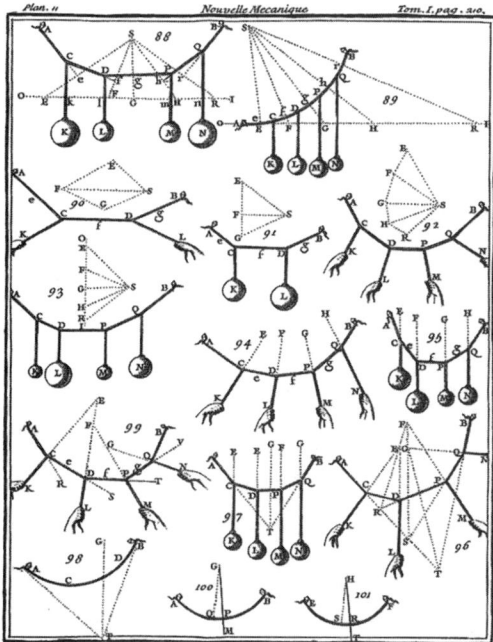

图 3-11 皮埃尔·伐里农对多段线平衡形态进行图解分析

法国学者皮埃尔·伐里农（Pierre Varignon）在 1725 年的《机械或静止》（Nouvelle Mécanique ou Statique）一书中对无弹性绳子悬吊重物后的平衡状态进行探讨，提出了悬链多段线（funicular polygon）与力多段线（the polygon of forces）的概念，并利用不同受力状态下的多段线解释了两者之间的相互关系，推动了图解静力学的进一步形成（图 3-11）。

之后，物理学家罗伯特·胡克（Robert Hooke）提出了悬链线理论，极大地加速了砖石结构研究和图解静力学的诞生。拱券设计的原则在于实现最大的轴向压力和最小的弯矩，因此，胡克提出了"最高效的拱结构应该是倒置的悬链线的形式"。这一想法成为日后安东尼奥·高迪、弗雷·奥托等人进行物理找形实验的重要理论基础。

之后图解静力学的应用研究迅速发展。1868 年德国学者奥托·摩尔（Otto Mohr）在著作中将图解静力学研究拓展到连续梁等超静定结构问题。数学家亨利·特纳·艾迪（Henry Turner Eddy）发表了运用图解方法来确定圆顶薄膜应力的环向力的方法。1881 年这一方法被慕尼黑工业大学教授奥古斯特·费波（August Foppl）应用于砖石拱顶的分析中，为图解静力学在整体结构中的应用铺平了道路，并深刻影响了后来拉斐尔·古斯塔维诺（Rafael Guastavino）在 20 世纪初的建筑实践。然而在图解静力学的工作机制中，力图解需要建立在已有的形图解基础之上，因此，除去少数实践外，图解静力学往往只是作为对已有结构形式的分析工具。

（2）数字图解静力学

随着数字技术的发展，图解静力学在计算机的辅助下摆脱了复杂手绘过程的限制。同时，数字环境下的三维建模技术实现了形式与力之间的实时可视化反馈，使得图解静力学中的双向（形与力）交互机制能够得到充分发挥。更重要的是，数字环境打破了图解静力学的二维局限性，逐渐向三维空间结构计算迈进。这些技术的发展都推动着图解静力学开始从分析工具向生成工具的转变[11]。

计算机化的图解静力学首先以一些交互网页的形式出现在教学中。在马萨诸塞州理工学院，爱德华·阿伦（Edward Aaron）和瓦克劳·扎拉伍思克（Waklaw Zalawusk）基于网页环境开发了图解静力学教学工具（Active Statics Online，图 3-12），使基于图解静力学的形式探索直观便捷地展现出来，第一次实现了图解静力学的数字化[12]。苏黎世联邦理工学院的菲利普·布洛克（Philippe Block）团队开发的互动网页 eQUILIBRIUM，将图解静力学与动态数学软件 GeoGebra 相结合，提供了展示图解静力学的全新方式[13]。由于互动网页仅仅能够提供对简单图解静力学和结构系统的理解，为了满足研究和实践的需求，一些学者在探索图解静力学设计方法的同时，将研究成果以软件工具的形式加以呈现。在麻省理工学院攻读博士期间，菲利普·布洛克通过推力线对砖石结构进行极限状态分析，提出了基于图解静力学的"推力网络分析法"（Thrust Network Analysis，TNA），并开发了数字工具 Interactive THRUST。此后，布洛克团队基于"推力网络分析法"开发的犀牛插件 RhinoVAULT 将图解静力学与力密度法相结合，发展成为设计拱壳空间结构的有效工具，并在一定程度上实现了图解静力学的三维化。

在数字图解静力学中，这种交互式的设计方法主要通过操作力图解来影响形图解而实现。例如，布洛克研究团队在给定的荷载和约束条件下，通过对力图解的有限细分创造了新颖的纯受压结构形式（图 3-13）。在力图解中，内力多段线与外力多段线能够被清晰地区分，二者相互独立：内力多段线对

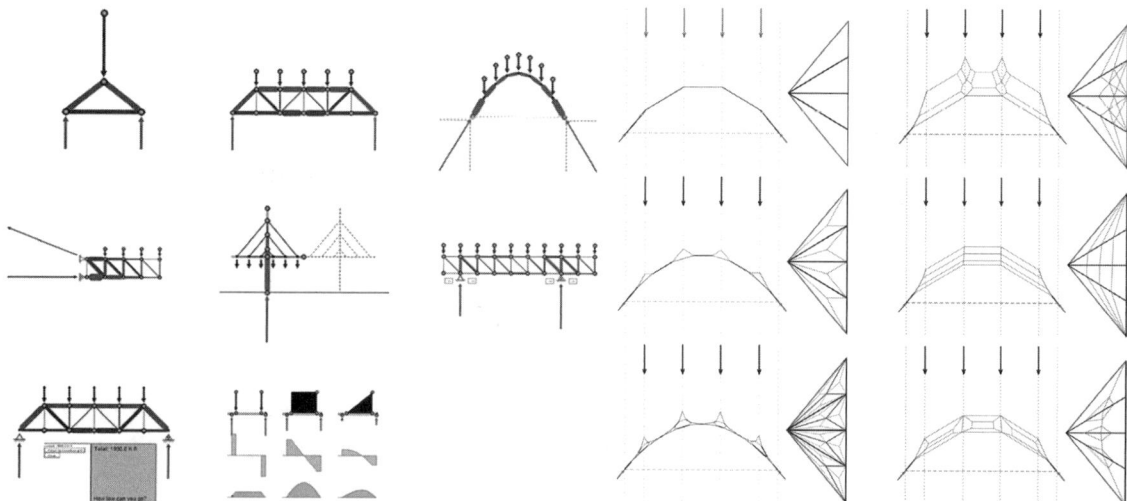

图 3-12　Active Statics Online 网页

图 3-13　通过对力图解的细分创造新颖的纯受压结构

应结构形式，外力多段线对应施加在结构之上的外加荷载和约束条件。利用力图解的这一特性，建筑师可以将内力多段线与外力多段线分开考虑：外力多段线作为结构找形的外部约束，在应力图解操作中保持不变；内力多段线可以通过一定规则进行细分，从而在相同的外部约束条件下产生多样的结构形式。

早期图解静力学计算三维空间结构的思路是将三维结构抽象为二维平面问题来处理。投影法中最为典型的是菲利普·布洛克的 TNA 法。在二维砖石拱结构的找形过程中，图解静力学可以计算出拱壳内的推力线，当所有推力线均在拱壳体量之内时，拱壳本身便能够保持受力平衡。而当一系列推力线被并置在一起时可以形成三维的推力网络，推力网络作为悬链线或推力线的延伸，表示一个空间拱形的最佳平衡状态。推力网络分析可以看作是物理悬吊模型在数字化环境中的重新呈现。由于砖石拱结构的设计通常只考虑垂直方向的重力荷载作用，因此砖石结构在垂直方向与水平方向的受力平衡可以分开处理（图 3-14）。

（3）力密度法

力密度法最初是为索网结构找形而提出的计算方法，如今已被广泛用于索网结构、膜结构和张力整体结构的生形设计中。力密度法是一种无关材料属性，只考虑结构几何刚度的方法。其中，力密度是指在构成索网的每个索段中内力与长度的比值，也被称为张力系数（Tension coefficient）。在力密度法中，索网或膜结构被视为由许多离散杆件通过结点相连而成。在找形过程中，索网边界往往被设定为约束点，其余均为自由点。设计师通过在算法中指定结构的力密度，建立并求解每个点的平衡方程，进而得到每个自由点的坐标—结构外形。通过引入力密度的概念代替力与长度的比值，非线性方程

55

（a）

（b）

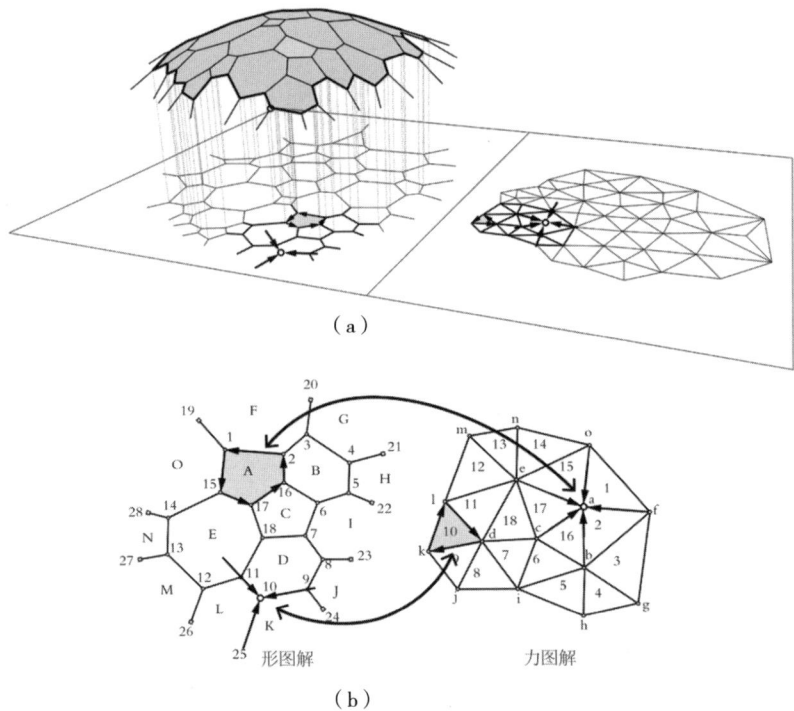

图 3-14 基于 TAN 法的砖石拱结构设计
（a）形图解、力图解及相应的拱结构；（b）形图解与力图解的交互关系

组被简化为线性方程。不同的力密度值对应不同的结构外形，力密度分布则对应结构中相应的预应力分布图解。

（4）动态平衡法

如果说力密度法代表了数字化结构性能图解的静态方案，那么动态平衡法则将数字化结构性能生形过程中的动态性运用到了极致。动态平衡法是一种以动力学原理寻找动态平衡中稳态解的方法。力密度法能够利用精确平衡状态下的线性方程组来解决离散网络结构问题，动态平衡法则是建立在迭代与收敛法则之上，以动态方式逐渐趋近稳态平衡。动态平衡法的计算求解过程完全以形态的运动来呈现，这种直观动态的图解方式成为动态平衡法的主要特征和优势。动态平衡法主要包括动态松弛法（Dynamic Relaxation，DR）和"粒子—弹簧"方法（Particle-Spring method，PS）。动态松弛法首先将结构体系离散为节点（Nodes）和杆件（Bars），进而通过施加外来荷载使结构体系产生不平衡力，从而引起运动[14]。在运动过程中，动态松弛算法会逐点、逐步追踪结构的运动量和残余力，直到结构由于阻尼而趋于静止，达到稳态平衡（图 3-15）。在设计生形过程中，设计师可以随时修改结构的外部约束或内部的拓扑形式，进而到达新的平衡状态。

丹尼尔·派克（Daniel Piker）在 Grasshopper 平台上开发的插件 Kangaroo

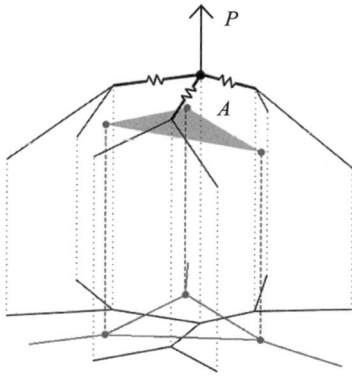

图 3-15　用动态平衡法找形的基本原理
示意（点 P 所受外力等效于结构水平投影
的对偶图的面积）

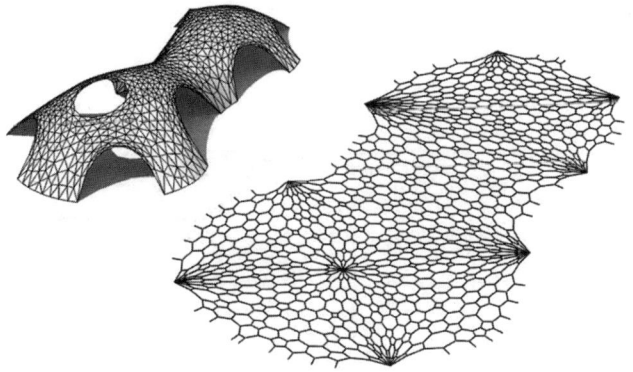

图 3-16　使用 Kangaroo 进行壳体结构找形

便是利用动态平衡法进行结构找形的代表（图 3-16）。Kangaroo 包括一系列利用计算机技术模拟现实世界物理行为的几何算法。在计算机辅助设计环境中，设计师仅仅通过简单的初始设定就能生成出丰富的几何形式，并与之实时互动。这种根据外部约束进行实时设计调整的方式对于形变较大的张拉膜结构、弯曲木网壳结构和充气结构的形式生成都具有重要意义。

3）生成式结构优化方法

（1）拓扑优化

基于有限元分析的拓扑优化是当下应用最为广泛的结构生形方法之一。在给定的荷载和边界条件下，拓扑优化法能够在设计空间中优化材料分布，在满足一定的结构性能指标的前提下减少材料用量。不同于传统意义上的结构尺寸优化或形式优化，基于有限元分析的拓扑优化能够从根本上改变初始结构形式的拓扑关系，从而创造出新的结构形态。这是一个多学科交叉的领域，涉及结构力学、优化算法、数学建模、材料科学等方面。该技术在材料、机械、航空、汽车、建筑等领域都有广泛的应用。借助拓扑优化法，建筑师和结构工程师可以在初始设计阶段，依据设计需求寻找最高效的结构形式概念。当前阶段被广泛研究和使用的拓扑优化技术主要有均质化方法、SIMP 方法、水平集方法、移动可变形组件法和渐进结构优化法。

①均质化方法（Homogenization Method）：均质化方法的原理是使用微结构单元来表示结构的拓扑形态，以微结构单元的单元尺寸和空间位置作为设计变量，通过以微结构单元的尺寸变化来实现结构中材料的增减，最终得到一个目标函数最优的结构拓扑形态。这种方法可以适用于各种连续体结构，当结构的支撑和荷载形式比较简单、结构尺度比较小时，使用该方法可以以较少的迭代步骤得到最优的拓扑优化结果，但是当结构的尺度较大、受

力较复杂时，每一步的迭代时间将会变得很长，迭代次数也会增多，总的计算成本将会变大。

②实体各向同性材料法（Solid Isotropic Material with Penalization，SIMP）：SIMP法的数值实现与均质化方法基本相同[15]。不同之处在于通过对材料密度进行"惩罚"（即将密度提高到某个大指数）来防止形成中间密度（即0~1之间）对结构优化没有真正的物理意义。对于像悬臂这样的简单结构（图3-17），其优化的

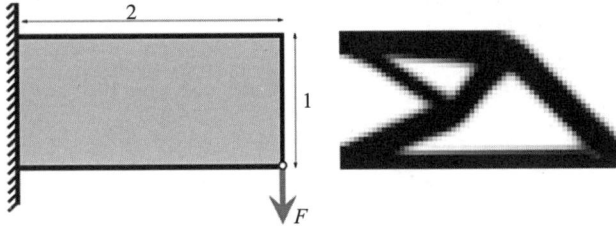

图 3-17　SIMP 方法示意图

固定网格形状为矩形，使用层网格技术可以生成有限元方法的网格。SIMP（实体各向同性材料惩罚）在数值实现上与上面的密度优化示例基本相同。不同之处在于，为了防止中间密度（即0~1之间）的形成，使其在结构优化中没有实际意义，材料密度被"惩罚"（即将密度提高到某个大的指数，例如 $p \geq 3$）。

③水平集法（Level Set Method，LSM）：水平集法是一种以呈现边界来表示结构形态的方法。它基本上是一种结合了形状灵敏度分析的最陡下降方法用于移动水平集函数的 Hamilton-Jacobi 方程，用于结构的拓扑设计[16]。图3-18 展示的是基于水平集法进行一个短悬臂梁的优化过程。

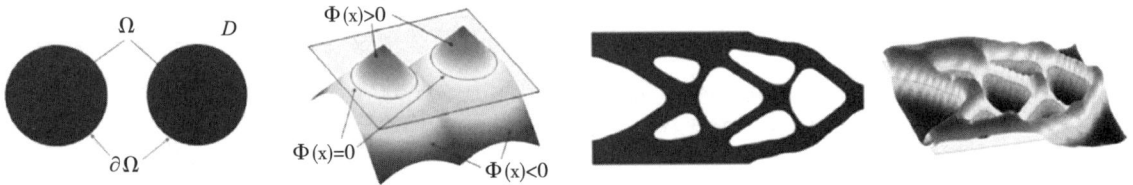

图 3-18　基于水平集法的短悬臂梁优化过程

④移动可变形组件（Moving Morphable Components，MMC）法：在 2004 年的研究中，Guo 等人为了以更明确和几何的方式进行拓扑优化，建立了一种所谓的基于移动变形组件的拓扑优化框架，这与现有的拓扑优化框架有很大的不同。MMC 法的显著特点是使用一组可变形构件作为拓扑优化的构件块，通过优化这些构件的形状、长度、厚度、朝向和布局（连通性）来找到最优结构拓扑[17]。基于该方法进行短悬臂梁拓扑优化的过程如图3-19所示。

⑤渐进结构优化法

渐进结构优化（Evolutionary Structural Optimization，ESO）法由谢

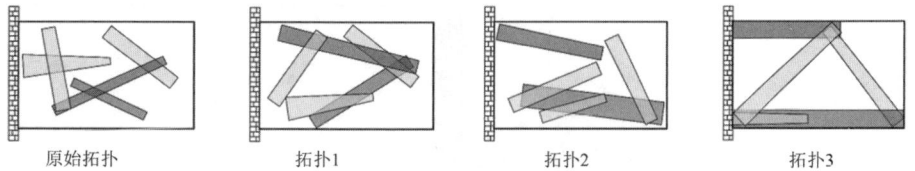

原始拓扑　　　　拓扑1　　　　拓扑2　　　　拓扑3

图 3-19　采用 MMC 法对短悬臂梁进行拓扑优化的过程示意图

亿民和格兰特·史蒂芬（Grant Steven）于 1992 年提出[18]。该方法的核心思想是将结构中的所有单元以二进制 1 和 0 进行表示，逐步去除低效材料的形式进化结构以获得最优结构的方法。后来衍生出的 BESO 法弥补了原始的渐进优化法无法实现结构的双向变化的缺点。如图 3-20 所示是基于 BESO 方法进行短悬臂梁优化的过程。此后，该方法不断被扩展和研究。目前已经被广泛应用于建筑、机械、航天、工业设计和生物力学等多个领域。

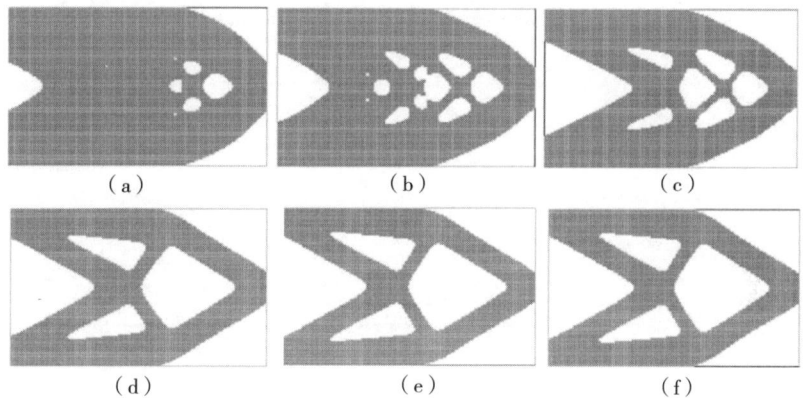

图 3-20　基于 BESO 的短悬臂梁优化过程示意图
（a）第 15 步；（b）第 30 步；（c）第 45 步；（d）第 69 步；（e）第 79 步；（f）第 89 步

　　双向渐进优化法将多种维度的复杂结构问题简化为直观的形式操作，成为建筑师快速理解形式与结构关系的重要参考。在圣家族大教堂的建造研究中，谢亿民与马克·博瑞（Mark Bury）团队合作，应用 BESO 算法对高迪的结构手稿进行优化模拟，得到的结果与高迪的设计惊人地相似（图 3-21）[19]。

　　（2）基结构法

　　基结构法（Ground Structure Method，GSM）是一种典型的以截面面积为变量的拓扑优化算法，由多恩（Dorn）于 1964 年提出。与上述的拓扑优化算法不同，基结构法的提出主要是为了解决离散结构的拓扑优化问题。

图 3-21　运用 BESO 算法对高迪的圣家族大教堂设计进行模拟

最初的基结构法应用于桁架结构。其基本原理如下：在形成基结构的基础上，用数学规划等方法对杆件的截面面积进行优化，当某一杆件截面面积减小到一定尺寸时则移除该杆件（或以某一非常小的截面面积代替），经多次迭代，最终得到结构最优的拓扑形式。基结构具有最密的拓扑结构，其余的拓扑结构都可以由基结构退化得到。布局优化（Layout optimization）是基结构法中常用的一种，基于该方法开发的网页工具 LayOpt 进行简支梁的优化的结果如图 3-22 所示。

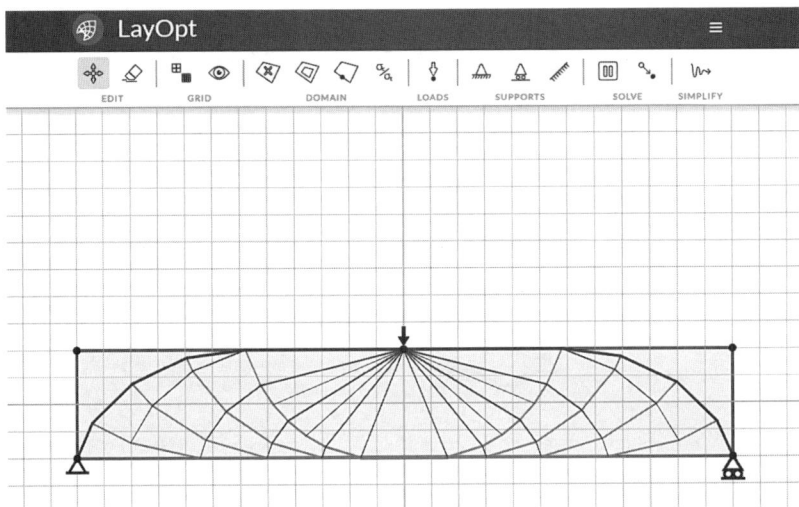

图 3-22　利用 LayOpt 进行简支梁优化的案例

3.1.3　应用示例

基于多材料双向渐进结构优化方法，本节对大悬挑建筑"雄安之翼"的前期结构找形设计进行了研究。该项目是世界上首例基于多材料拓扑优化技术进行结构找形并开始实际建造的大规模建筑[20]。

如图 3-23 所示，该项目是由中间 5 层塔楼和两侧裙房组成综合体建筑群。在早期概念方案阶段，确定中间的塔楼的形式为展翅高飞的大悬挑形态，建筑东西两侧对称，两翼分别悬挑 24m，覆盖东西两侧的裙楼阶梯

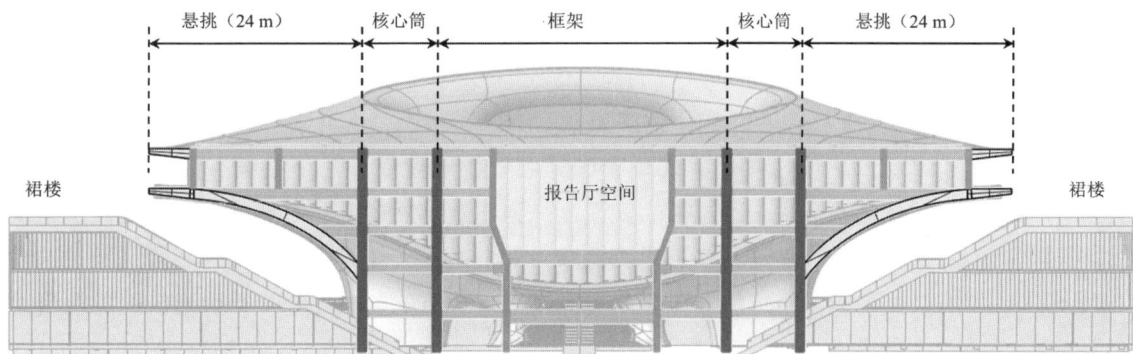

裙楼　　　　　　　　　　　报告厅空间　　　　　　　　　　裙楼

图 3-23 "雄安之翼"建筑主体结构剖面示意

屋面。该建筑结构设计的主要难点在于塔楼两翼的悬挑距离较大，为了满足建筑的功能需求并考虑节约造价，需要对塔楼两翼的悬挑结构进行轻量化设计。

图 3-24（a）展示了拓扑优化后的结果。经过后设计处理的二维框架结构如图 3-24（b）所示。为了方便在核心筒中为电梯间预设门洞，将反向的斜向斜杆设计为剪刀撑。在该框架结构中，向外倾斜的两根斜柱设计为通高的斜柱从底层内侧的核心筒柱脚一直延伸到 5 层的屋顶高度。在斜柱的顶端各有一根吊杆连接至 5 层楼面，斜柱和吊杆协同作用，支撑起整个悬挑区域。经过后设计处理的整体框架结构如图 3-24（c）所示。与传统的设计方案相比，拓扑优化方案不仅可以节约钢材的使用量，而且悬臂端部变形更小，横向刚度更大，且斜向杆件更少。总体上看，经过拓扑优化后，建筑耗钢量更少，从而碳排放量更低。建筑整体的渲染效果如图 3-24（d）所示。

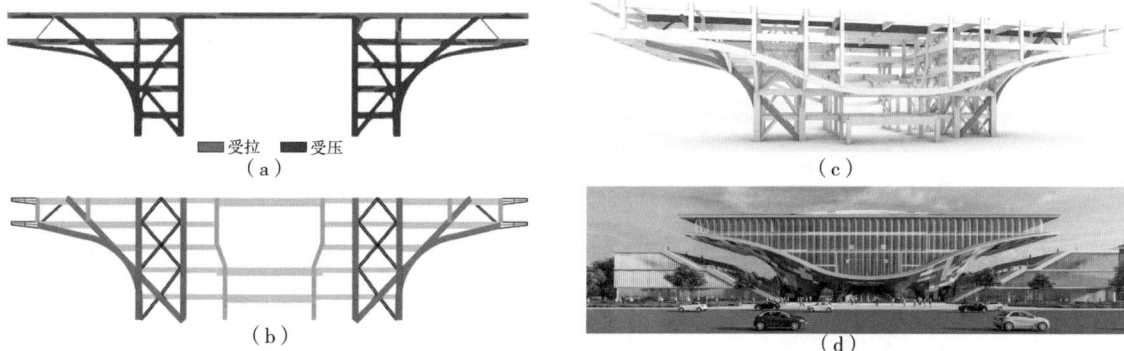

受拉　受压
（a）

（b）

（c）

（d）

图 3-24 "雄安之翼"剖面框架的后期设计过程
（a）拓扑优化结果；（b）经过后设计处理的剖面框架；（c）经过后设计处理的整体框架结构；（d）整体渲染效果

3.2.1　环境性能化建筑设计原理与减碳策略

1）环境性能化建筑减碳原理

环境性能化建筑减碳设计原理主要聚焦于两个关键方面：首先是最小化能源需求，通过被动式设计加强建筑自然通风、自然采光等手段减少建筑的照明、采暖制冷等能源需求；其次是最大化可再生能源的利用，通过整合太阳能、地热能等可再生资源来满足建筑的能源需求，实现建筑的能源自给自足。

（1）减少能源需求

建筑运行中的主要能耗包括采暖、制冷和照明能耗等，其中采暖和制冷通常是建筑系统中能耗最高的。通过被动式设计方法满足建筑的通风、采光、得热等需求，可以减少对人工照明和空调系统的依赖，降低建筑能耗和碳排放。具体减碳策略可以从建筑规划设计和建筑单体设计两个层面入手。

在建筑规划设计层面，可以通过在建筑的选址、布局排列和朝向设计时充分利用当地气候和地形条件，加强建筑的日照和夏季自然通风，减少照明和空调能耗；通过合理的形体控制，减少外表面热散失面积，减少能量损失；通过建筑周围蓝绿空间的设计，加强建筑的通风、遮阳和隔热，改善建筑微气候环境，减少能源消耗。

在建筑单体设计层面，可以通过调整建筑的朝向、开口、庭院等设计，加强建筑室内自然通风，减少空调能耗；通过固定遮阳、可调节遮阳和植物遮阳等措施，减少太阳辐射，改善室内热环境，减少空调能耗。

（2）增加可再生能源利用

利用可再生能源来满足建筑能源需求，从而实现能源自给自足，可以减少对传统能源的依赖，降低碳排放。可再生能源利用包括太阳能、地热能、风能、雨水收集和再利用等。其中，太阳能利用又包括主动式太阳能利用和被动式太阳能利用。

主动式太阳能利用是通过太阳能光伏板和太阳能热水系统，将太阳能转换为电能和热能，供建筑使用。可以通过屋顶光伏系统和建筑光伏一体化（Building Integrated Photovoltaic，BIPV）的方式实现。屋顶光伏系统是在屋顶及建筑表皮设置光伏板，利用太阳能发电，减少电网输入。设计时需考虑最佳安装位置、角度和面积，匹配当地太阳辐射特征，以最大化捕获能量，提高发电效率。BIPV是将光伏组件与建筑围护结构相结合，如采用光伏幕墙、光伏遮阳等，在发电的同时，优化建筑采光和热工性能。

被动式太阳能利用是指在不采用任何其他机械动力的情况下，通过合理的建筑布局、朝向、材料选择等手段，最大限度地利用太阳辐射为建筑供暖或制冷。在建筑设计中可以通过特朗伯墙、附加阳光间等被动式太阳能利用技术，加强冬季建筑的得热和保温，减少采暖能耗。

2）环境性能化建筑规划设计减碳策略

不同地理地貌的气候环境呈现出丰富的多样性，使得各地区的建筑形态呈现出不同的特点。因此，建筑规划减碳设计应充分利用建筑所在环境的自然资源和条件，通过合理的选址、朝向、布局排列以及周边蓝绿空间的设计等，最大化建筑日照和自然通风，尽可能减少能源的使用。

（1）建筑选址

建筑在选址时，应考虑气候条件、地形地貌、自然资源等对建筑能耗的影响。其中，气候条件对建筑的作用最为突出，因此建筑选址应先了解当地的太阳辐射强度、冬季日照率、冬夏季最冷月和最热月平均气温、空气湿度、冬夏季主导风向等气候条件，充分利用建筑室外微气候条件，减少对制冷和采暖设备的依赖。

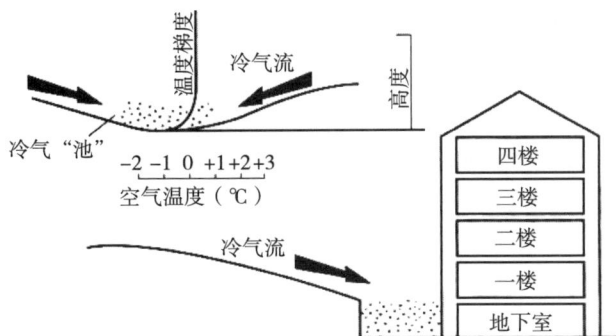

图 3-25 建筑物的"霜洞"效应 [21]

此外，建筑所处位置的地形地貌，如平地或坡地、山谷或山顶、江河或湖泊水系等，也将直接影响建筑室内外环境和建筑能耗需求。在严寒或寒冷地区，建筑不宜布置在山谷、洼地、沟底等凹形地域。因为冬季冷气流容易在凹地聚集，形成对建筑物的"霜洞"效应（图 3-25），从而使位于凹地底层或半地下室的建筑采暖能耗增加；而对于夏季炎热地区而言，建筑布置在凹形地域则是有利的，因为这些地方容易实现自然通风，利于降低空调能耗。江河湖海地区，因陆地和水体增温或冷却不均而产生昼夜不同方向的地方风，建筑选址可充分利用这种地方风以改善夏季室内热环境，降低空调能耗。

建筑为满足冬暖夏凉的目的，在选址时还应遵循向阳原则和通风原则。

在冬季寒冷地区，建筑应选在能充分吸收阳光，且建筑与阳光仰角较小的地方；在夏季炎热地区，过多的太阳辐射往往形成酷暑，因此，建筑应选在与阳光仰角较大，且能相对减少太阳辐射的区域。一般情况下，在干热气候区，可将建筑选在向北的斜坡上，这样光线充足而太阳辐射却有限；在干冷或湿冷气候区，将建筑选在向南的斜坡上为佳，使建筑得到充分的日照，减少采暖能耗需求。

建筑在满足冬季采暖要求的同时，还必须兼顾夏季制冷，争取良好的自然通风使室内达到凉爽的目的。具体来说，在确定建筑基地的通风性时，应考虑山峰、树林、构筑物等永久地貌或建筑物对夏季主导风向的影响，充分利用自然通风环境减少建筑空调能耗。

（2）建筑布局与朝向

通过合理的建筑布局和朝向设计，可以充分利用自然风、自然光等条件，改善建筑的日照、通风、气温等环境性能，同时减少建筑对人工照明、采暖和空调能耗的需求。

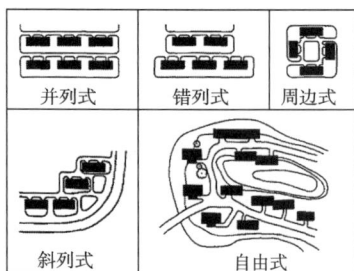

图 3-26 建筑群的平面布局方式

建筑的平面布局方式可以分为并列式、错列式、斜列式、周边式和自由式等（图 3-26），其中，并列式、错列式和斜列式又统称为行列式。一般情况下，自由式、错列式的建筑组群平面布局较有利于自然风的导入，行列式、周边式次之。垂直方向上，建筑组群的高度错落有致，有效增大迎风面的空间形态，利于建筑组群内部环境的空气流动。

①并列式——建筑物有规则地成行成排布置，这种方式能争取最好的建筑朝向，使大多数房间能得到较好的日照，并有利于通风。

②错列式——利用山墙空间争取日照，从而避免"风影效应"，是建筑群常用的布局方式之一。

③周边式——即建筑沿街道周边布置。这种布局方式虽然可以使建筑群内部空间集中开阔，但有相当多的房间得不到良好的日照，也不利于自然通风。因此这种方式适用于北方严寒或部分寒冷地区。

④斜列式——建筑可长可短，也可根据地形、地势和朝向等条件灵活布置，常用于地形限制的区域。

⑤自由式——充分利用地形特点，采用多种平面形式及高低层和长短均不相同的形体组合，常用于地形复杂的区域。这种布局方式可以避免建筑相互遮挡采光，对日照和自然通风有利。

建筑的朝向对太阳辐射得热量和空气渗透耗热量都有很大的影响。在选择建筑朝向时，需要从采光、集热、通风三个方面综合考虑：冬季要有比较充足和一定质量的阳光射入室内；炎热夏天应尽量减少太阳通过窗口直射室内和居室外墙面；夏季应有良好通风，冬季应避免冷风侵袭；同时，建筑朝向选择还应充分利用地形，并要注意节约用地。

（3）建筑风环境设计

在夏热冬冷和夏热冬暖地区，良好的室外风环境有利于炎热夏季的室内自然通风，降低室内空气温度和相对湿度，改善人体舒适感，同时也利于建筑围护结构的散热。在建筑规划设计时，充分考虑建筑群体的布局和形态，通过精心规划，可以显著改善建筑室外的空气流通状况，有效减缓城市热岛效应。通过建筑群体间的空间设计，形成如风道、漏斗形空间、开放区域和散点式布局，可以优化建筑室外通风环境，从而有效降低空调能耗。

①风道作用：利用通风带走局地热量堆积，有效形成导风巷。设计时需要注意巷道的连续性、平整性（避免建筑突兀），巷道方向要与夏季主导风向一致，此外，将巷道设计为两个主导方向，在热岛汇合，能有效缓解城市热岛效应。

②漏斗作用：形成上大下小的倒棱台空间。建筑设计时可以采用退台、尖塔的造型，建筑物之间形成漏斗空间，散热面越大，对通风散热越有利；并且，建筑应避免高空出挑，因为出挑的下部容易形成热涡流；此外，还应注意按需设置空中廊道，避免廊道阻碍堆积热量向上释放，若要设置空中廊道，底部宜设计为倒锥形。

③开放作用：在建筑单体迎风一侧留出一定的开放空间，可有效改善空气流动。开放空间应面向夏季主导风向，并宜采用正三角形洞口的开放方式。

④散点作用：城市密集区高层建筑单体按散点式布局，减少建筑对室外风流形成的阻力。

然而，对于采暖地区，需要在冬季减小建筑围护结构与外界的热交换，减少热量损失，达到减碳的目的。受来自西伯利亚冷空气的影响，我国北方采暖城市的冬季寒流风向主要是西北风。因此，在建筑规划中应避开不利风向，采用封闭西北向的周边式布局方式（图3-27），减弱寒冷气流对建筑的侵袭。从而减少建筑围护结构外表面的热损失，实现节能减碳。

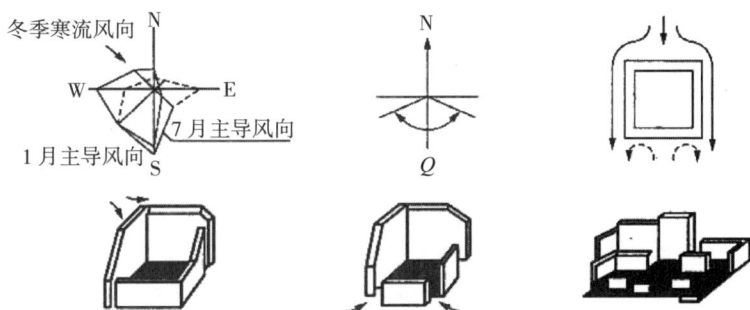

图 3-27　建筑组团的避风方案[22]

（4）建筑日照与间距设计

在确定好建筑朝向后，还应特别注意建筑物之间应有合理的间距，这样才能保证建筑物获得充足的日照，减少建筑人工照明的能耗需求。这个间距就是建筑物的日照间距。建筑规划设计时应结合建筑日照标准、建筑节能原则、节地原则，综合考虑各种因素来确定建筑日照间距。

日照间距是指建筑物长轴之间的外墙距离（图3-28），它是由建筑用地的地形、建筑朝向、建筑物高度及长度、当地的地理纬度及日照标准等因素

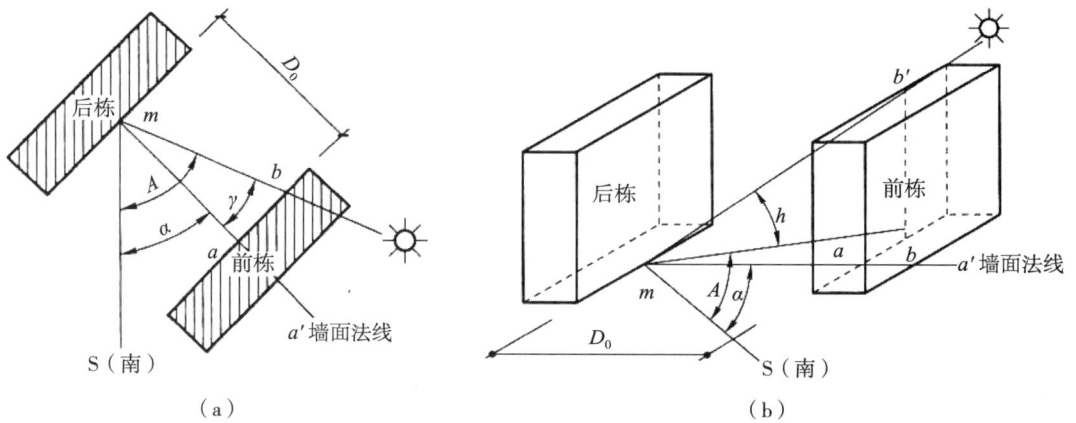

图 3-28　建筑日照间距示意图 [21]
（a）平面示意图；（b）立体示意图

决定的。在建筑规划中，如果已知前后两栋建筑的朝向及其外形尺寸，以及建筑所在地区的地理纬度，可计算出为满足规定的日照时间所需的间距，计算点 m 定于后栋建筑物底层窗台位置，建筑日照间距 D_0 为：

$$D_0=H_0\cot h\cos\gamma$$

其中　　D_0——建筑所需日照间距（m）；

H_0——前栋建筑计算高度，即前栋建筑总标高减去后栋建筑第一层窗台标高（m）；

h——太阳高度角（°）；

γ——后栋建筑墙面法线与太阳方位所夹的角，可由 $\gamma=A-\alpha$ 得出（°）；

A——太阳方位角，即当地正午时为零，上午为负值，下午为正值（°）；

α——墙面法线与正南方向所夹的角，以南偏西为正，南偏东为负（°）。

（5）建筑蓝绿空间设计

建筑受其周围局部环境的影响较大，因此，可通过绿化环境、布置具有降温和增湿作用的水景等，来调节风速和引导风向，从而改善建筑周围的微气候环境，达到改善室内热环境并减少建筑空调能耗的目的。

建筑绿化的基本方法有临街绿化、楼间绿化、楼旁绿化，以及屋面种植、墙面种植等。

①临街绿化：指在紧临城市干道（或其他通行量较高的道路）的建筑物附近所设置的带状绿地。这种临街绿地不仅对城市的环境面貌有较大影响，对于临街建筑内的工作环境和生活条件也有很大影响。

②楼间及楼旁绿化：一般指成行列式排列的前后两栋建筑之间空地上的绿化布置，这种楼间绿地的大小和宽度主要决定于房屋间距。楼间绿化的主要作用是遮挡西晒、改善通风、防尘降噪、阻隔视线。

66

③绿化建筑：建筑本身的绿化方式有很多，根据建筑物的绿化部位不同，可分为入口绿化、围墙绿化、窗台绿化、阳台绿化、屋顶绿化和屋角绿化等几类。其中，围墙绿化和屋顶绿化的降温节能效果最佳。

而在寒冷地区，若能充分考虑利用各种挡风屏障，不仅可以节约相当大一部分采暖能耗，还可以提高室内舒适度。设置防风墙、防风板、防风林带之类的挡风设施，对建筑的避风节能很有效果。其中，防风林带可用常绿植物做成风障，并设置在建筑物的冬季迎风面（图3-29），其高度、密度与距离均影响挡风效果。

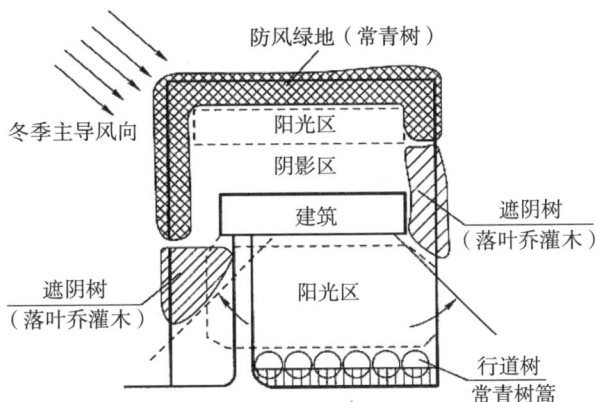

图3-29　建筑挡风屏障设计示意图[21]

3）环境性能化建筑单体设计减碳策略

通过合理的布局规划可以改善建筑室外微气候环境，而在单体建筑层面，通过建筑的形体、空间布局和开口设计等，可以改善建筑室内的自然通风和采光环境减少制冷和照明能耗；通过围护结构的材料、形式等设计可以增强室内隔热保温，利用太阳辐射加强冬季建筑供暖，能减少空调和采暖能耗。

（1）建筑形体设计

建筑形体的变化直接影响建筑采暖、空调能耗的大小。所以建筑形体设计应尽可能利于节能，具体设计中通过控制建筑物体形系数达到减少建筑物能耗的目的。

建筑物体形系数 S 是指建筑物与室外大气接触的外表面积 A_0（不包括地面、不采暖楼梯间隔墙和户门的面积）与其所包围的体积 V_0 的比值。即：

$$S = \frac{A_0}{V_0} = \frac{2nh\,(b+l)+bl}{nhbl} = 2 \times \left(\frac{1}{l} + \frac{1}{b}\right) + \frac{1}{nh}$$

其中　n——建筑层高；

　　　b——建筑宽度；

l——建筑长度；

h——建筑层高。

对于相同体积的建筑物而言，体形系数越大，说明单位建筑空间的热散失面积越大，则建筑物的能耗就越高。一般建筑物的体形系数宜控制在 0.30 以下，若体形系数大于 0.30，则其屋顶、外墙和门窗应加强保温。

表 3-1 为相同体积建筑的不同体形系数。可以看出在建筑体积一定的前提下，建筑的宽度、长度和总高的变化都会引起建筑体形系数的变化。通常情况下，宽的建筑比窄的建筑热损失少，高的建筑比矮的建筑热损失少，外表整齐的建筑比外表凹凸变化的建筑热损失少。因此，控制或降低建筑体形系数的方法主要有：减少建筑面宽，加大建筑进深；增加建筑的层数；减少建筑形体变化，追求平整、简洁的平面形式。

相同体积建筑的不同体形系数 表 3-1

建筑体形（m）	外表面积 A_0（m²）	建筑体积 V_0（m³）	建筑体形系数 S	每平方米建筑面积耗热量与正方体时比值/（%）
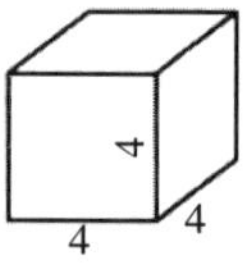	80.0	64.0	1.25	100
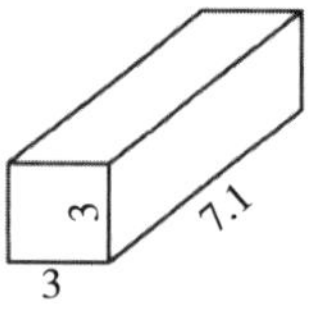	81.9	64.0	1.28	102.4
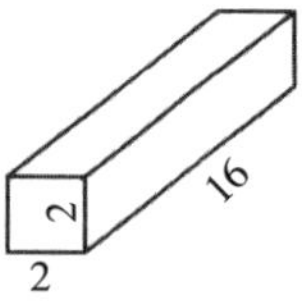	104.0	64.0	1.63	130
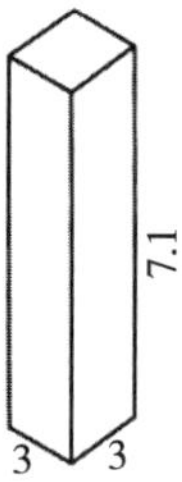	94.2	64.0	1.47	117.8
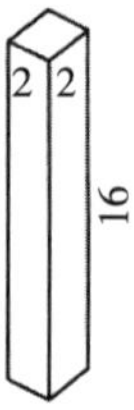	132.0	64.0	2.01	165

（2）自然通风设计

自然通风指不借助机械设备，依靠室外风力造成的风压和室内外空气温度差造成的热压，促使空气流动，使得建筑室内外空气交换。它是利用风的重力作用和物理特性来使建筑内的空气流动起来。热压和风压是建筑自然通风的动力来源。在建筑设计中，通过建筑布局、形体及门窗设计等方面的合理设计，利用热压或风压有效地产生自然通风，从而达到通风制冷的效果，不仅能提高室内空气质量，增强居住和工作环境的舒适性，还通过减少对机械制冷系统的依赖，可以显著降低建筑的能源需求和碳排放。

①建筑朝向和房间布局设计：在炎热地区选择将建筑朝向主导风方向，利用气流进行通风降温；在寒冷地区选择朝向避风、阳光充足的方向。在建筑室内布局方面，应根据主导风向安排房间和开口，使得生活和工作空间能够获得最佳的通风效果。例如，将卧室和客厅等频繁使用的区域安排在能够直接接收凉风的侧面。此外，还应确保内部动线布局尽可能少地阻碍空气流通，避免过多封闭的走廊和隔断，创建开放式空间以促进空气流动。

②建筑形体设计：利用建筑的形状和体量来引导和加速风流，比如，通过设置不同高度的屋顶或错层结构，以形成有效的风压差；设计风塔或风井，利用建筑物顶部或侧面的塔状结构引入自然风，同时利用塔内热气上升的特性排出室内热空气；设计突出或凹陷的结构，如凸窗或风洞，以增强建筑对风的捕捉能力，引导风向建筑内部深处流动。

③开放空间设计：通过合理设计庭院、天井等开放空间，可以有效促进空气流通和温度调节。庭院既可以作为凉爽空气的集散地，也可以通过绿化和水体等元素调节微气候，增强通风效果，并且还能帮助调节风速和风向，避免强风直接吹入居住空间。

④窗户开口设计：根据风向和室内空间需求设计窗户的尺寸和位置，大窗户可设置在迎风面，小窗户设置在背风面，利用风压形成穿堂风。风口可以设置在一高一低，利用高差加强通风效果。通风口设置在平面和剖面不同位置的室内通风示意如图3-30所示。

（3）自然采光设计

自然采光设计涉及建筑的天窗、直立窗、百叶窗、玻璃材质隔断及光反射板等元素，以及对建筑内部空间表面采光进行设计，将建筑所能获得的自然光加以利用，可以降低建筑照明能耗，并且通过光照调节室内得热可降低空调和采暖能耗。

除了布局规划合理的日照间距和优化建筑形体之外，建筑单体可通过采光口的设计调节室内自然采光。建筑窗地比越大，采光均匀性越好，人工照明消耗的电能就越少。但在进行窗地比设计时，还应考虑建筑采暖与制冷，结合不同的光度要求进行设计。如对采光量需求较高的地区，可以适当扩大

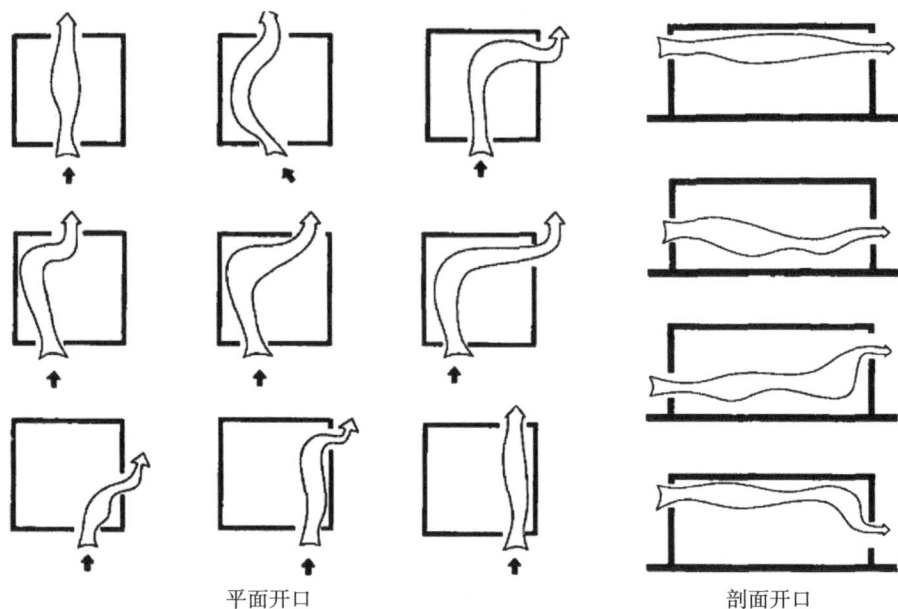

平面开口   剖面开口

图 3-30　不同位置的室内通风示意图

窗的面积，同时适当采取建筑外围护保温措施。此外，要合理设计窗户的高度，窗户过高时，近窗处照亮效果减弱，窗户过低则容易使人的视觉舒适度大打折扣。研究表明，窗高设为 0.9m 左右，适合人的视觉高度。同时，在侧窗设置内反光板，可提高建筑室内的光照均匀度，改善照明环境；当设置外反光板时，能使夏季热量减少，降低空调消耗，均可达到节能的目的。

（4）建筑遮阳设计

我国夏热冬冷和夏热冬暖地区范围大，其中，南京、重庆和武汉等地区夏季地面太阳辐射高达 1000W/m² 以上，在这种强烈的太阳辐射下，阳光直射到室内将严重影响建筑室内的热环境，增加建筑空调能耗。因此，建筑需要进行遮阳设计，以减少太阳直接辐射进入室内。

建筑遮阳的基本形式可分为固定遮阳、可调节遮阳和植物遮阳。

①固定遮阳：可分为水平式遮阳、垂直式遮阳、综合式遮阳、挡板式遮阳等（图 3-31）。水平式遮阳能够有效地遮挡高度角较大的、从窗口上方射

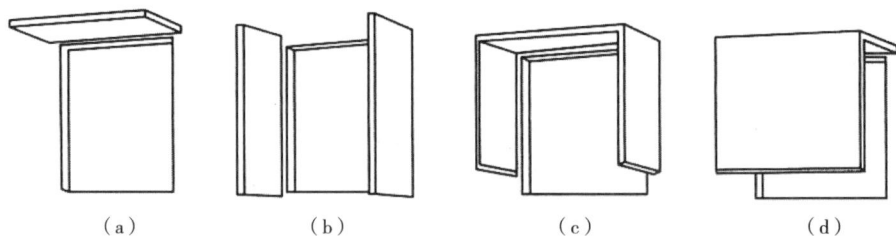

（a）　　　　　　（b）　　　　　　（c）　　　　　　（d）

图 3-31　固定遮阳的基本形式 [21]
（a）水平式遮阳；（b）垂直式遮阳；（c）综合式遮阳；（d）挡板式遮阳

下来的阳光，适用于南向或接近南向的外窗。垂直式遮阳能够有效地遮挡高度角较小，且从窗两侧射下来的阳光，但对高度角较大且从窗口上方投射下来的阳光，或接近日出、日落时平射窗口的阳光起不到遮挡作用，故垂直式遮阳主要适用于东北向、北向和西北向附近的窗口。综合式遮阳能够有效地遮挡高度角中等的，且从窗前斜射下来的阳光，遮阳效果比较均匀，适用于东南向或西南向附近的窗口。挡板式遮阳能够有效地遮挡高度角较小的、正射窗口的阳光，主要适用于东西向附近的窗口。

②可调节遮阳：最常见的可调节遮阳方式是百叶窗。利用可调节遮阳可以在充分地利用太阳能和阳光的同时，又可以遮挡刺眼强光和多余热量。夏季夜晚打开遮阳板，可加快建筑物的散热速度；冬季的白天打开遮阳板，可保持建筑物内部的天然采光，夜晚关闭遮阳板，可减少建筑物内部的热量损失。此外，在光线不足时，采用可调节遮阳还可以避免采用人工照明而生成的能源浪费。

③植物遮阳：根据不同朝向的窗口，以及窗口需要遮阳时的太阳方位角和高度角，选择适宜的树形和树的种植位置，从而使得夏天可以最大限度地利用树遮挡阳光，而冬天由于树叶脱落，阳光可穿过树枝照进室内。此外，在窗外种植藤蔓植物，还可以在夏季减少太阳对外墙的辐射。

遮阳形式的选择，需根据建筑所处地区的气候特点、建筑造型、遮阳部位、太阳高度角、遮阳时间，以及朝向等因素来综合考虑。

（5）被动式太阳能利用

被动式太阳能设计是指在不采用任何其他机械动力的情况下，通过合理的建筑布局、朝向、材料选择等手段，最大限度地利用太阳辐射为建筑供暖或制冷，减少建筑能耗。被动式太阳能建筑设计的基本思想是控制阳光和室外空气在恰当的时间进入建筑并储存和分配热空气。按照利用太阳能的方式不同可以将被动式太阳能建筑分为直接受益式、特朗伯集热墙（Trombe wall）式和附加阳光间式。

①直接受益式：直接受益式太阳能建筑是一种将太阳能直接传递到室内并将其转化为热能的建筑形式。它通过设计策略，如大面积的南向窗户、热容量较大的内部建筑材料等，使建筑物能够有效地吸收、储存和分配太阳能。其工作原理为：南向房间的室内墙壁、地板、顶板等，在受到白天阳光的直接照射后吸收太阳的辐射热量，并将热量储存在建筑构件自身；当夜晚环境温度低于这些构件的表面温度时，它们储存的热量会向周围释放，从而实现室内的采暖。

直接受益式的采暖方式简单、效率高，适用于阳光充足、冬季较长且寒冷的地区。这种方式不需要额外增设特殊的集热装置，成本低、管理方便、易推广。但当缺乏太阳辐射时，如果建筑本身的保温性、气密性较差，则容易产生室内采暖不稳定、温度变化快等问题。

在直接受益式太阳能建筑设计中，有两种常见的形式：普通的直接受益式和高侧窗的直接受益式（图 3-32）。普通的直接受益式通过南向大窗户直接吸收阳光，利用建筑内部材料的热容量储存热量；高侧窗的直接受益式则通过在较高位置设置窗户，减少眩光的同时，依然有效利用太阳能。

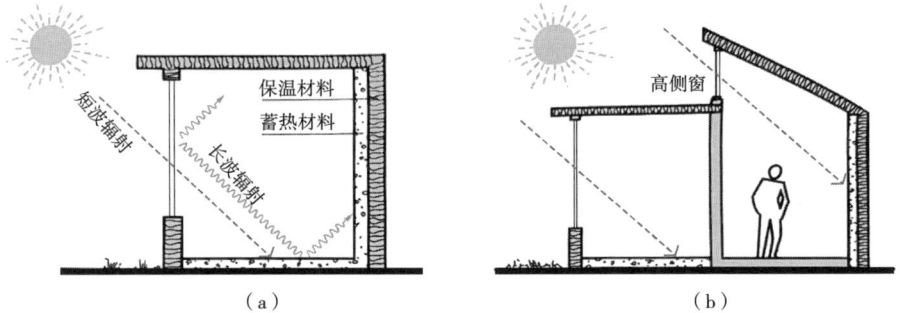

图 3-32　直接受益式太阳能建筑工作原理示意图
（a）普通的直接受益式；（b）高侧窗的直接受益式

②特朗伯集热墙式：特朗伯集热墙是一种无机械动力消耗和传统能源消耗，仅依靠墙体的构造设计为建筑供暖的集热墙体，通常由一面朝向太阳的热吸收墙壁和与之平行的玻璃幕墙组成。特朗伯墙在冬、夏两季，白天、夜晚的工作运行原理和要求均有所差别。

冬季白天有太阳时，主要靠空气间层被加热的空气通过墙顶与底部通风孔向室内对流供暖。夜间则主要靠墙体本身的储热向室内供暖，即特朗伯墙的通风孔要关闭，玻璃与墙之间设置隔热窗帘或百叶，以防止墙体向室内辐射传热的同时也向室外辐射散热（图 3-33）。夏季白天在集热墙和玻璃之间设置绝热层，通风孔开启，在空气层间保持空气流动。夜间保持通风孔开启，同时将绝热层移开，使墙体向室外散热（图 3-34）。

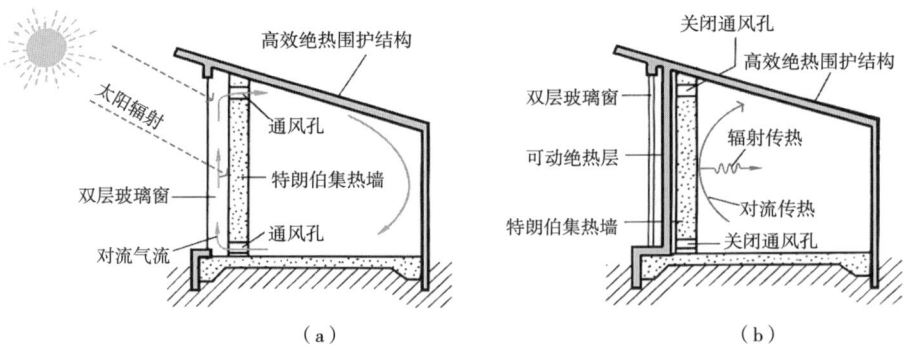

图 3-33　特朗伯集热墙在冬季的工作原理示意图
（a）冬季白天工作状况；（b）冬季夜间工作状况

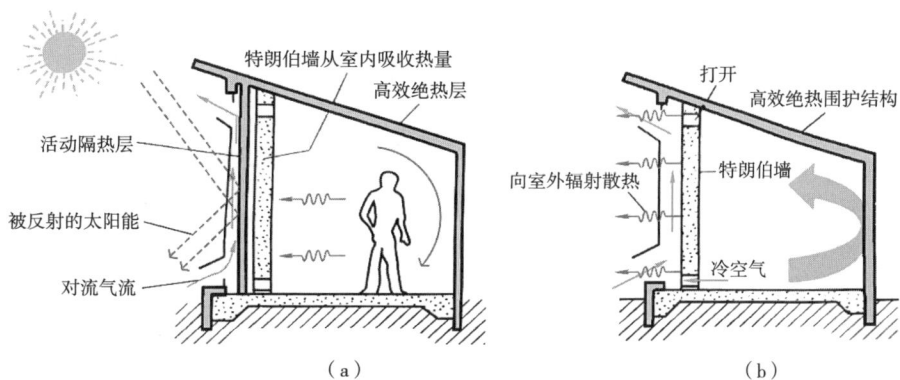

图 3-34　特朗伯集热墙在夏季的工作原理示意图
（a）夏季白天工作状况；（b）夏季夜间工作状况

③附加阳光间式：附加阳光间又称附加温室式太阳房，指在建筑南侧附建一个玻璃温室。其工作原理与特朗伯集热墙相同，是直接受益式和特朗伯集热式的组合。白天，阳光间采暖主要通过空气对流实现；夜间，阳光间可以作为室内外缓冲区，降低室内向室外的热损失。由于阳光间的透光面积大，夜间保温难度也较大，并且夏季容易温度过热（图 3-35）。

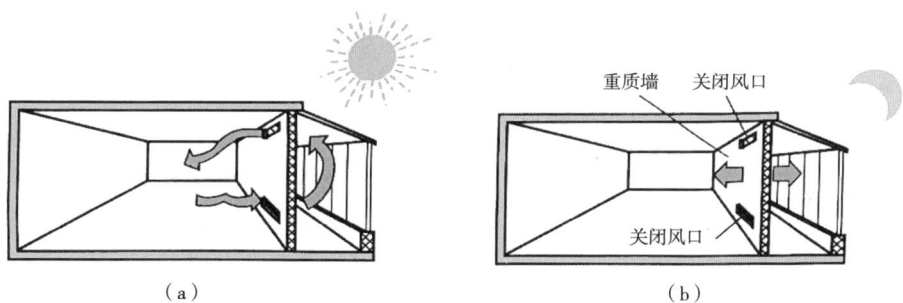

图 3-35　附加阳光间工作原理示意图
（a）白天；（b）夜间

（6）绿色屋顶

绿色屋顶是在建筑屋面上设置的能够种植植物的屋顶系统。利用植物的蒸腾作用和土壤的保水特性，绿色屋顶能有效调控屋顶表面温度，带来环境效益。在夏季，绿色屋顶通过植物的光合作用、反射太阳光和水分的蒸发作用帮助降低温度，减少建筑制冷能耗；在冬季，它们又能够作为一个天然的绝缘层，减少热量流失，降低采暖能耗。此外，绿色屋顶能吸纳雨水，减轻城市雨水径流压力，并通过植物的生长提供隔声效果，同时吸收空气污染物，从而提升城市环境的整体质量。这种屋顶的冷却效果也有助于提高屋顶太阳能电池的发电效率。尽管绿色屋顶在初始建造成本和定期维护上都高于传统屋顶，并且对建筑结构的承重能力有更高的要求，但其长期环境和经济效益是不容忽视的。

绿色屋顶根据种植的植物类型的不同，可以分为三种形式（图3-36）：①开敞型绿色屋顶，又称为"粗放型绿色屋顶"，在种植植物配置上，通常选择一些耐粗放管理以及根部所需空间小、抗性好，耐旱、耐热和耐寒的苔藓、草本植物和多肉植物的植物；②半密集型绿色屋顶，通常选择草坪、灌木等植物，需要适时养护、及时灌溉；③密集型绿色屋顶，通常又被称为"屋顶花园"，这些绿化空间通常建造在钢筋混凝土板上，而且大多数是允许游人进入的。

（a） （b） （c）

图3-36 三种形式的绿色屋顶
（a）开敞型；（b）半密集型；（c）密集型

3.2.2 低碳智慧建筑的环境性能化设计方法

1）低碳智慧建筑的环境性能模拟分析方法

在很多建筑设计中，环境性能评估主要处于"后评估"模式。随着建筑师在跨领域建筑环境评估与优化中的技术失语，环境性能评估工作多交由绿色建筑工程师或咨询师在设计后期完成。其环境性能分析与优化过程与建筑设计逐渐脱离，甚至流于形式。从设计变更效率及其影响来看，建筑设计初期的设计决策对于设计的环境性能具有更大影响，而相应仅需付出较小的设计变更成本（图3-37）。因此，在设计初期阶段构建环境性能模拟评估工具和优化工作流至关重要。

建筑环境性能的模拟方法主要包括物理实验模拟、基于物理原理的数值模拟、统计学方法、机器学习和深度学习方法。

基于物理原理的模拟计算模型称为白盒模型。此类模型需要全面地输入参数，便可以提供准确的预测结果，并且与大多数建筑形式兼容。基于物理的环境模拟算法涉及大规模矩阵运算。尽管人们已经做出各种努力，通过算法简化和硬件加速来加速仿真，然而，建筑形式在修改和优化后，仿真模型也必然相应改变，因此基于此类模型进行仿真可能非常耗时，且计算成本高昂。

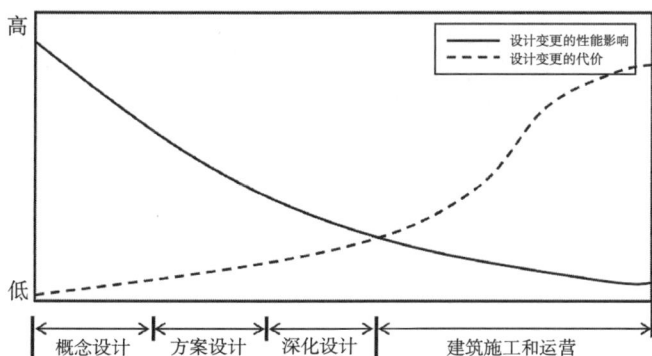

图 3-37　建筑设计决策对全生命周期环境性能影响的示意图 [23]

　　鉴于这些挑战，机器学习的应用成为一个有前景的解决方案，通过智能预测和数据驱动的决策支持使优化建筑的环境性能设计成为可能。基于机器学习的代理模型称为黑盒模型，可以通过从数据中学习来描述输入参数和输出指标之间的非线性关系。机器学习算法可充当大量模拟的代理，通过从相关数据中学习来构建数学拟合模型，提取有用的信息，并根据新输入的数据做出准确、快速的预测。

　　（1）物理实验模拟方法

　　建筑物理模拟实验是一种常见的研究建筑结构、建筑环境和能源消耗的方法。通过使用物理模型、仿真软件和数据分析技术，可以评估建筑的热性能、通风性能、采光性能等，并为建筑节能、改善室内环境和优化设计提供科学依据。

　　①风洞实验：是建筑风环境的物理实验模拟方法，根据运动相对性原理和流动相似性原理，通过在实验室中使用缩比模型和风洞设备来模拟城市风场（图 3-38）。这可以帮助评估建筑物和结构在不同风速和风向下的性能，以及建筑布局对风场的影响。日本建筑学会（Architectural Institute of Japan，AIJ）拥有一个庞大的风洞实验数据库，包括各种几何形状建筑的基准测试结果，收录了大量建筑物和结构在特定风场中的性能数据。

　　②日照模拟实验：在自然光环境的建筑采光和遮阳实际研究中，需要一个稳定的实验环境，但由于自然环境的不可控性，当前人们主要利用人工模拟天穹来创造这一条件。通过将按比例缩小的建筑模型放置于人工天穹之下，对建筑设计方案进行日照的测试和模拟检验。甘肃某高校的 JTG-S3 智能人工模拟天穹（图 3-39）的模拟光源实现了亮度、色温的智能调节功能，可选择多种天空模型类型，且具有太阳轨迹模拟功能，为建筑光环境模拟提供了多样条件。

　　（2）数值模拟方法

　　①CFD 模拟：通过数值方法求解控制流体流动的微分方程，如 Navier-

图 3-38　建筑风洞实验

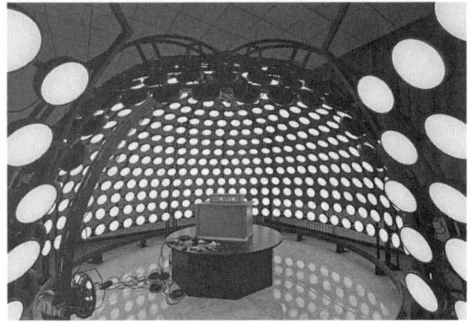

图 3-39　JTG-S3 智能人工模拟天穹系统

Stokes 方程，得出流体流动的流场在连续区域上的离散分布，从而近似模拟流体流动情况。运用 CFD 方法可以将建筑物、街道和地形等的几何细节纳入考虑来模拟建筑风场的空间分布。常用的 CFD 模拟软件有商业软件（如 ANSYS Fluent 和 COMSOL）和开源工具（如 OpenFOAM）。CFD 模拟软件基本都是由前处理、求解器及后处理等三大模块组成。前处理主要是对描述问题的几何模型进行网格划分，选择合适的湍流模型、离散方法和计算方法等，设置初始条件、边界条件、松弛因子、物性参数和收敛精度等必需参数。求解器是 CFD 的核心，将前处理建立的系统进行迭代求解，并输出计算结果。后处理主要对计算结果进行处理，获得所需的温度、速度、压力及浓度等的分布云图。

②光线追踪模拟法：光线模拟是一种基于光物理学原理的计算方法，通过使用光线追踪软件来计算建筑内部的光传播路径和光照分布，从而评估室内空间的光照强度、光照均匀度、阴影效果等。光线追踪的原理是从观察者的眼睛或者虚拟相机发出一条光线，然后追踪这条光线在场景中与物体的相交、反射、折射等过程，最终计算出这条光线的颜色和亮度。通过对每个像素重复这个过程，就可以得到整个图像的渲染结果。这种方法常应用于室内照明设计、自然采光设计、外立面设计、城市和建筑景观设计等场景。常用的光线追踪软件包括 Radiance、Daysim 等。

③能耗模拟：从建筑系统和部件的物理描述开始，例如建筑几何尺寸、地理位置、围护结构传热特性、设备类型和运行时间表、空调系统类型、建筑运行时间表、冷热源设备等，逐步搭建模型。建筑的逐时、峰值和平均能耗就可以用建立的模型进行预测和模拟。模型由四个主要模块构成：负荷模块、系统模块、设备模块和经济模块，这四个模块相互联系形成一个建筑系统模型。负荷计算方法主要有三种：热平衡法、加权系数法和热网络法；系统部件与设备模型多采用回归模型。建筑能耗模拟软件，包括美国的 BLAST、DOE-2，欧洲的 ESP-r，日本的 HASP 和中国的 DeST 等，模块化的空调系统模拟软件如 TRNSYS 和 HVACSIM+，以及功能更强大的

EnergyPlus、DesignBuilder 等。

（3）统计学方法

统计学方法通过对已有的观测和调查数据进行统计分析和建模，来预测和评估建筑环境性能。该方法通过分析不同气象要素的相关性和统计分布规律，基于历史数据建立统计模型，从而预测和评估未来的建筑环境情况。在热环境指标评估中，常用的统计模型包括回归模型、时间序列模型如自回归滑动平均模型等。这种方法可以使用历史数据建立快速的预测模型，适用于城市气象参数的短期预测和趋势分析。但建筑环境性能可能受到多种因素的影响，单一的统计模型可能无法完全反映复杂的建筑环境，模拟准确性有限。

（4）机器学习和深度学习方法

基于数据驱动的代理模型是建筑环境模拟预测的一种替代方法。利用机器学习算法，可以通过对大量的建筑环境数据进行训练和学习，建立模型来预测环境性能的变化。例如使用多元线性回归、支持向量机、随机森林、决策树、ANN 等算法来进行环境指标（如平均风速、平均温度、通风效率、热舒适度、日照强度等）和能耗的预测。例如，金姆（Kim）[24]等人构建了两个独立训练的 ANN 模型，依次连接两个模型来提高室内气流预测的准确性（图 3-40）。

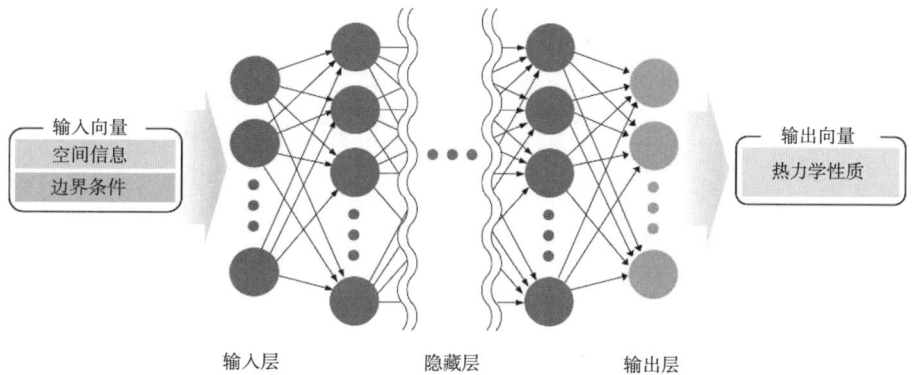

图 3-40　室内气流预测的 ANN 模型架构 [24]

随着数据量的增加和计算能力的提升，机器学习方法在预测精度和泛化能力上逐渐遇到瓶颈。尤其是在处理高度复杂和非线性的数据关系时，传统机器学习方法有时难以捕捉数据中深层次的模式和关联。为了解决这些问题，研究者们转向了深度学习方法。深度学习算法通过多层神经网络的学习，可以发现数据中更加复杂的模式和规律，从而建立高度准确的预测模型。常用算法有深度神经网络（Deep Neural Networks，DNN）、卷积神经网络（CNN）、生成对抗网络（GAN）、递归神经网络（Recurrent Neural Networks，RNN）和长短期记忆网络（LSTM）等。

DNN 在神经网络中采用深层架构，因此可以表示具有更高复杂性的函数。例如，贾斯琪[25]等人采用集成地理加权回归和 DNN 的混合模型来预测地表温度（图 3-41）。CNN 可以帮助从一般几何形状中提取特征并构建非线性模型来预测环境性能指标；GAN 是与作为对手的判别模型一起训练的生成模型，可以应用于生成描述空间风光热环境分布的视觉结果等，为人类设计师提供直观的反馈并帮助设计改进。例如，贺秋时[26]等人开发了一个基于 CNN 和 GAN 的深度学习替代模型，对室内光环境进行预测（图 3-42）。建筑能耗和碳排放通常涉及多元时间序列数据，RNN 和 LSTM 适合处理时间序列数据，可以用来预测建筑能耗和碳排放的时间变化，尤其适用于动态模拟和实时优化。金姆（Kim）[27]等人结合了 CNN 和 LSTM，建立 CNN-LSTM 模型（图 3-43）以预测住宅用电量，CNN 用于去除噪声并考虑多元变量之间的相关性，LSTM 对时间信息进行建模，并将时间序列映射到可分离的空间中以生成预测。

2）低碳智慧建筑的环境性能优化设计方法

数智技术的迅速发展，特别是人工智能、大数据、5G 和物联网等新兴技术的涌现，为可持续城市环境的实现提供了切实可行的途径。这些技术能够智能分析和处理大量数据，为城市规划和建筑设计提供科学决策支持，促进优化能源使用、提高资源利用效率、减少废物和污染、增强城市的生态韧性等可持续发展目标的实现。在这一变革期，建筑学界开始深入探讨如何通过融合数智技术，实现建筑设计理念和方法论的更新，以应对日益严峻的环

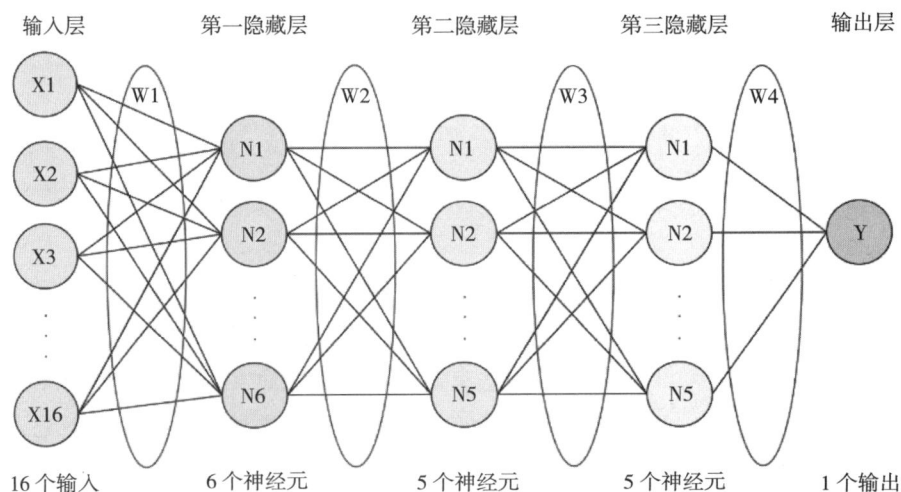

图 3-41 集成地理加权回归和 DNN 的混合模型架构[25]

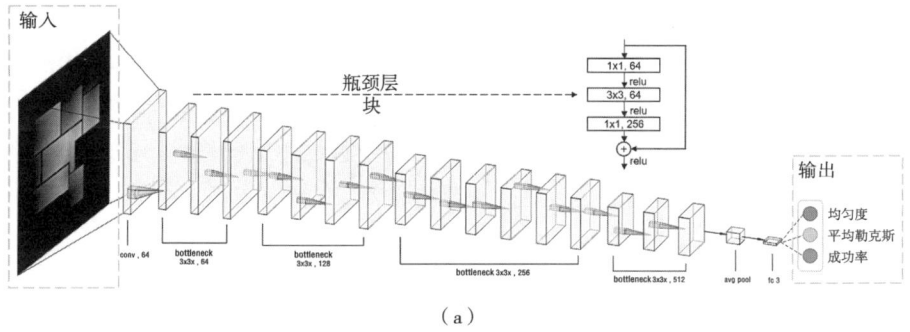

（a）

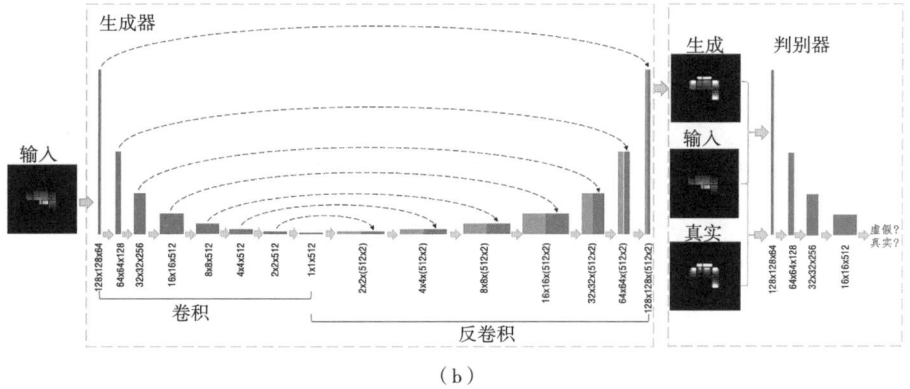

（b）

图 3-42　基于 CNN 和 GAN 的深度学习模型架构 [26]
（a）ResNet50 网络架构；（b）pix2pix 网络架构

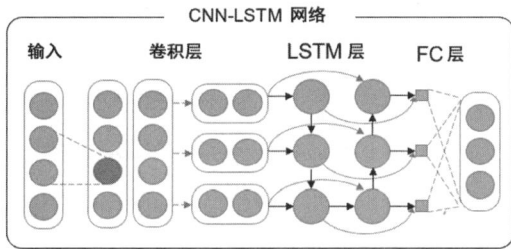

图 3-43　CNN-LSTM 模型架构 [27]

境挑战。借助数智技术，建筑师有机会重新定义建筑设计的范畴，将可持续性原则和环境责任融入设计的核心，设计创造出兼顾空间美学和功能性需求，还能够应对气候变化、资源匮乏等全球性挑战的新时代建筑作品。通过深入理解和应用新兴技术，建筑师有机会推动建筑向更加可持续智能化的方向发展，为全球可持续发展目标的实现贡献重要力量。

在这一背景下，基于性能的设计（Performance-Based Design，PBD）和性能驱动型设计（Performance-Driven Design，PDD）作为两种重要的可持续设计方法论正逐渐受到业界的广泛关注和重视。

（1）基于性能的设计

在 20 世纪末，随着可持续设计在建筑工程和施工（Architecture, Engineering, Construction, AEC）行业的崛起，基于性能的建筑设计逐渐成为行业主流。同时，仿真工具的日臻完善也极大地推动了性能化设计的进步。面对资源枯竭、能源短缺等环境挑战，AEC 行业通过可持续和绿色设计做出积极回应。诸如美国的 LEED 和英国的 BREEAM 等绿色建筑标准，均着重强调了自然采光、能耗、能见度等性能问题。在这些标准的推动下，建筑师和工程师们更加专注于建筑性能的研究、优化和精细调整。

基于性能的设计要求能够快速且准确地分析性能问题，而仿真程序在此方面发挥了重要作用。许多仿真程序最初是为研究目的而开发，用户友好性差，使用门槛较高，需要特定领域的深入知识。但是，随着这些仿真程序逐渐变得更加强大和方便使用，越来越多的建筑师和工程师开始认识到它们的价值，并将其广泛应用于设计实践中。通过将仿真程序与设计工作流程相结合，设计师能够迅速准确地分析建筑性能，从而实现基于性能的建筑设计。常用的模拟程序包括能源模拟程序（如 EnergyPlus）、计算流体动力学程序（如 Fluent、Flovent、Star CCM+ 等）以及集成的建筑环境仿真程序（如 IES 和 Ecotect）。

（2）性能驱动设计

性能驱动设计与基于性能的设计的主要区别在于，前者融入了计算机辅助优化技术，使得性能真正成为"驱动"设计的核心标准。

基于性能的建筑设计是指设计师强调建筑物性能的原则或方法。从这个意义上说，它是一个通用术语，描述了广泛的设计实践。在结合性能仿真的设计过程中，通常先采用常规方法进行概念设计，一旦设计模型构建完毕，仿真程序就会被用于分析设计人员所关注的一个或多个性能指标。随后，设计人员会对仿真结果进行详细分析和评估，并根据评估结果对设计进行修改，以提升建筑物的性能。从本质上讲，这个过程应该是迭代的，然而，由于设计问题的复杂性和项目进度的限制，实际上的迭代过程往往未能充分进行。基于性能的设计方法所欠缺的，正是一种能够自动化迭代设计过程，并根据多个性能指标快速找到最佳设计方案的有效手段。而优化技术正好能够弥补这一不足，使得基于性能的设计过程更为自动化和高效。从基于性能升级到性能驱动，其背后的驱动力正是优化算法。

近年来，面向设计早期的性能优化框架与工具开发受到了广泛关注。在设计早期进行环境性能优化的框架被总结为"形体生成（form generation）—性能评估（performance evaluation）—优化设计（optimization）"三个步骤，旨在通过参数化形态特征，以环境性能为目标，应用优化算法代替人工实现自动可控的环境性能优化与形态生成过程。目前，国内外针对建筑单体设计、建筑立面与表皮设计、住宅强排等已有探索，环境性能驱动的设计方法面向室内光环境、日照时长、室外风环境、建筑能耗等环境性能指标的优化具有较好潜力，并可以极大提升设计早期的环境性能优化效率。

3）低碳智慧建筑的环境性能智能优化方法

（1）进化算法

进化算法作为一系列受自然选择和遗传机制启发的优化策略，已经成为解决复杂设计问题的重要工具。这些算法模拟了自然界中生物进化的基本过程，包括选择、交叉、变异等，以寻找问题的最优解。其中，遗传算法通过模拟自然遗传和生物进化机制来解决优化问题；进化策略（Evolutionary Strategies，ES）则通过变异和选择来迭代改进解决方案；粒子群优化算法（Particle Swarm Optimization，PSO）借鉴了鸟群和鱼群的社会行为模式，通过群体中个体间的信息共享来指导搜索过程；差分进化（Differential Evolution，DE）算法则通过成员间的差异来引导搜索方向，特别适用于连续空间的优化问题。

在建筑环境性能的优化中，这些进化算法被应用于各种具体场景，旨在提升建筑的能效和环境性能。这一过程中，单目标和多目标优化方法起到了关键的作用。

①单目标优化

单目标优化是指优化问题只涉及一个优化目标的情况。在单目标优化中，优化算法的目标是找到一个解，使得目标函数的取值达到最小值或最大值。单目标优化问题可以通过单一的优化指标来衡量和比较不同解的质量。

在建筑环境性能优化中，单目标优化算法被应用于从日光均匀度和太阳辐射利用等多个方面，来提高建筑的性能和舒适度。通过将优化焦点限定在单一目标上，如最大化建筑内的自然光利用或调整建筑表皮以最大化对太阳能的捕获，研究人员能够有效地提升建筑设计的环境响应性。单目标优化的应用允许设计者和研究者对特定的性能指标进行深入分析，确保优化策略能够直接针对提升建筑的能效或居住者的舒适度等关键因素。例如，通过优化建筑的窗户布局和大小，可以实现日光的最大利用，减少对人工照明的依赖；或者通过调整建筑外壳的形状和材料，可以最大化冬季太阳辐射的吸收，同时最小化夏季过热的风险。本杰明（Benjamin J. Futrell）[28] 等人利用优化算法，通过调整建筑天花板、开窗和遮阳设计来最大限度地优化教室的日光性能（图 3-44）。

②多目标优化

在建筑环境性能的智能优化领域，多目标优化算法的应用已成为一个重要的研究方向，这主要是因为在实际的建筑设计和规划中，设计师和工程师通常面临着需要同时考虑多个相互冲突的目标的复杂情况。例如，最大化日照利用与最小化能耗之间、提高室内热舒适度与减少能源需求之间往往存在天然的矛盾。为了解决这类问题，多目标优化算法提供了一种有效的方法论，可以找到这些冲突目标之间的最佳平衡点，即帕累托最优解集。

多目标优化算法，如多目标遗传算法、多目标粒子群优化、多目标差分进化和多目标进化策略等，在建筑环境性能优化中的应用涵盖了从单个建筑的设计到整个城市街区规划的广泛范围。这些算法通过在多个性能指标之间

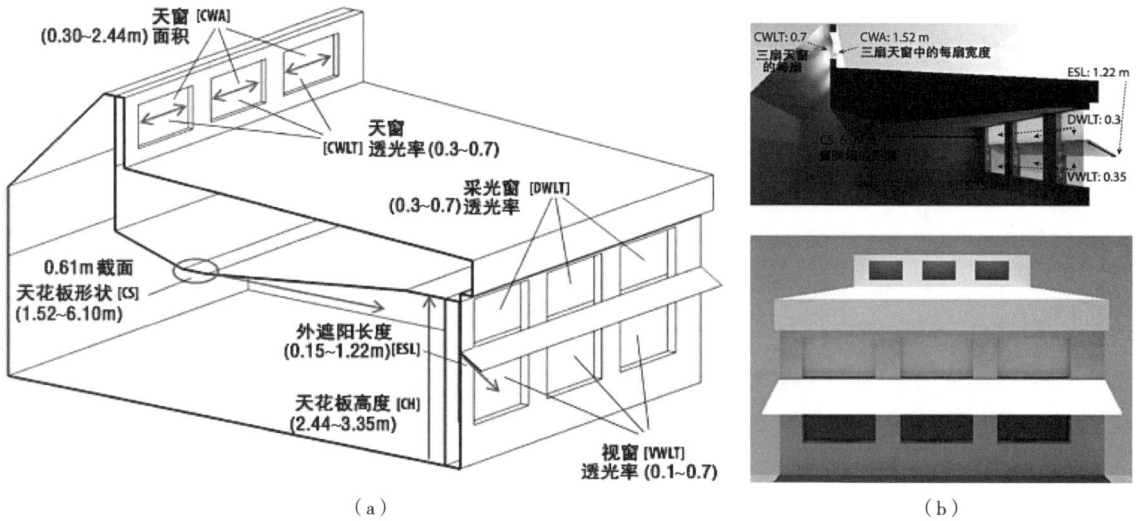

天窗 [CWA]
(0.30~2.44m) 面积

天窗 [CWLT] 透光率 (0.3~0.7)

采光窗 [DWLT] (0.3~0.7)透光率

0.61m 截面
天花板形状 [CS]
(1.52~6.10m)

外遮阳长度
(0.15~1.22m)[ESL]

天花板高度 [CH]
(2.44~3.35m)

视窗 [VWLT]
透光率 (0.1~0.7)

（a）

CWLT: 0.7 三扇天窗 的每扇 CWA: 1.52 m 三扇天窗中的每扇宽度 ESL: 1.22 m DWLT: 0.3 CS: 6.10 m VWLT: 0.35

（b）

图 3-44　教室的日光性能 [28]
（a）建筑设计参数优化；（b）最佳整体解决方案

寻找最优的权衡，支持了对日光利用、能源消耗、热舒适度、遮阳性能和室内外热环境等多方面性能的优化。

在具体的应用案例中，多目标优化被用来最大化建筑物或空间内的自然光照水平，同时最小化冷却需求和总体能耗，以实现节能和提升居住舒适度的目的。此外，通过优化建筑表皮设计，可以在确保足够日照的同时，减少不必要的太阳辐射，以减轻建筑冷却负荷。在城市规划层面，多目标优化方法还被应用于城市形态设计，以提高冬季对太阳辐射的吸收、降低夏季过热风险，并在城市街区中优化太阳能获取和日照时数。例如，纳斯鲁拉·扎德（Nasrollah Zadeh）[29] 使用多目标方法通过改变建筑围护结构来优化住宅单元的能源使用、内部日照和热舒适（图 3-45）。在城市街区尺度上，刘可 [30] 等人提出了一个针对早期城市设计阶段的多目标优化框架，以改善住宅区布局中的能源和环境性能，性能优化目标包括能耗、光伏能源潜力和日照时间（图 3-46）。

（2）强化学习算法

进化算法采取静态优化方案，对参数空间进行批量采样后选取性能最佳的方案，并通过变种产生次代以搜索最优解集。当涉及控制参数较少时，静态优化算法具有轻量、高效的优点。但是，面向城市街区尺度的生成与优化任务，控制参数往往会随建筑数量增加呈指数级增长，通过逐代演化寻优会造成内存占用较大的问题，静态优化策略搜索效率显著下降，收敛难度增加。

自从 AlphaGo、AlphaZero 和 AlphaStar 等智能系统在棋类游戏和多主体

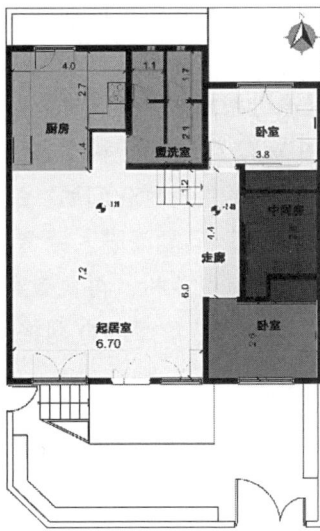

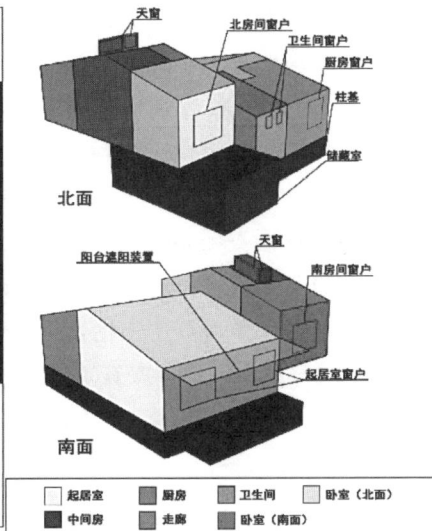

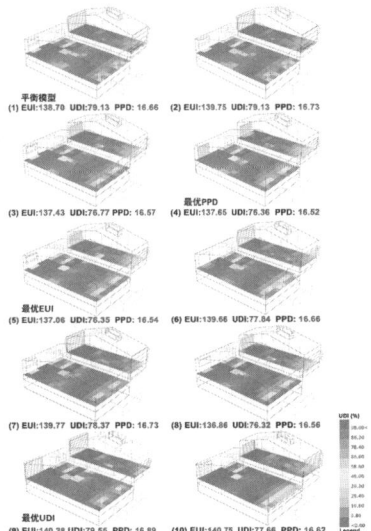

（a）

（b）

图 3-45　通过改变建筑围护结构来优化住宅能耗、日照和热舒适[29]
（a）优化案例的平面、分区和组件；（b）最优的 10 个模型

	NO.1	NO.39	NO.72	NO.172	NO.355
Av. LM	0.232 (min)	0.281	0.288	0.278	0.327
EUlt (kWh/m²/y)	69.35	73.60 (max)	73.04	72.09	70.47
SH (h)	4.74	4.17	3.29 (min)	5.37	6.62
	NO.486	NO.605	NO.713	NO.804	NO.923
Av. LM	0.312	0.310	0.322	0.298	0.291
EUlt (kWh/m²/y)	69.48	70.29	70.59	68.85	70.73
SH (h)	6.16	5.90	6.52	7.29 (max)	6.58
	NO.1079	NO.1142	NO.1265	NO.1337	NO.1385
Av. LM	0.312	0.287	0.332	0.289	0.354 (max)
EUlt (kWh/m²/y)	70.13	69.80	70.04	68.06 (min)	68.88
SH (h)	5.11	6.74	6.47	7.01	6.95
	NO.1456	NO.1547	NO.1650	NO.1784	NO.1896
Av. LM	0.317	0.319	0.284	0.331	0.284
EUlt (kWh/m²/y)	68.77	69.24	68.93	68.74	68.38
SH (h)	7.186	6.77	6.81	7.14	7.00

图 3-46　基于多目标优化的住区模块形态演变[30]

即时战略游戏中接连战胜人类顶尖选手后，强化学习在复杂场景中的规划能力备受瞩目，更被视为实现通用人工智能的潜在关键路径。与有监督和无监督学习不同，强化学习不需要预先提供数据，而是通过智能体与环境进行互动，在"试错"和"奖励"的过程中进行学习（图3-47）。作为一种动态的交互式学习方法，强化学习特别擅长应对高维参数空间的设计优化问题。然而，早期强化学习曾一度因高维数据引发的"维度灾难"问题而陷入困境。但随着深度学习技术的飞速发展，这一领域重新焕发出勃勃生机，再次受到广泛关注。常用的深度强化学习算法包括：深度Q网络、双重深度Q网络、深度确定性策略梯度和行动者—评论家算法等。

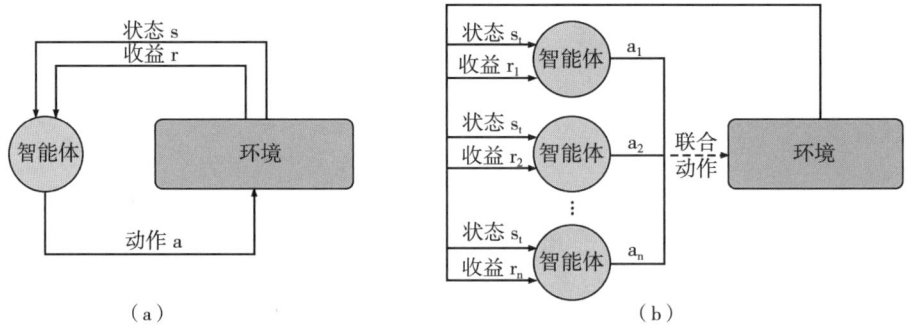

图3-47 强化学习原理示意图
（a）单智能体强化学习；（b）多智能体强化学习

①深度Q网络（Deep Q Network，DQN）：是一种结合了深度神经网络和Q学习的算法，用于解决离散动作空间的强化学习问题。DQN的原理是通过深度神经网络近似Q函数，实现对价值函数的估计，进而实现智能体的决策。

②双重深度Q网络（Double Deep Q Network，DDQN）：是对DQN的改进，旨在减轻DQN中对Q值的过高估计。它通过引入一个目标网络来减少当前Q值估计与目标Q值之间的相关性。

③深度确定性策略梯度（Deep Deterministic Policy Gradient，DDPG）：是一种用于解决连续动作空间的强化学习问题的算法。它结合了策略梯度方法和深度Q网络，旨在学习确定性策略以实现连续动作的优化。

④行动者—评论家算法（Actor-Critic Algorithm）：是一类结合了策略梯度方法和值函数估计方法的算法。行动者负责学习策略，而评论家负责学习值函数，两者相互协作以提高性能。

在建筑设计阶段，可以将参数化建筑单体转译为智能体，参数化建筑群转译为多智能体。这些智能体的动作涵盖了位置与形态控制参数调整。通过评价函数或模拟引擎，可以评估这些动作带来的收益。智能体通过与环境的交互，展开马尔可夫决策过程。经过长期的交互式训练，这些智能体能够在不同设计条件下进行泛化，并在短时间内找到符合目标的设计最优解。

在建筑环境性能驱动设计方面，深度强化学习的应用已经显示出显著的潜力和成果。通过结合强化学习的方法，研究者们已经开发出智能的设计生成系统，能够在考虑能耗、日照、室外风环境等关键因素的基础上，自动生成优化的建筑布局和城市规划方案。利用数据驱动的环境模拟预测方法，可以实时评估设计方案的能效和环境适应性，为决策提供即时反馈。一些研究采用了 DDPG 算法，针对高层建筑的自动布局和城市设计模型的参数控制进行了探索，以日照时数和城市规划指标作为优化目标，进行了有效的优化和案例生成。此外，结合生成对抗网络的多智能体深度强化学习方法在城市街区形态与风环境的即时评估与反馈中也展现了其效率和实用性，克瓦圣朗贝街区设计通过智能体之间的交互学习和基于 GAN 的代理模型，显著提高了设计方案生成的效率（图 3-48）[31]。

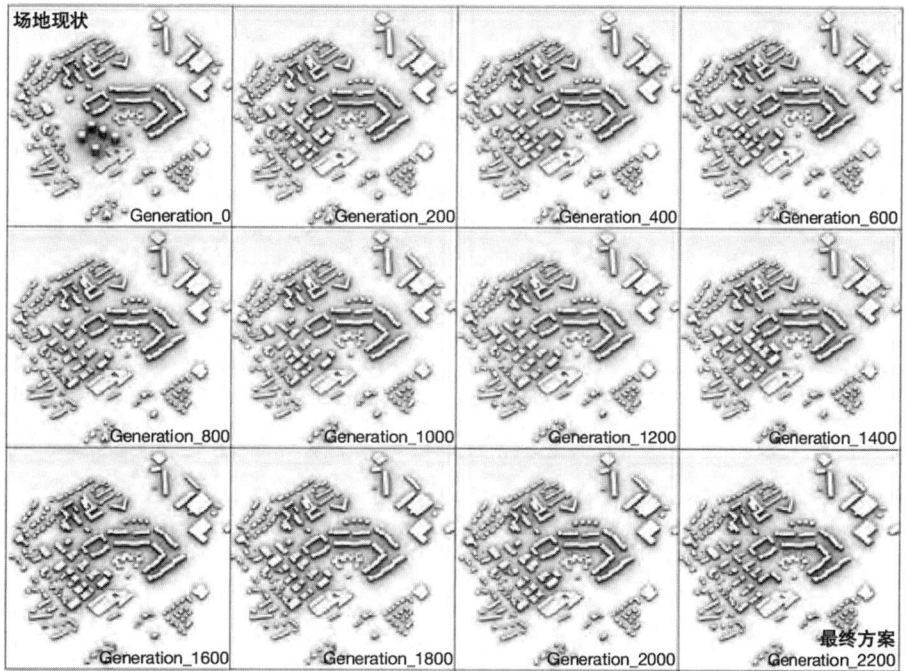

图 3-48　基于多智能体深度强化学习的克瓦圣朗贝街区优化过程 [31]

3.3

课后习题

（1）【简答】结构性能化设计如何实现建筑减碳？意义是什么？

（2）【简答】从建筑材料的角度出发，有哪些降低建筑碳排放的措施？

（3）【简答】结构优化方法有哪些？

（4）【简答】结构性能化设计方法有哪些？

（5）【简答】数字化结构找形方法相比于传统结构找形设计方法有哪些特点？

（6）【简答】环境性能化建筑规划设计的减碳策略包括哪些？

（7）【简答】建筑环境性能模拟方法包括哪些？

（8）【填空】设计早期进行环境性能优化的框架包括____、____和____三个步骤。

（9）【简答】环境性能智能优化中进化算法及其应用有哪些？

（10）【简答】环境性能智能优化中单目标优化与多目标优化的优势和局限性有哪些？

（11）【简答】环境性能智能优化中强化学习算法及其应用有哪些？

本章参考文献

[1] 肖建庄，夏冰，肖绪文，等．混凝土结构低碳设计理论前瞻[J]．科学通报，2022，67（28）：14.

[2] 袁烽，胡永衡．基于结构性能的建筑设计简史[J]．时代建筑，2014（5）：10.

[3] DE WOLF C，YANG F，COX D，et al.Material quantities and embodied carbon dioxide in structures[J]. Engineering Sustainability, 2015, 169（4）：150-161.

[4] HATTAN A S .Validating an Emerging Design Area through Industry-Academia Research Partnerships [J]. Technology｜Architecture+ Design, 2021, 5（1）：14-18.

[5] 恩格尔．结构体系与建筑造型[M]．天津：天津大学出版社，2002.

[6] ADRIAENSSENS S, BLOCK P, VEENENDAAL D, et al. Shell structures for architecture：form finding and optimization[M].London：Routledge, 2014.

[7] ADDIS W. Building：3000 years of design engineering and construction[M]. London：Phaidon, 2007.

[8] 罗伯特·纽玛尔，张朔炯．结构符号学——构造壳体结构的符号学潜力[J]．时代建筑，2014（5）：38-42.

[9] ISLER H. New shapes for shells-Twenty years after[J]. Bulletin of the international association for shell and spatial structures, 1980, 20（3）：71-72.

[10] 奈丁格，柳美玉，杨璐．轻型构造与自然设计[M]．北京：中国建筑工业出版社，2010.

[11] 孟宪川．图解静力学的塑形法初探[D]．南京：南京大学，2014.

[12] AKBARZADEH M, MELE T V, BLOCK P. Compression-only form finding through finite subdivision of the force polygon[C]//Proceedings of IASS Annual Symposia. International Association for Shell and Spatial Structures（IASS）, 2014（16）：1-7.

[13] BLOCK P, LACHAUER L, RIPPMANN M. Thrust network analysis：Design of a cut-stone masonry vault[M]//Shell Structures for Architecture. Routledge, 2014：71-88.

[14] HARDING J, LEWIS H. The TRADA pavilion-a timber plate funicular shell[C]//

Proceedings of IASS Annual Symposia. International Association for Shell and Spatial Structures（IASS），2013（12）：1-5.

[15] ABDI M, ASHCROFT I, WILDMAN R. Topology optimization of geometrically nonlinear structures using an evolutionary optimization method[J]. Engineering Optimization, 2018, 50（11）：1850-1870.

[16] LUO Z, ZHANG N, GAO W, et al. Structural shape and topology optimization using a meshless Galerkin level set method[J]. International Journal for Numerical Methods in Engineering, 2012, 90（3）：369-389.

[17] ZHANG W, SONG J, ZHOU J, et al. Topology optimization with multiple materials via moving morphable component（MMC）method[J]. International Journal for Numerical Methods in Engineering, 2018, 113（11）：1653-1675.

[18] XIE Y M , STEVEN G P .A simple evolutionary procedure for structural optimization[J]. Computers and Structures，1993，49（5）：885-896.

[19] 谢亿民，左志豪，吕俊超．利用双向渐进结构优化算法进行建筑设计 [J]. 时代建筑，2014，57（5）：20-25.

[20] LI Y, DING J, ZHANG Z, et al. Practical application of multi-material topology optimization to performance-based architectural design of an iconic building [J]. Composite Structures, 2023, 325：117603.

[21] 冷超群，李长城，曲梦露．建筑节能设计 [M]. 北京：航空工业出版社，2016.

[22] 王瑞．建筑节能设计 [M]. 武汉：华中科技大学出版社，2010.

[23] 姚佳伟，黄辰宇，袁烽．多环境物质驱动的建筑智能生成设计方法研究 [J]. 时代建筑，2021（6）：38-43.

[24] KIM M H, PARK H J. Application of artificial neural networks using sequential prediction approach in indoor airflow prediction[J]. Journal of Building Engineering, 2023, 69：106319.

[25] SIQI J, YUHONG W, LING C, et al. A novel approach to estimating urban land surface temperature by the combination of geographically weighted regression and deep neural network models[J]. Urban Climate, 2023, 47：101390.

[26] HE Q, LI Z, GAO W, et al. Predictive models for daylight performance of general floorplans based on CNN and GAN：A proof-of-concept study[J]. Building and Environment, 2021, 206：108346.

[27] KIM T Y, CHO S B. Predicting residential energy consumption using CNN-LSTM neural networks[J]. Energy, 2019, 182：72-81.

[28] FUTRELL B J, OZELKAN E C, BRENTRUP D. Optimizing complex building design for annual daylighting performance and evaluation of optimization algorithms[J]. Energy and Buildings，2015，92：234-245.

[29] NASROLLAHZADEH N. Comprehensive building envelope optimization：Improving energy, daylight, and thermal comfort performance of the dwelling unit[J]. Journal of Building Engineering, 2021, 44：103418.

[30] LIU K, XU X, HUANG W, et al. A multi-objective optimization framework for designing urban block forms considering daylight, energy consumption, and photovoltaic energy potential[J]. Building and Environment, 2023, 242：110585.

[31] 姚佳伟，黄辰宇，付斌，等．深度强化学习支持下风环境性能驱动的设计研究与实践 [J]. 建筑学报，2022（S1）：31-38

第 4 章

低碳智慧建筑的设计建造一体化

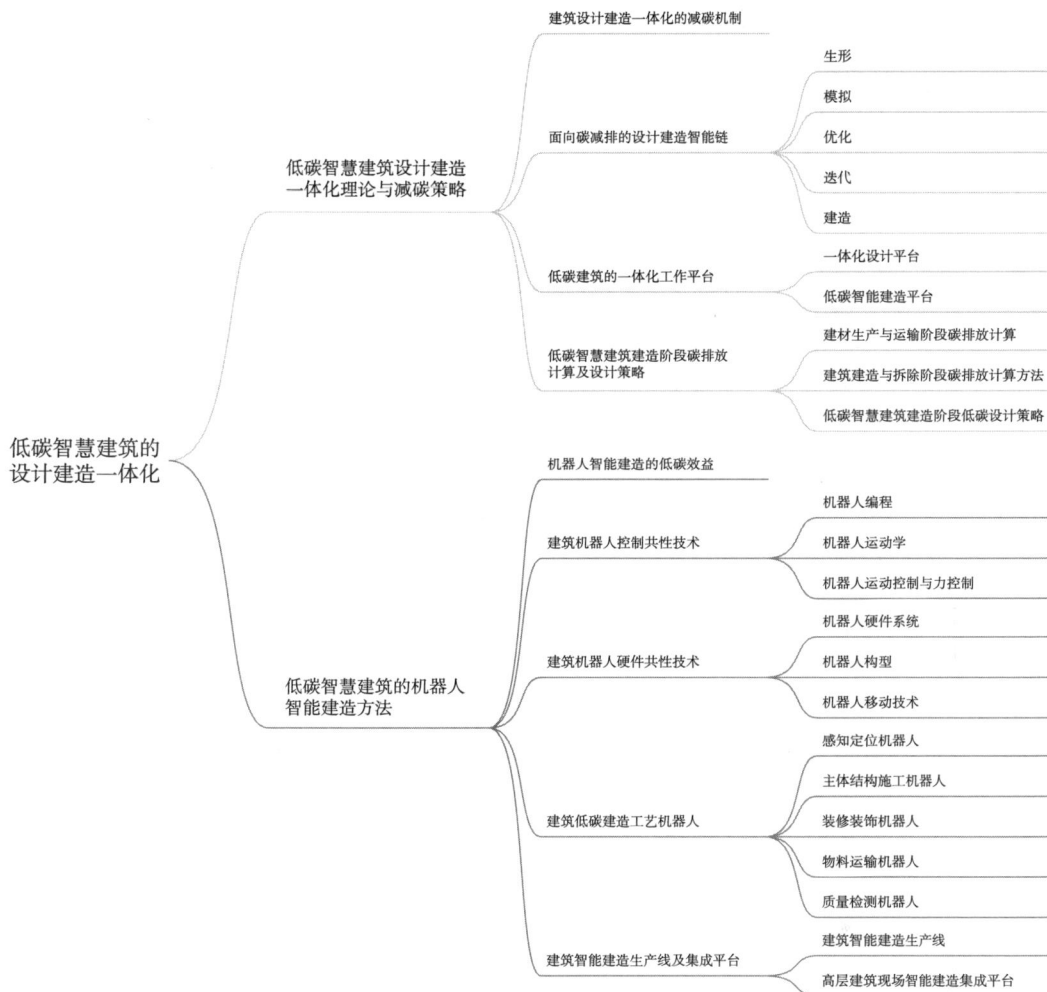

- 低碳智慧建筑的设计建造一体化
  - 低碳智慧建筑设计建造一体化理论与减碳策略
    - 建筑设计建造一体化的减碳机制
    - 面向碳减排的设计建造智能链
      - 生形
      - 模拟
      - 优化
      - 迭代
      - 建造
    - 低碳建筑的一体化工作平台
      - 一体化设计平台
      - 低碳智能建造平台
    - 低碳智慧建筑建造阶段碳排放计算及设计策略
      - 建材生产与运输阶段碳排放计算
      - 建筑建造与拆除阶段碳排放计算方法
      - 低碳智慧建筑建造阶段低碳设计策略
  - 低碳智慧建筑的机器人智能建造方法
    - 机器人智能建造的低碳效益
    - 建筑机器人控制共性技术
      - 机器人编程
      - 机器人运动学
      - 机器人运动控制与力控制
    - 建筑机器人硬件共性技术
      - 机器人硬件系统
      - 机器人构型
      - 机器人移动技术
    - 建筑低碳建造工艺机器人
      - 感知定位机器人
      - 主体结构施工机器人
      - 装修装饰机器人
      - 物料运输机器人
      - 质量检测机器人
    - 建筑智能建造生产线及集成平台
      - 建筑智能建造生产线
      - 高层建筑现场智能建造集成平台

本章要点：

知识点 1. 设计建造一体化智能链及减碳机制。

知识点 2. 建筑智能建造机器人的控制与硬件共性技术。

知识点 3. 建筑机器人智能建造工艺。

知识点 4. 建筑智能建造生产线及集成平台。

学习目标：

（1）了解低碳智慧建筑设计建造一体化的内涵、减碳机制与计算方法。

（2）理解建筑机器人智能建造的共性技术要点，掌握机器人智能建造工艺的类型与特征。

（3）了解智能建造机器人在预制工厂与施工现场的前沿应用。

4.1.1　建筑设计建造一体化的减碳机制

在当前建筑行业的实践中，设计与施工的分离导致了诸多问题，如信息断层、资源浪费和施工延期等，这些问题不仅影响了项目质量和进度，还加剧了建造活动的碳排放。在过去的几十年里，随着建筑行业的不断发展和技术的进步，人们开始意识到设计与施工之间的紧密关联性以及信息的重要性。一体化的工作模式能够打破设计与施工之间的隔阂，促进信息的无缝流动和多专业之间的协作，在项目早期阶段优化建筑的能源效率和材料使用，减少资源浪费，成为降低建筑项目碳排放的有效途径。设计与建造环节的一体化整合的碳排放影响机制主要包括以下几个方面：

多专业协同是设计建造一体化的核心，它要求从项目初期开始，设计师、工程师、施工团队及其他相关专业人员紧密合作，共同致力于减少建筑全生命周期的碳排放。通过早期介入和信息共享，利用BIM等数字化平台，团队能够对设计方案进行性能评估和优化，确保设计方案在技术和经济上的可行性，也要考虑施工的便捷性和效率。同时，在设计阶段就考虑建造过程，选择易于施工、维护和具有较低环境影响的建筑方案，减少材料浪费和施工过程中的碳排放。这种多专业协同的方法不仅提升了建筑项目的整体质量和性能，而且对推动建筑行业向低碳、绿色和可持续的未来发展起到了至关重要的作用。

4.1.2　面向碳减排的设计建造智能链

数字技术革命使低碳建筑的设计和建造流程出现了根本性的变革。基于数字技术的一体化工作流超越了传统的"设计意图—制图—再现—建造"线性过程，通过信息整合与协同优化建立了从设计到建造的迭代交互的联系。在这一工作流程中，生形（Formation）、模拟（Simulation）、优化（Optimization）、迭代（Iteration）与建造（Fabrication）等五个环节构成了设计建造一体化的核心（图4-1）。

（1）生形：生形阶段直接影响到建筑的能源效率和材料使用，进而决定了建筑的碳排放量。在这一阶段，设计师利用性能信息，遵循特定的规则或算法，通过数字化工具自动生成满足预期目标的建筑形式。数字化生形的逻辑可以分为两大类：自上而下的形态设计与自下而上的形态生形。自上而下的形态设计通常从整体规划和概念出发，考虑建筑的功能、美学和环境融合等宏观因素，以指导建筑形式的生成。而自下而上的生形逻辑则关注建筑的微观层面，如材料性能、结构优化和能源效率等，通过算法优化实现建筑形式的自然演化。

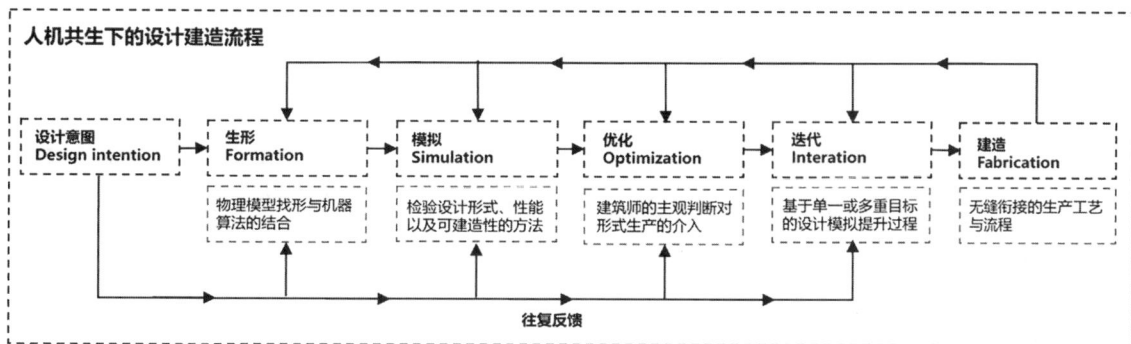

人机共生下的设计建造流程

| 设计意图
Design intention | 生形
Formation | 模拟
Simulation | 优化
Optimization | 迭代
Interation | 建造
Fabrication |

物理模型找形与机器算法的结合 | 检验设计形式、性能以及可建造性的方法 | 建筑师的主观判断对形式生产的介入 | 基于单一或多重目标的设计模拟提升过程 | 无缝衔接的生产工艺与流程

往复反馈

图 4-1 设计建造一体化工作流程

（2）模拟：模拟阶段尤其关键，它允许设计师在早期阶段基于数字工具，对设计方案性能表现进行检验，并评估设计的性能和可建造性，从而在设计过程中进行必要的调整，以减少材料浪费和能源消耗。模拟阶段将建筑的性能进行可视化的呈现，为进一步的设计决策提供参照。此处的性能不仅包括一般意义上的结构性能、环境性能、行为性能，也涵盖了建筑的可建造性，从而为对建筑方案的评价提供全方位的依据。

（3）优化：在低碳建筑设计中，优化是一个动态的、迭代的过程，它涉及对建筑性能的持续改进以满足既定的设计目标。建筑师根据模拟得出的建筑性能表现，以预先设定的设计目标为准绳，借助遗传算法、神经网络、多智能体系统等智能方法，改进设计中性能表现的不足，优化建筑方案。"优化"过程并非寻找最优解，而是将建筑师的主观判断、物质材料的建造工艺特征与迭代的设计过程结合的过程。

（4）迭代：迭代允许设计师通过重复的模拟和优化步骤来逐步提升建筑性能，直至达到或超越既定的低碳目标。这一过程体现了设计思维的深化和精细化，其中结构工程、环境科学等多学科知识被融合进建筑设计中，使得原本抽象的最优解概念变得可量化和可实现。优化过程往往与迭代相结合，经由不断的"模拟—优化—再模拟—再优化"的过程，逐步使得设计方案逼近设计目标，并最终求解出满足设计目标的方案形式。

（5）建造：低碳建造过程涉及对施工工艺的创新和优化，如采用预制构件、模块化建造、3D打印等先进技术，这些方法可以减少现场施工的复杂性，缩短工期，降低对环境的影响。同时，低碳建造也要求建筑师、工程师和施工团队之间有更紧密的合作和沟通，共同推动低碳建造技术的发展和应用。

在低碳建造的背景下，"生形—模拟—优化—迭代—建造"流程体现了一种深度融合的设计思维和建造实践方法，能够有效实现建筑项目在整个生命周期内的节能减排。整个流程强调跨学科合作、技术创新和性能导向的设计思维，旨在推动建筑行业向更环保、更高效的未来转型。

4.1.3 低碳建筑的一体化工作平台

低碳建筑的一体化工作平台旨在通过整合多方面的技术和资源，通过建筑师、结构工程师、环境工程师等多专业团队协同工作，在早期阶段就考虑建筑的性能，包括能源效率、材料选择，以及建筑的全生命周期评价，实现建筑项目在环境影响和能源效率方面的最优化。

（1）一体化设计平台

一体化设计平台在低碳建筑领域扮演着至关重要的角色，通过高度集成的计算机软件平台，使得设计团队能够在早期设计阶段就综合考虑建筑的性能、结构、材料和环境影响。参数化设计平台 Grasshopper 就像一个生态系统，整合了设计工具、模拟与优化工具、建造工具等不同类型的插件。Grasshopper 允许研究人员和设计师根据自己的特定需求开发插件和工具，这样不仅能够推动知识的共享，还能够促进创新设计方法的发展。它通过提供不同层次的源代码访问权限，允许设计师根据项目需求定制和优化设计流程，从而实现更精细的控制和更高的设计自由度（图 4-2）。苏黎世联邦理工学院主导开发的 Compas 平台，正是试图以更开放的姿态，从源代码的层面促进知识体系的集成和共享。Compas 是一个开源的、基于 Python 的计算研究和协作框架，提供了一系列用于分析、规划和模拟复杂定制化建筑的工具，如用于机器人建造的 compas_fab，用于有限元分析的 compas_fea，用于结构找形的 compas_fdm，以及用于建筑信息模型的 compas_ifc 等。Compas 能够与 Rhino、Grasshopper、Blender 等软件平台集成，增强了其在不同设计平台中的适用性和灵活性。它的开源特性也促进了知识的共享和技术的创新，对推动行业发展和教育具有积极影响。

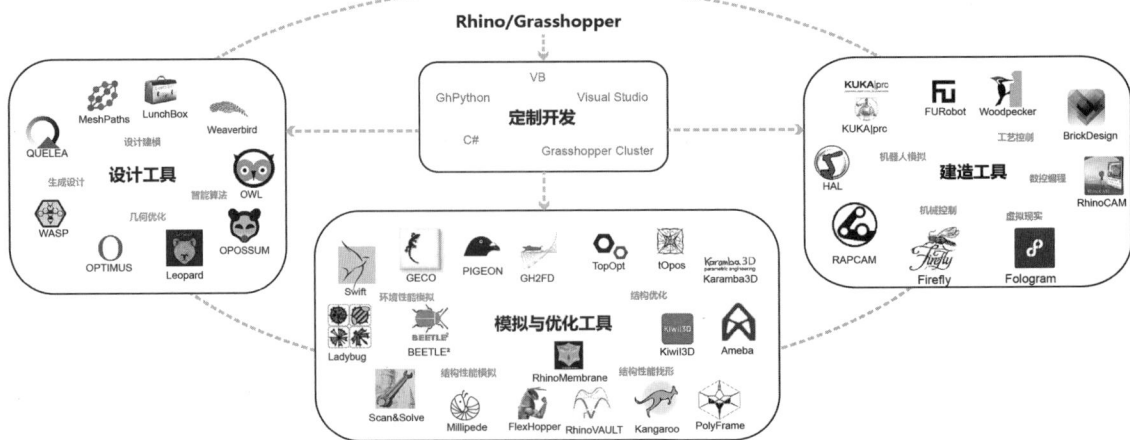

图 4-2　Grasshopper 插件图解

（2）低碳智能建造平台

低碳建造平台的核心在于利用先进的技术实现建筑过程的高效率和环境友好性。2006 年苏黎世联邦理工学院的法比奥·格马奇奥（Fabio Gramazio）与马赛厄斯·科勒（Matthias Kohler）教授首次将工业机器人引入建筑学领域，之后的十余年里，建筑机器人几乎成为建筑实验室不可或缺的组成部分。不同于应用场景有限的 CNC、激光切割等数控工具，建筑机器人拥有更好的多功能性或者说通用性，并且允许多场景开发。更换机器人末端效应器（抓手、主轴等），便可执行类型迥异的作业任务。与作为计算与模拟工具的计算机一样，机器人提供了一个具有高度精确性、开放性和无限自由度的建造工具平台。基于建筑机器人加工平台，设计师可以自主开发机器人工具端、甚至机器人加工装备工具，来满足个性化的设计和建造需求。建筑机器人的引入还有助于实现低碳建造的目标。机器人的精确操作减少了材料的浪费，提高了施工效率，从而降低了建筑过程中的能源消耗和碳排放。在低碳建造平台的背景下，建筑机器人技术的发展和应用不仅为建筑行业带来了技术上的革新，也为实现建筑的绿色转型和可持续发展提供了强有力的支持。通过这一平台，设计师和工程师可以探索更加创新和环保的建造方法，为建筑行业的发展开辟新的道路。

4.1.4　低碳智慧建筑建造阶段碳排放计算及设计策略

相比于建材生产和建筑运行阶段，建筑建造阶段对建筑全生命周期碳排放总量的贡献比重较小，但由于在相对较短的时间内集中排放完，其单位时间碳排放强度高，对实现建筑低碳转型也具有重要作用[1]。

1）建材生产与运输阶段碳排放计算

建材碳排放应包含建材生产阶段及运输阶段的碳排放，并应按现行国家标准《环境管理 生命周期评价 原则与框架》GB/T 24040—2008、《环境管理 生命周期评价 要求与指南》GB/T 24044—2008 计算。

建材生产与运输阶段碳排放为建材生产阶段碳排放与建材运输阶段碳排放之和。建材生产及运输阶段碳排放计算应包括建筑主体结构材料、建筑围护结构材料、建筑构件和部品等。纳入计算的主要建筑材料的总重量不应低于建筑中所耗建材总重量的 95%。建材生产阶段碳排放计算公式如下：

$$C_{SC} = \sum_{i=1}^{n} M_i F_i \tag{4-1}$$

式中　C_{SC}——建材生产阶段碳排放（$kg\,CO_2e$）；

M_i——第 i 种主要建材的消耗量；

F_i——第 i 种主要建材的碳排放因子（$kg\,CO_2e$/ 单位建材数量）。

建筑的主要建材消耗量（M_i）应通过查询设计图纸、采购清单等工程建设相关技术资料确定。建材生产阶段的碳排放因子（F_i）应包括建筑材料生产涉及的原材料开采、生产过程的碳排放，能源的开采、生产过程的碳排放，原材料、能源的运输过程的碳排放，以及建筑材料生产过程的直接碳排放。

生产建材时，当使用低价值废料作为原料时，可忽略其上游的碳过程。当使用其他再生原料时，应按其所替代的初生原料的碳排放的 50% 计算；建筑建造和拆除阶段产生的可再生建筑废料，可按其可替代的初生原料的碳排放的 50% 计算，并应从建筑碳排放中扣除。

建材运输阶段碳排放计算公式如下：

$$C_{ys}=\sum_{i=1}^{n}M_iD_iT_i \qquad (4-2)$$

式中　C_{ys}——建材运输过程碳排放（$kg\,CO_2e$）；

$\quad\quad M_i$——第 i 种主要建材的消耗量（t）；

$\quad\quad D_i$——第 i 种建材平均运输距离（km）；

$\quad\quad T_i$——第 i 种建材的运输方式下，单位重量运输距离的碳排放因子 $[kg\,CO_2e/\,(t\cdot km)\,]$。

建材运输阶段的碳排放因子（T_i）应包含建材从生产地到施工现场的运输过程的直接碳排放和运输过程所耗能源的生产过程的碳排放。

2）建筑建造与拆除阶段碳排放计算方法

我国计算建筑施工碳排放的依据是国家标准《建筑碳排放计算标准》GB/T 51366—2019[2]。标准提出，建筑建造阶段的碳排放应包括完成各分部分项工程施工产生的碳排放和各项措施项目实施过程产生的碳排放。建筑拆除阶段的碳排放应包括在人工拆除和使用小型机具机械拆除的过程中的机械设备消耗的各种能源动力产生的碳排放。

建造阶段碳排放计算时间边界应从项目开工起至项目竣工验收止，拆除阶段碳排放计算时间边界应从拆除起至拆除肢解并从楼层运出止。建造阶段的碳排放计算的公式如下：

$$C_{JZ}=\frac{\sum_{i=1}^{n}E_{JZ,i}EF_i}{A} \qquad (4-3)$$

式中　C_{JZ}——建筑建造阶段单位建筑面积的碳排放量（$kgCO_2/m^2$）；

$\quad\quad E_{JZ,i}$——建筑建造阶段第 i 种能源总用量（kWh 或 kg），宜采用施工工序能耗估算法计算；

$\quad\quad EF_i$——第 i 类能源的碳排放因子（$kgCO_2/kWh$ 或 $kgCO_2/kg$）；

$\quad\quad A$——建筑面积（m^2）。

与之类似，建筑拆除阶段的碳排放计算的公式如下：

$$C_{CC} = \frac{\sum_{i=1}^{n} E_{CC,i} EF_i}{A} \tag{4-4}$$

式中　C_{CC}——建筑拆除阶段单位建筑面积的碳排放量（$kgCO_2/m^2$）；

　　　$E_{CC,i}$——建筑拆除阶段第 i 种能源总用量（kWh 或 kg）；

　　　EF_i——第 i 类能源的碳排放因子（$kgCO_2/kWh$）；

　　　A——建筑面积（m^2）。

建筑物爆破拆除、静力破损拆除及机械整体性拆除的能源用量应根据拆除专项方案确定。

3）低碳智慧建筑建造阶段低碳设计策略

智能建造通过建造工艺与技术革新，减少建筑过程中对能源、材料的消耗，认为是建筑业低碳发展的重要切入点。建筑业的智能建造是依托建筑工业化和信息化，在工程的设计、生产、施工和运维中，以智能算法为核心，融合视觉识别、BIM、机器人等技术手段，提高建造效率和质量，并降低人力资源投入和人员劳动强度，交付以人为本、绿色可持续的智能化工程产品与服务。

建筑建造过程的减碳设计涉及多个方面，从智能建造的角度而言，可以从设计、材料、建造等两个主要方面进行低碳建造。

（1）一体化低碳设计

一体化设计的低碳意义在于它能够通过整合设计、建造和管理的各个环节，实现建筑项目全生命周期的碳排放最小化。

①全生命周期设计：一体化设计考虑了建筑从概念设计到拆除的整个生命周期，包括建材生产、施工、最终的拆除和回收，确保在每个阶段都采取降低碳排放的措施。

②多专业协同减碳：一体化设计需要建筑师、结构工程师、环境工程师、能源专家和施工团队等多个专业领域的紧密合作。通过跨学科团队的协作，共享知识和经验，提高设计和施工的创新性和效率。整合不同专业领域的先进技术，如 BIM 技术、能源模拟软件和自动化施工技术，提高建筑项目的可持续性。

③性能驱动设计：以性能为导向的设计方法确保建筑的性能满足预定的低碳标准，如通过模拟和分析工具优化建筑的能源效率和环境性能。运用计算工具进行建筑性能模拟，如结构性能、能耗模拟、日照分析和风环境模拟，优化设计方案。一体化设计优化了材料和资源的使用，减少了浪费，并通过采用高效的建筑设计和施工技术，降低了能源消耗。

（2）建材生命周期管理

在低碳建造策略中，对优化建材的全生命周期管理是关键环节，它涉及建材的选择、使用，以及最终处理等阶段。

①低碳建材选择：选择低碳建材是降低建筑碳足迹的第一步。低碳建材通常指的是在其整个生命周期中，从原材料获取、生产、运输、施工到最终拆除，碳排放量较低的建材。当前混凝土、钢筋等主要建材的生产环节产生的碳排放是建筑碳排放的主要来源。从设计端通过性能化设计减少建筑结构中所需材料总量是实现材料减排的重要措施。同时，使用木材、竹材等可再生的天然低碳材料、回收再利用材料，或者使用新型替代性材料能够有效降低材料生产环节的碳排放。木材、竹子等材料在生长过程中通过光合作用吸收了大量的 CO_2，使用竹木材料建造能够有效将碳封存在建筑中，减少大气中碳含量。

②建材运输减碳：运输是建材生命周期中碳排放的重要来源之一，涉及对每种建材的运输距离和相应的碳排放因子的考量。通过优化物流和运输方式，可以进一步减少这一阶段的碳排放。本地化采购缩短了运输距离，减少了运输过程中的能源消耗，可以显著减少运输碳排放。

③建材回收与再利用：回收与再利用建筑材料有助于减少对新材料的需求，从而降低生产过程中的能源消耗和碳排放。在拆除旧建筑时，可以将有价值的材料进行分类和回收，用于新的建筑项目。这种做法也有助于减少建筑废弃物的数量，减轻对环境的负面影响，从而促进建筑行业向更加可持续的方向发展。

（3）建筑低碳建造工艺

建造阶段是建筑全生命周期中碳排放的重要来源，建造过程的能效提升和精确性对于降低碳排放同样重要。

①预制与模块化建造：预制与模块化建造技术通过在工厂环境中生产建筑组件，然后将其运输到施工现场进行组装，从而减少了现场作业的需求。工厂化生产提高了建筑组件的质量，减少了缺陷和返工，从而减少了材料浪费和相关的碳排放。

②高效施工技术：高效施工技术通过优化施工过程和设备选择，提高施工效率，减少能源消耗。采用创新的施工方法——如交叉施工和快速跟进施工，可以缩短工期和减少能源消耗。实施能源管理计划，监控和控制施工过程中的能源使用。

③机器人智能建造：机器人智能建造技术在建筑领域的应用可以显著提高施工精度和效率。机器人建造减少了人为错误，提高了施工质量，减少了返工和修复的需要。机器人技术能够适应复杂的建筑设计，实现传统方法难以达到的施工精度和细节。尽管初期投资可能较高，但机器人建造的长期成本效益能够大大减少材料浪费、提高施工速度和降低人力成本。

在信息技术突飞猛进的当下，基于信息物理系统的个性化、智能化建造成为建筑建造技术发展的重要方向。伴随着环境智能感知、云计算、网络通信和网络控制等系统工程被引入到建筑建造领域，信息技术与机器人的集成使建造机器人具有计算、通信、精确控制和远程协作功能。随着"信息"成为建筑建造系统的核心，面向个性化需求的批量化定制建造将成为发展潮流。信息物理系统在建造过程中引入将个性化的定制信息与具有批量定制能力的建造机器人技术结合，从而满足大批量定制生产所需要的经济性与效率。建筑不再是标准化构件的现场装配，取而代之的是非标准化构件的机器人定制化生产，以及智能化建造装备下的现场建造。

4.2.1 机器人智能建造的低碳效益

在传统建造场景中，构件生产、模板支撑、钢筋绑扎和混凝土浇筑等施工方式，需要密集的人力劳动和大量模板消耗，导致大量的碳排放。基于智能建造的工艺技术创新可以改进建筑施工和生产过程中的能源使用效率，降低人力劳动的需求，对于减少碳排放具有重要意义。智能建造技术不仅可以实现对混凝土等传统建筑材料的精确控制和优化利用，而且可以促进碳纤维等高性能的新型材料的开发和应用。同时，通过工艺技术创新可以提高建筑施工和生产的效率，缩短建筑施工周期，降低生产过程中的人为错误和浪费，能够有效减少生产周期的资源消耗和碳排放。机器人智能建造技术在提升建造过程的能效和精度方面具有巨大潜力：

（1）提升施工精度与效率：机器人技术能够以超越人类能力的精确度执行复杂的施工任务，在施工中的应用可以显著提升施工精度，从而提升建筑的整体质量。这种高精度的施工还可以减少误差和返工，从而降低材料浪费和相关的碳排放。

（2）提升材料效率：机器人技术能够精确控制材料的使用，减少切割和加工过程中的废料，提高材料利用率，减少材料生产环节的碳排放。

（3）降低劳动力需求：机器人可以承担重复性、危险性或劳动强度高的工作，减少对人力的依赖，降低人力成本，并减轻工人的体力负担。同时，机器人的使用改善了施工现场的工作条件，减少了工人受伤的风险，提高了施工安全性。

（4）缩短施工时间：机器人智能建造流程可以缩短工期，因为它们可以24小时不间断地工作，且不受天气等环境因素的影响，从而加快施工进度、缩短工期，减少现场施工所需的时间和资源，降低与施工相关的直接和间接碳排放。

4.2.2　建筑机器人控制共性技术

建筑机器人控制共性技术是机器人运动控制的"大脑"，主要包括建筑机器人模拟、编程、交互、定位等内容。在建筑建造中，机器人运动控制、模拟与工艺编程是机器人控制的基础内容。

1）机器人编程

机器人编程方式包括四种主要类型：示教（在线）编程、离线编程、自主编程，以及增强现实辅助编程技术。

（1）示教编程通常是由操作人员通过示教器控制机器人工具端到达指定的姿态和位置，记录机器人位姿数据并编写机器人运动指令，完成机器人在正常运行中的路径规划。

（2）离线编程是借助计算机离线编程软件，对加工对象进行三维建模，模拟现实工作环境，在虚拟环境中设计与模拟机器人运动轨迹，并根据机器碰撞诊断、限位等情况调整轨迹，最后自动生成机器人程序。

（3）自主编程是指由计算机主动控制机器人运动路径的编程技术。随着机器视觉技术的发展，各种跟踪测量传感技术日益成熟，为以工件测量信息为反馈编程方法奠定了基础。根据采用的机器视觉方式的不同，目前自主编程技术可以划分为三种类型——基于结构光的自主编程、基于双目视觉的自主编程以及基于多传感器信息融合的自主编程。

（4）增强现实辅助编程技术的出现为机器人编程提供了新的可能性。增强现实编程由虚拟机器人仿真和真实机器人验证等环节构成，可以利用虚拟的机器人模型对现实对象进行加工模拟，控制虚拟的机器人针对现实对象沿着一定的轨迹运动，进而生成机器人程序，测试无误后再采用现实机器人进行建造。

针对建筑机器人建造需求，多种面向建筑师的开放型机器人编程软件开始进入建筑师的工具库，其中既有针对特定机器人品牌的编程工具，如面向KUKA 机器人的 KUKA|prc 和为 ABB 机器人使用者定制的 Taco，也有支持多品牌机器人的编程平台，例如，FURobot 适用于 ABB、KUKA 和 Universal 等多个主流品牌机器人的编程与控制，具备机器人仿真、实时控制等功能。这些机器人编程工具大多数集成在 Rhino、Grasshopper 平台上，能够与建筑师的设计几何无缝衔接。

2）机器人运动学

运动学是研究机器人姿态、位置和速度之间的关系的学科。在运动学算法中，通过推导机器人各个关节（或执行器）的位置、速度和加速度之间的数学关系，从而计算机器人末端执行器的位置和姿态。这些算法一般涉及矩阵变换、旋转矩阵、欧拉角、四元数等数学概念，以及正向运动学和逆向运动学方法。在智能建造机器人中，运动学是研究机器人姿态、位置和速度之间的关系的学科，它是机器人控制和规划的基础。

（1）正向运动学

正向运动学是智能建造机器人中的一项关键算法，它是通过给定机器人各个关节的参数，来计算出机器人末端执行器的位置和姿态。这个过程对于智能建造机器人的运动规划和控制非常重要，因为在执行任务前，我们需要知道机器人的末端在工作空间中的准确位置和姿态。

连续变换矩阵法是一种常用且直观的正向运动学求解方法。它将机器人的运动链划分为多个连续的刚体变换矩阵，每个矩阵描述相邻两个连杆之间的坐标变换。通过将这些连续的变换矩阵相乘，可以得到整个机器人的变换矩阵，从而确定末端执行器的位置和姿态。

DH（Denavit-Hartenberg）参数法是另一种常用的正向运动学方法，特别适用于串联结构的机器人（图 4-3）。它通过定义一组 DH 参数来描述相邻两个连杆之间的几何关系和运动学特性。这样，通过逐步求解 DH 参数，可以得到整个机器人的变换矩阵，进而求解末端执行器的位置和姿态。基于可变 DH 参数模型，可构建机器人自动化标定系统，以灵活适应智能建造的各种复杂工况。

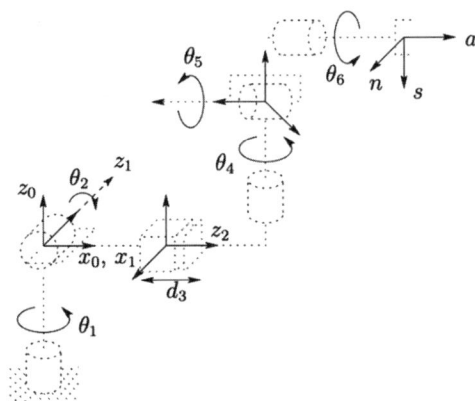

Link	d_i	a_i	α_i	θ_i
1	0	0	-90	$\theta^\star$
2	d_2	0	$+90$	$\theta^\star$
3	$d^\star$	0	0	$\theta^\star$
4	0	0	-90	$\theta^\star$
5	0	0	$+90$	$\theta^\star$
6	d_6	0	0	$\theta^\star$

图 4-3　DH 参数法示意图

正向运动学在智能建造机器人中有广泛的应用。它不仅可以帮助机器人规划运动轨迹，还可以在执行任务时实时获取末端执行器的位置和姿态信息，用于机器人末端监控。在智能建筑施工中，正向运动学可以用于控制机器人的姿态，确保其准确地进行砌墙、焊接或喷涂等操作。同时，正向运动学也是实现机器人路径规划和避障的基础，通过不断更新末端执行器的位置信息，可以在复杂环境中保证机器人的运动安全和高效。

（2）逆向运动学

逆向运动学是智能建造机器人中另一个重要的算法，它是通过给定机器人末端执行器的位置和姿态，来逆向求解机器人各个关节的参数。逆向运动学在智能建造机器人中的应用十分广泛，它使得机器人能够根据特定的目标位置和姿态来规划运动路径，从而实现精确地控制和执行任务。下面将详细展开逆向运动学的相关内容：

解析法是一种常用的逆向运动学求解方法，它通过代数或几何方法推导逆向运动学的解析解。对于一些简单结构的机器人，可以使用解析法来直接计算逆向运动学解，这样可以得到精确的解决方案。解析法的求解过程通常包括建立机器人的运动学方程，然后根据末端执行器的位置和姿态，逐步求解关节参数。这样就可以得到满足目标位置和姿态的关节角度，从而实现精确的控制。

对于复杂的机器人结构或运动学方程，解析法可能无法直接求解逆向运动学问题。在这种情况下，可以使用数值优化算法来逼近逆向运动学解。数值优化法通过迭代过程，不断调整关节参数的值，使得末端执行器的位置和姿态逐渐接近目标值。常见的数值优化算法包括迭代法、牛顿法、梯度下降法等。数值优化法的求解过程相对复杂，但是它适用于各种类型的机器人，可以得到较为精确的解决方案。

逆向运动学在智能建造机器人中有广泛的应用。它不仅可以用于机器人的运动规划和控制，还可以用于实现机器人的路径规划和避障。在智能建筑施工中，逆向运动学可以帮助机器人准确地定位并进行砌墙、焊接、喷涂等操作。同时，逆向运动学也是实现机器人自主导航和自适应控制的基础，根据实时感知的环境信息，调整关节参数和路径规划，使机器人能够在复杂环境中安全高效地执行任务。

3）机器人运动控制与力控制

在智能建造机器人中，运动控制和力控制是两个关键的控制模式，它们使机器人能够按照预定的轨迹运动，并在外界力作用下保持稳定的姿态和力度。本节将详细介绍运动控制和力控制的相关内容，以及动力学算法在实现这些控制模式中的应用。

（1）运动控制

运动控制是指控制机器人的位置和姿态，使其能够按照预定轨迹或目标位置运动，其中 PID 控制从 20 世纪 30 年代末期出现以来，已成为模拟控制系统中技术最成熟、应用最广泛的一种控制方式。技术人员和操作人员对它也最为熟悉。在工业过程控制中，由于难以建立被控对象精确的数学模型，系统的参数经常发生变化，所以运用控制理论分析综合代价比较大。PID 控制技术结构简单，参数调整方便，其实质是根据输入的偏差值，按比例（P）、积分（I）、微分（D）的函数关系进行运算，运算结果用以输出进行控制。它是在长期的工程实践中总结出来的一套控制方法，实际运行经验和理论分析都表明，对许多工业过程进行控制时，这种方式都能得到比较满意的效果。

（2）力/力矩控制

力/力矩控制是智能建造机器人的重要控制模式，使其能够在外界力作用下保持稳定。力/力矩控制可分为两种类型：

①力控制：力控制是指机器人根据外界作用力的大小和方向来调整其末端执行器施加在工件上的力。在一些需要保持恒定力的建造任务中，力控制尤为重要。

②力矩控制：力矩控制是指机器人根据外界扭矩的大小和方向来调整其末端执行器施加在工件上的扭矩。力矩控制可用于实现精细的装配和操作任务。

将动力学算法与力控制算法相结合，可以实现更精确的力控制。通过不断更新机器人的动力学参数和实时控制机制，可以使机器人在复杂环境中稳定地执行任务。例如，机器人在进行装配操作时，需要根据外界力的变化实时调整力控制参数，以保持稳定的装配质量。

4.2.3 建筑机器人硬件共性技术

1）机器人硬件系统

建造机器人硬件技术主要分为三个部分，分别是感应器、处理器和效应器。感应器是机器人接收外界信息的媒介。处理器是指可以对接收到的信息进行处理的设备，可以是很小的单片机，也可以是工业自动化中常用的可编程逻辑控制器（Programmable Logic Controller，PLC）。执行器是机器人系统及其执行终端，决定了具体建造工艺。

（1）传感器：传感器是将某种环境状态按一定规律变换成所需形式的信息输出的检测装置，通常由敏感元件和转换元件组成。从能量角度看，传感器是一种换能器，从一个系统接收能量并转化为另一种形式。建造过程常见的环境感应包括压力感应、加速度感应、位移感应、温度感应、流量感应、距离感应和视觉识别等。越是复杂和多元的信号，越是存在一定程度的相互耦合，因此需要对这些信息进行解耦，从而获得所需的结果。

（2）控制器：控制器是建筑机器人的控制中枢，负责接收和处理操作指令、获取环境信息，并控制机器人的运动、动作和工作过程。较为经典的是PID控制由比例单元、积分单元和微分单元组成，分别实现该系统的弹性控制、阻尼控制和稳态偏差消除。

（3）执行器：执行器是可以产生实际效应以改变环境的装置，常见的机器人工具端执行器包括钻头、铣刀、锯、打磨器、抓手、吸盘、焊枪、喷枪等。当然，机器人本体作为最重要的执行器之一，其功能是使末端工具以精确的轨迹运动。不同的工具给予了其不同的功能，这即是机器人的开放性所在。正因如此，智能建造机器人集成硬件系统是以机器人为主体、配合多种外围设备的系统。

2）机器人构型

智能建造机器人从活动关节的组合方式来看，分为并联和串联两大类，其在运动空间上各有特点。串联臂机器人的运动和形式相对灵活，同样尺度的机构下工作范围更大，但刚度较差、负载较小、存在误差积累。然而相比机械加工，建造任务一般是移动性较强、精度和速度要求较低的任务，因此当前在建造领域的中小型机器人主要是串联式构型。根据作业需求的不同，机器人的机械部分具有不同类型的几何结构，几何结构的不同决定了其工作空间与自由度的区别（图4-4）。

（1）串联机器人

①直角坐标型又称笛卡尔坐标构型，是最为直观也是最为普遍的构型，用于实现末端的平移运动。其组成部分包含直线运动轴、运动轴的驱动系

类型	类型示意图	结构类型	工作空间
直角坐标型	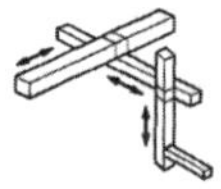		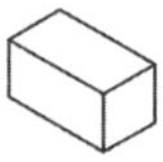
圆柱坐标型	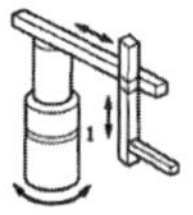	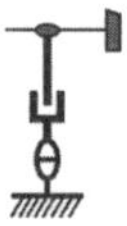	
球面坐标型	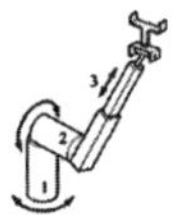		
SCARA型	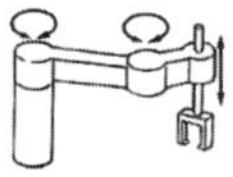	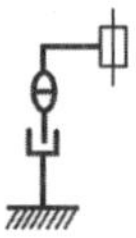	
垂直多关节型	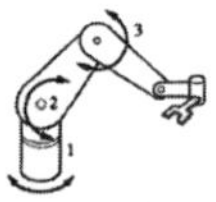		

图4-4 串联机器人几何结构形式分类

统、控制系统、终端设备。该构型具有 3 个自由度，其三个轴均为线性滑轨，具有超大行程、组合能力强等优点 [3]。

②圆柱坐标型至少包含一个竖向线性滑轨和一个根部的旋转关节，由此形成圆柱形的工作范围。主要包括极坐标型机器人、水平多关节机器人。其特点是以相对简单的机构和较低成本，获得较大的工作范围和较好的稳定性，塔吊就是一个典型且常见的案例。顺应性装配机械臂（Selective Compliance Assembly Robot Arm，SCARA）也是一种基于圆柱形坐标系的四自由度工业机器人，具有 3 个旋转副和 1 个移动副轴，定位精度主要由前两轴保证。因其他较高的刚度和较快速的移动，在被应用于装配和搬运等工程领域后十分受欢迎。SCARA 机器人被广泛地应用于各种高速高精度装配作业中。

③球面坐标型的第一第二轴为旋转关节，第三轴为线性滑轨，即回转、俯仰和伸缩运动，由此形成一个球状工作范围。世界首台工业机械臂 Unimate，就采用了这种构型。其特点是尽量将关节集中在根部，从而提升机构的灵活性。但是末端的旋转姿态无法确定，因此通常在末端会进一步装载的小型关节。

④垂直多关节型又称回转坐标型机器人，即通常所说的"机械臂"，是灵活度最高的构型之一，其全部轴均为旋转关节。由于较多的旋转轴，其求解较为复杂，并且存在一些奇异点。常见的关节型通用机器人具有 6 个自由度，即有 6 个关节；对于一些简单的水平搬运任务，从成本和稳定性出发减少为 4 个自由度，由此出现了码垛机器人；而对于需要姿态适应复杂工作环境、与人进行交互的协作型机器人，又会增加到 7 个自由度。

对于大多数建造任务，由于建造过程是实现单个刚体在空间中的自由运动，因此理论上 6~7 个自由度都可以满足需要。而在一些特殊场景下，例如特大范围的建造，还会采用更多的冗余自由度。

（2）并联机器人

并联机器人是较晚被应用的构型，目前常用于分拣、搬运等任务。其特点是刚度高、负载大、运动性能好，无累计误差，精度较高；但工作范围相对机构自身也较小，且难以单独实现大幅度的旋转。在建造领域，其对于大重量物料的大行程搬运有结构优势，随着控制技术的发展，拉索式并联机器人被用于较大尺度的建造。

3）机器人移动技术

相比于制造业，建筑生产与施工任务不仅对机器人的灵活性有很高的要求，同时也对机器人的工作空间尺寸提出了挑战。一般工业机器人的机座是固定的，其工作空间受到臂展的限制。目前，市场上工业机械臂的最大臂展也仅达到了 4m 左右，难以适应建筑生产需求。为了突破机器人操作空间的局限，机器人移动技术通过为机器人配备移动机构，能够大大提高机器人的活动范围,扩展机器人工作空间。因而机器人移动技术在工业上应用范围要比单纯的机械手臂更加广泛。

运动机构是机器人移动技术的核心执行部件。运动机构不仅需要承载机器臂,同时需要根据工作需求带动机器人在更广泛的空间中。在自动化领域,移动机器人涵盖的内容主要包括轮式机器人、履带式机器人、步行机器人等。在建筑领域,根据建造任务的需要,逐渐涌现出一系列相应的机器人移动技术,这些技术可以划分为三种不同的类型,第一种是轨道式移动技术,即以不同类型的导轨为引导,以增大机器人本体在特定方向上的移动范围。第二种则是移动平台式移动技术,主要包括轮式和履带式移动机器人。第三种是飞行式移动技术,主要以无人机为代表。不同的机器人移动技术对于满足不同的建筑生产与建造需求具有重要作用。

(1)轨道式移动技术:行走轨道系统主要由轨道基座、机器人移动平台、控制系统和安全、防护、润滑装置组成。其中轨道主要作为支持结构和机器人运动的引导轴,轨道长度和有效行程根据实际需要进行定制;机器人移动平台负责带动机器人沿着轨道移动,一般由伺服电机控制,通过精密减速机、重载滚轮齿条进行传动;机器人在轨道上的运动一般由机器人直接控制,不需要额外的轨道控制系统。在控制系统中同时需要内置外部轴的软件限位等安全控制手段,保证机器人轨道与机器人的协同控制。

(2)移动平台式移动技术:移动机器人的行走结构形式主要有轮式移动结构、履带式移动结构和步行式移动结构。针对不同的环境条件选择适当的行走结构能够有效提高机器人效率和精度。轮式移动技术的越障能力有限,较适用于结构环境条件下,如铺好的道路上。而步行机器人尽管也能够在非结构环境中行走,但是由于其负载有限,常被用于探险勘测或军事侦察等特殊环境,以及娱乐、服务领域,在建筑工程中并不常见。移动平台式移动技术具备良好的越障性能,可以完成各类复杂环境下的建造任务。在轨道移动技术中,机器人需要由轨道引导,这决定了机器人只能沿着固定轨迹移动。同时轨道的铺设需要良好的基础条件,无法适应崎岖路面及高约束条件空间。因而,轨道式移动技术比较适应于预制工厂、实验室等结构环境,而施工现场复杂施工任务则需要无固定轨迹限制的机器人移动技术来完成。

(3)飞行式移动技术:飞行式移动技术一般指无人机系统,多家智能建造机器人研究团队已经涉足这一领域。飞行建造机器人在无人机的基础上增加外部定位系统,以满足建造任务对精确定位的需求。飞行建造机器人可以在三维空间无限制地飞行,通过数控编程可以在没有脚手架的情况下进行复杂设计的砌筑或组装。飞行机器人的局限性在于其负载能力较小,尽管可以通过多台飞行机器人协作搬运重物,其总负载仍相当有限。同时在非结构环境下,面对粉尘、噪声以及信号干扰,飞行机器人的精确控制也是一大挑战。

4.2.4 建筑低碳建造工艺机器人

机器人建造研究在过去十年间的繁荣带来了学科理论和工具的发展成熟。在此背景下，建筑数字建造研究的关注点逐渐从理论和工具性转向实践和应用领域，探索多样的材料系统从数字设计到机器人建造的可能性。一方面，机器人木构建造、机器人打印陶土、机器人金属弯折、机器人切石法等传统、非工业化技术与材料的发掘与再现是机器人建造研究的重要领域。另一方面，机器人建造技术与创新材料相结合，使新材料充分展现其性能优势。机器人碳纤维、机器人改性塑料打印等工艺不断提升材料建造的创新潜力。

机器人可以用于多样化的建造任务，根据建筑施工过程划分，建造机器人包括感知定位机器人、主体结构施工机器人、装修装饰机器人、物料运输机器人、质量检测机器人等[4]。

（1）感知定位机器人

感知定位机器人通过搭载传感器和视觉系统，能够感知施工现场的环境和物体，精确定位建筑元件和障碍物，为后续施工提供准确的定位和导航信息。主要包括放线机器人（图4-5）、测量机器人。

（2）主体结构施工机器人

主体结构施工机器人主要进行主体结构的建造工作，例如混凝土三维打印机器人、木构预制加工机器人（图4-6）、钢筋绑扎机器人、现场焊接机器人、布料机器人、地面整平机器人、地面抹平机器人。它们具备高精度的操作能力，能够准确、高效地进行建筑结构的组装和安装，从而提升施工速度和质量。

（3）装修装饰机器人

装修装饰机器人主要用于建筑内部的装修和装饰工作，如涂料喷涂、墙

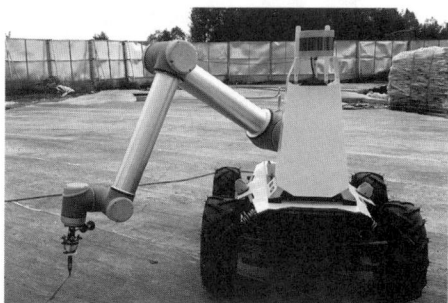

图4-5 放线机器人

图4-6 木构预制加工机器人

面贴瓷砖和地板铺设。主要包括喷涂机器人（外墙喷涂机器人、砂浆喷涂机器人、室内喷涂机器人）、抹灰机器人、腻子涂敷机器人、地坪施工机器人（地坪研磨机器人、地坪涂料涂敷机器人）、安装装配机器人（墙板安装机器人）、墙地砖施工机器人（墙砖铺贴机器人、地砖铺贴机器人、景观地砖铺贴机器人）、丝杆支架安装机器人（图4-7）。它们能够自动执行精细的装修任务，提高施工效率，确保装饰质量一致性和美观度。

图 4-7　丝杆支架安装机器人

（4）物料运输机器人

物料运输机器人专门用于在施工现场内进行物料和设备的运输。它们可以自动化地搬运重物、运输材料，并且能够遵循预定路径，减轻工人的负担，提高物料运输的效率和安全性。主要包括砌块运输机器人（图4-8）、码垛运输机器人、通用运输机器人。

图 4-8　砌块运输机器人

（5）质量检测机器人

质量检测机器人用于对施工质量进行检测和评估。它们通常搭载高精度的测量设备，如激光扫描仪，能够对建筑结构进行精确的测量和验证，提供可靠的数据和反馈，以确保施工质量符合要求。主要包括混凝土检测机器人、幕墙检测机器人、焊缝检测机器人。

4.2.5　建筑智能建造生产线及集成平台

在建筑行业迈向绿色、高效、智能化的进程中，建筑智能建造生产线及集成平台融合了低碳理念与智能制造技术，旨在打造一个既环保又高效的建筑生产建造新模式，正成为推动行业发展的关键力量。

1）建筑智能建造生产线

建筑智能建造生产线是指在建筑设计、施工、运营等全过程中，采用节能减排技术和材料，实现建筑的低碳排放。这种生产线通常集成了先进的自动化设备和机器人技术，如焊接机器人、切割机器人、喷涂机器人、搬运机器人等，能够在保证建筑质量的同时，大幅度提高施工效率，减少人工操作，降低能耗和材料浪费。

图 4-9　MiC 生产线

中建海龙科技有限公司的 MiC 生产线是建筑智能生产的典范（图 4-9）。MiC 技术是一种将建筑物分解为多个模块单元，这些模块单元在工厂内预制完成，然后运输到施工现场进行快速组装的建筑方式。MiC 技术被视为实现"碳达峰"和"碳中和"战略目标的重要手段，具有推动建筑行业绿色可持续发展的巨大潜力。中建海龙研发了混凝土 MiC 和钢结构 MiC 两大核心技术。混凝土 MiC 在现场通过框架式模块的干式连接，形成模块化堆叠式框架结构，或以隔墙式模块作为模板，在现场浇筑混凝土，形成混凝土模块化现浇框架建筑或混凝土模块化现浇剪力墙建筑，适用于住宅、公寓、酒店、别墅、宿舍宅基地自建房、临时周转住房等；钢结构 MiC 采用海龙专利连接技术，可快速刚性连接，或由"钢框架支撑 +MiC 箱体"组成钢结构建筑，适用于商业、办公、医院、酒店、中小学、幼儿园、展厅、旅游地产等。

智能建造技术在模块化集成建造生产中发挥了重要作用。中建海龙依托集成数字化交付（Integrated Digital Delivery，IDD）理念，运用数字化手段，打通设计、生产、运输、施工、资产交付和管理五个环节的全专业设计。在智能建造方面，中建海龙科技将大部分建造过程"从工地搬进工厂"，通过焊接机器人、组装机器人、喷涂机器人、激光切割机、AGV 运输车、立体存放库等视觉自动化设备（图 4-10），在效率提升的同时，可将建造精度控制在毫米级误差，真正实现了"像造汽车一样建房子"，是智能建造与新型建筑工业化的极佳载体。

2）高层建筑现场智能建造集成平台

高层建筑现场建造过程需要复杂的流程组织，不仅受到复杂的现场施工

图 4-10　模块化集成建筑生产线上的机器人

条件限制，也受到天气、光线等外部环境的影响。面对现场施工工序集成、工作环境优化等需求，"造楼机"等建筑现场智能建造集成平台以智能工厂的组织方式对现场施工进行重新组织和优化，使建筑现场建造向精细的结构化环境转变。

1990 年代初，由日本清水建筑公司提出并成功试验的集成建造系统 SMART 为集成一体化现场建造提供了重要技术参考：SMART 系统由连续的外保护罩所覆盖，以防止系统受到外部恶劣天气影响；内部系统全部由一个中央控制系统控制，建筑构件通过垂直起重机被抬升到建造层，然后利用空中吊车系统将构件吊装到合适位置；系统内部集成了多种施工程序，包括钢框架的安装和焊接、混凝土楼板的铺设、内外墙板的安装等（图 4-11）。[5]

当前，高层建筑"空中造楼机"是集成一体化建造系统的雏形，其主要

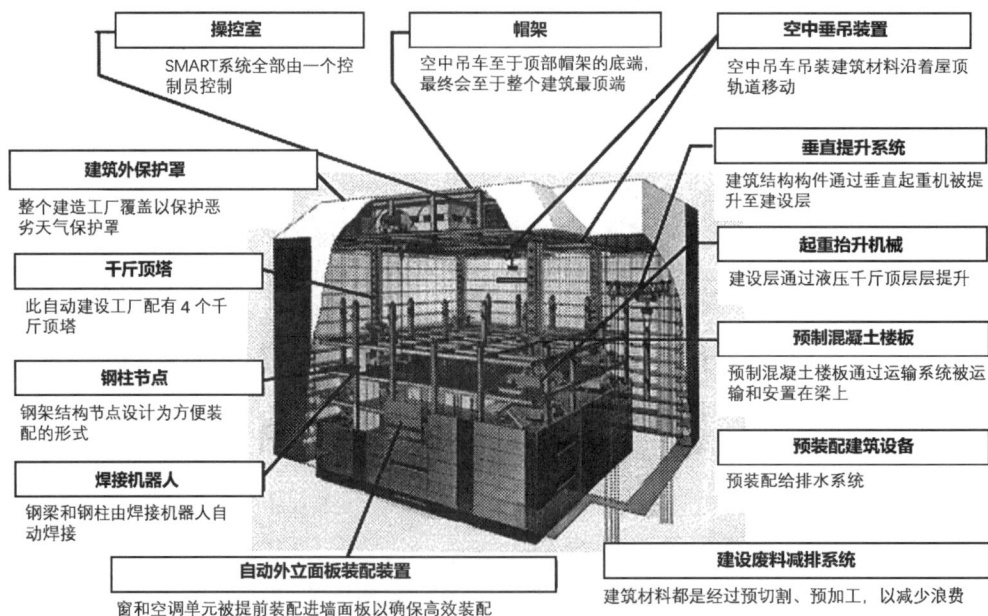

操控室
SMART系统全部由一个控制员控制

帽架
空中吊车置至于顶部帽架的底端，最终会至于整个建筑最顶端

空中垂吊装置
空中吊车吊装建筑材料沿着屋顶轨道移动

建筑外保护罩
整个建造工厂覆盖以保护恶劣天气保护罩

千斤顶塔
此自动建设工厂配有 4 个千斤顶塔

钢柱节点
钢架结构节点设计为方便装配的形式

焊接机器人
钢梁和钢柱由焊接机器人自动焊接

垂直提升系统
建筑结构构件通过垂直起重机被提升至建设层

起重抬升机械
建设层通过液压千斤顶层层提升

预制混凝土楼板
预制混凝土楼板通过运输系统被运输和安置在梁上

预装配建筑设备
预装配给排水系统

建设废料减排系统
建筑材料都是经过预切割、预加工，以减少浪费

自动外立面板装配装置
窗和空调单元被提前装配进墙面板以确保高效装配

图 4-11　SMART 建造系统图示

特点是将完整的建造工艺流程加以集成，实现结构主体和保温饰面一体化同步施工，逐层建造，逐层抬升。2007年，中建三局研发了第一代低位顶升钢平台模架体系，是造楼机的早期雏形；中建三局于2015年研制出超高层建筑施工装备集成平台，全球首次将超高层建筑施工的大型施工装备直接集成于平台上，实现了一体化安装与爬升，并将核心筒立体施工同步作业面从3层半增加至4层。高度的设备集成使平台如同移动的"制造工厂"，可实现在"工厂"里造摩天大楼，显著提升了超高层建筑施工的机械化、智能化水平。采用该集成平台，可使结构施工规范化、标准化，并可大幅缩短施工工期、节约施工成本。经过10余年持续研发迭代，中建三局已形成了4代产品，少支点低位顶模平台、微凸支点顶模平台、高承载施工装备集成平台、轻量化顶模集成平台，应用于30余个超高层项目（图4-12）。

图4-12　中建三局的4代造楼机产品（左边起）：少支点低位顶模平台、微凸支点顶模平台、高承载施工装备集成平台、轻量化顶模集成平台

造楼机平台为高层建筑结构施工提供了类工厂的作业环境。随着建筑机器人技术的快速发展，各类机器人被整合到造楼机上，打造少人化、无人化建造场景。基于造楼机的建筑机器人可以分为五大类：主体结构施工类、装饰工程施工类、物料运输类、质量检测类、安全监测类（图4-13）。主体结构施工类通常包括钢筋绑扎机器人、高空焊接机器人、模板拆除机器人等；装饰工程施工机器人主要负责墙面抹灰、喷涂、打磨等作业；物料运输机器人包括智能布料机器人、5G远控塔机等；质量检测机器人主要对混凝土、钢筋、焊缝等施工质量进行精准识别和检测；安全监测类机器人则主要负责现场安全巡检及环境监测等。

高层建筑自升降智能建造平台通过集成化和智能化技术的应用，实现了施工现场的类工厂化、智能化和少人化，不仅显著提高了施工效率和质量，降低了成本和环境影响，而且为建筑行业实现绿色、智能、可持续的低碳智慧建筑目标提供了强有力的技术支撑和创新路径。

主体结构施工类	装饰工程施工类	物料运输类	质量检测类	安全监测类
钢筋绑扎机器人	外墙砌筑机器人	智能布料机器人	混凝土质量检测机器人	安全巡检机器人
高空焊接机器人	外墙喷涂机器人	5G远控塔机	钢筋定位检测机器人	环境监测机器人
模板拆除装备			焊缝质量检测机器人	

图 4-13　基于造楼机平台的建筑机器人

4.3 课后习题

（1）【简答】简述建筑设计建造一体化的基本概念。

（2）【简答】建筑设计与建造一体化的软硬件工作平台呈现怎样的发展趋势？

（3）【简答】建筑生产建造环节的碳排放主要包括哪些环节？

（4）【简答】建筑机器人的编程方式包括哪四种主要类型？

（5）【简答】智能建造机器人的几何构型包括串联和并联两大类，其中串联机器人包括哪些构型？

（6）【填空】设计建造一体化工作流程的五个主要环节是：____、____、____、____、____。

（7）【填空】根据建筑施工过程划分，可以将建筑机器人划分为五个主要类别，分别是：____、____、____、____、____。

本章参考文献

［1］黄祖坚，周浩，余娟，等．基于工序的装配式钢结构楼板施工碳排放研究 [J]．工业建筑，2024，54（1）：147-155.

［2］中华人民共和国住房和城乡建设部．建筑碳排放计算标准：GB/T 51366—2019[S]．北京：中国建筑工业出版社，2019.

［3］蔡自兴．机器人学 [M]．北京：清华大学出版社，2000.

［4］BOCK T, LINNER T .Construction Robots – Elementary Technologies and Single-Task Construction Robots[M]. Cambridge：Cambridge University Press，2017.

［5］仲继寿，陈义红，汪鼎华，等．现浇钢筋混凝土高层建筑工业化建造研究与工程示范 [J]．建筑科学，2022，38（3）：139-145.

第 3 篇

面向运行碳的低碳智慧建筑设计

第 5 章

低碳智慧建筑能源交互设计

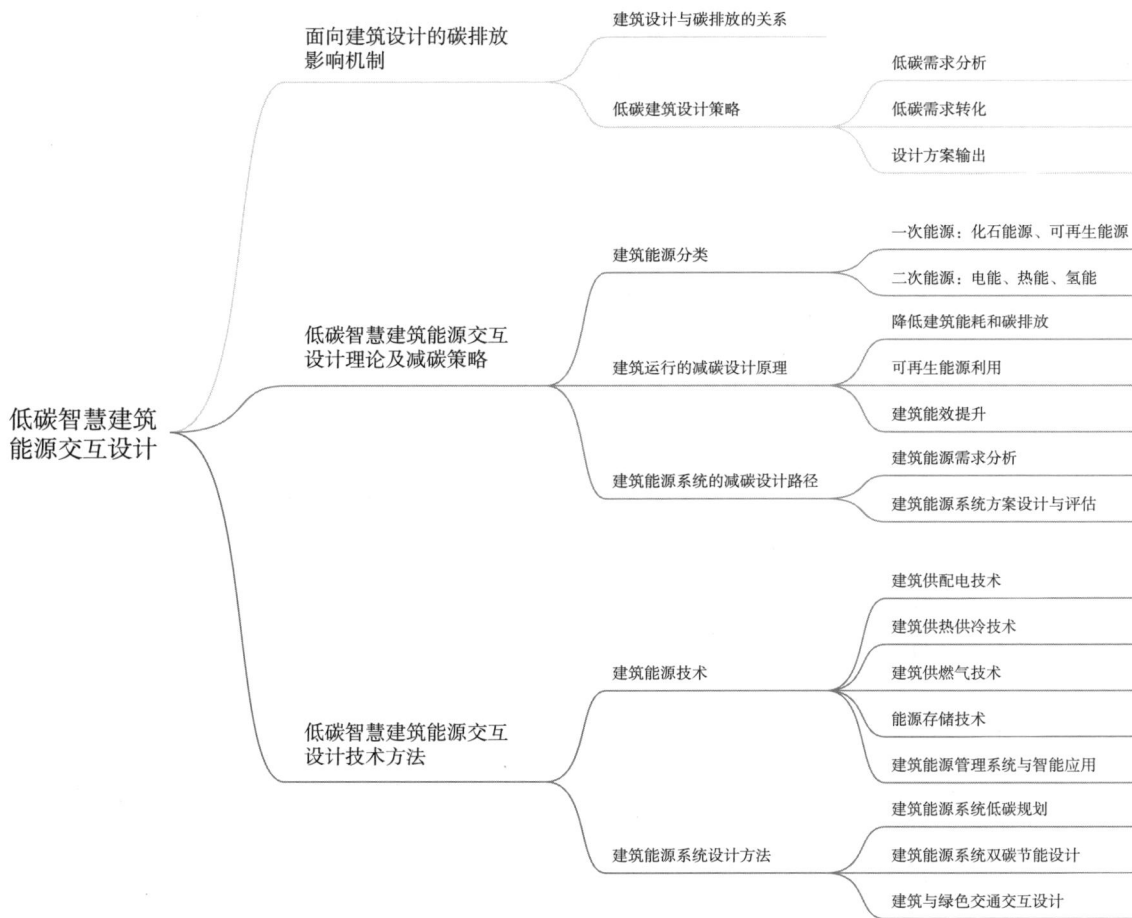

```
                          ┌── 建筑设计与碳排放的关系
         面向建筑设计的碳排放 ──┤                    ┌── 低碳需求分析
         影响机制            └── 低碳建筑设计策略 ──┼── 低碳需求转化
                                              └── 设计方案输出

                                              ┌── 一次能源：化石能源、可再生能源
                          ┌── 建筑能源分类 ──┤
                          │                 └── 二次能源：电能、热能、氢能
         低碳智慧建筑能源交互 │                    ┌── 降低建筑能耗和碳排放
低碳智慧建筑 ──┤ 设计理论及减碳策略 ──┼── 建筑运行的减碳设计原理 ──┼── 可再生能源利用
能源交互设计    │                 │                    └── 建筑能效提升
                          │                    ┌── 建筑能源需求分析
                          └── 建筑能源系统的减碳设计路径 ──┤
                                              └── 建筑能源系统方案设计与评估

                                              ┌── 建筑供配电技术
                                              ├── 建筑供热供冷技术
                          ┌── 建筑能源技术 ──┼── 建筑供燃气技术
         低碳智慧建筑能源交互 │                 ├── 能源存储技术
         设计技术方法 ──────┤                 └── 建筑能源管理系统与智能应用
                          │                    ┌── 建筑能源系统低碳规划
                          └── 建筑能源系统设计方法 ──┼── 建筑能源系统双碳节能设计
                                              └── 建筑与绿色交通交互设计
```

本章要点：

知识点 1：碳排放影响机制与设计策略的关系。

知识点 2：低碳建筑设计策略。

知识点 3：建筑能源系统的减碳设计原理与路径。

知识点 4：建筑能源技术及其应用。

学习目标：

（1）掌握建筑设计与碳排放的相互关系，理解碳排影响机制的基本原理。

（2）熟悉建筑能源系统设计的基本理论和减碳路径。

（3）掌握建筑与能源交互设计的关键技术方法。

在全球范围内，建筑行业的碳排放占据了相当大的比例，这不仅对环境造成了严重的影响，也成为全球应对气候变化、实现低碳发展目标的重要挑战之一。因此，深入了解建筑设计与碳排放之间的影响机制，对于指导低碳智慧建筑的设计与实施具有重要意义。

5.1.1　建筑设计与碳排放的关系

建筑设计是决定建筑能耗和碳排放水平的关键因素之一。设计阶段的决策，如建筑的定位、形态、材料选择、能源系统配置等，将直接影响建筑的能源需求和运行效率，进而影响其碳排放量[1]。因此，优化建筑设计，是实现建筑低碳化的重要途径。

建筑设计参数对碳排放具有重要影响。首先，建筑设计中的材料选择是关键因素之一。不同材料的生产、运输和施工过程中产生的碳排放量存在差异，因此，在建筑设计阶段选择低碳材料能够有效减少整个建筑生命周期内的碳排放。其次，建筑结构设计也对碳排放产生影响。采用轻型结构、减少建筑材料使用量、优化结构设计等方式，可以降低建筑施工和运输阶段的碳排放。此外，建筑设计中的能源利用效率也直接影响着碳排放水平。通过科学合理的能源系统设计和利用可再生能源等手段，能够降低建筑使用阶段产生的碳排放。

5.1.2　低碳建筑设计策略

低碳建筑的发展日新月异，相关的国家规范、标准和配套系统快速更迭。设计师不易准确判断某一建筑需要应用何种设计方案、采用什么形式的系统架构；对于建设方而言，一方面对比不同设计方案的优劣将耗费大量精力，从不同方案中选择最具性价比的方案则更加困难，另一方面不同建设方的需求、同一建设方在不同时期的需求可能都有变化，最适宜的低碳建筑设计方案与配套系统也会相应有所变化。

因此，低碳建筑设计策略可采用一种顶层设计方法，即一种可以从整体上把控、从更高维度进行思考和决策的方法。按照这个方式进行低碳建筑设计并施工，便构建了（系统工程中的）"V"字模型（图 5-1）。该模型将大目标拆解成一项项可执行、可评判的小目标，在执行过程中对每一个小目标逐个实现并进行组合。

根据"V"字模型，低碳建筑设计可以分为以下三个流程：低碳需求分析、低碳需求转化和设计方案输出（图 5-2）。

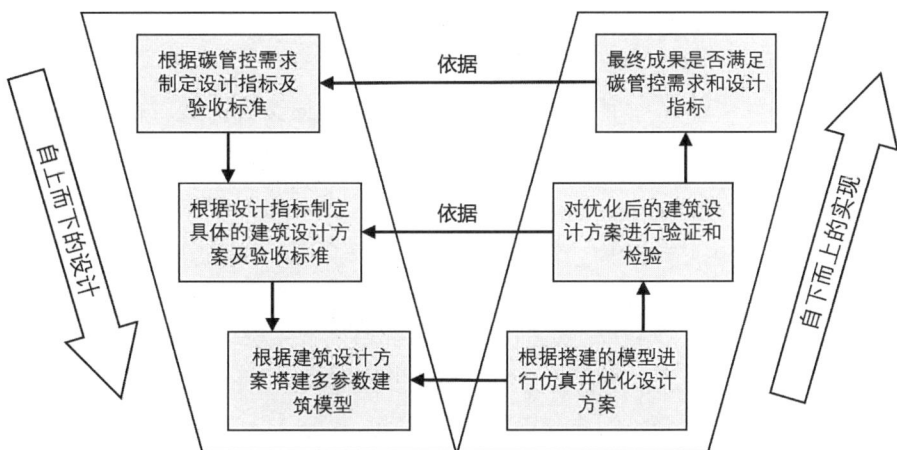

图 5-1　低碳建筑设计的"V"字模型

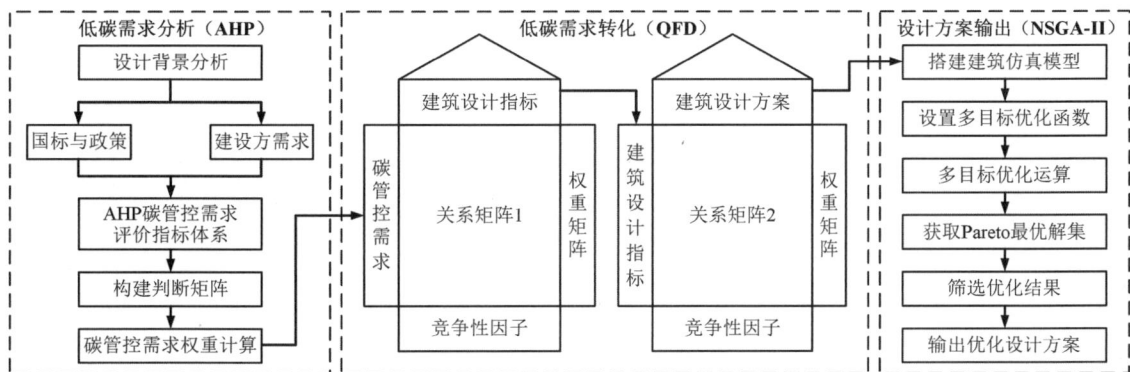

图 5-2　低碳建筑设计流程图

（1）低碳需求分析

基于建筑设计背景，结合国家标准与相关政策，针对建设方的需求，使用层次分析法（Analytic Hierarchy Process，AHP）搭建碳管控需求评价指标体系，构建判断矩阵，得到需求权重。

（2）低碳需求转化

使用质量功能配置方法（Quality Function Deployment，QFD），通过逐层迭代的方式，构建专家矩阵，反映碳管控需求与设计指标、设计方案之间的关系[2]。

（3）设计方案输出

针对竞争因子较高的设计方案，搭建对应的建筑仿真模型，并设置以碳排为主导的多目标优化函数，采用多目标优化算法（如 NSGA-Ⅱ算法）构建优化模型，对设计方案进行优化。最后筛选优化结果，输出最优的设计方案。

5.2.1 能源分类

能源指可以产生能量的物质资源，其对社会发展具有至关重要的意义。依据其产生的方式，能源可以被划分为一次能源和二次能源。

1）一次能源

一次能源，又称初级能源、天然能源，是指能源部门为人类社会所需所找到或产生的能源，其在自然界中发现与取得且未经任何加工改变或转换过程，并可以直接使用的能量形式。

（1）化石能源

化石能源是由古代生物的遗体在地下经过数百万年的地质变化而形成的。主要包括煤炭、石油和天然气。化石能源在全球能源供应中占主导地位，然而化石能源的使用会产生大量的温室气体，对全球生态环境构成威胁。

①煤炭

煤炭是一种固体可燃性矿物，主要由古代植物遗体在地下经过复杂的生物化学和物理化学变化逐渐形成。它主要由碳、氢、氧、氮等元素组成，呈黑色。煤炭的用途非常广泛，主要被用作燃料，是 18 世纪以来人类世界使用的主要能源之一。

②石油

石油是指气态、液态和固态的烃类混合物，具有天然的产状。石油又分为原油、天然气、天然气液及天然焦油等形式，但习惯上仍用"石油"指代"原油"。石油是一种黏稠的、深褐色液体，被称为"工业的血液"。地壳上层部分地区有石油储存。主要成分是各种烷烃、环烷烃、芳香烃的混合物。石油主要被用来作为燃油和汽油，也是许多化学工业产品，如溶液、化肥、杀虫剂和塑料等的原料。

③天然气

天然气是指天然蕴藏于地层中的烃类和非烃类气体的混合物，主要由气态低分子烃和非烃气体混合组成。其中，烃类气体以甲烷为主，占绝大部分，乙烷、丙烷、丁烷和戊烷含量不多，庚烷以上烷烃含量极少。非烃类气体则包括二氧化碳、一氧化碳、氮气、氢气、硫化氢和水蒸气以及少量的惰性气体。天然气是一种清洁、高效的能源，可用于发电和热力供应。与煤炭和石油相比，天然气燃烧产生的二氧化碳排放较少。

（2）可再生能源

可再生能源是一种环保、可持续、广泛存在的能源，包括太阳能、风能、生物质能、波浪能、潮汐能、海洋温差能、地热能等。它们在自然界可以循环再生，取之不尽，用之不竭。部分可再生能源如太阳能、风能等受自然条件的影响，具有间歇性，其供应不稳定，需要与其他能源配合使用。可再生能源对于人类社会的未来发展具有重要意义。随着技术的进步和可再生能源的开发利用，其在能源结构中的比重将会逐渐增加，成为未来能源发展的重要方向之一。

①太阳能

太阳能是指来自太阳的辐射能，是一种清洁的、可再生的能源。太阳作为地球的主要能量来源，每时每刻都在向地球表面发送大量的光和热。太阳能的利用主要通过两种方式：光热转换和光电转换。光热转换是指将太阳辐射的光能直接转换为热能的过程。而光电转换是指利用太阳能电池（也称为光伏电池）将太阳的光能转换为电能的过程。

②风能

风能是由地球表面空气流动产生的能量。风能的利用历史悠久，早在古代人们就利用风车来抽水、磨面等。当前风能发电是风能利用的主要形式，其基本原理是利用风力驱动风力发电机组的叶片旋转，通过发电机将机械能转换为电能。

③地热能

地热能是来自地球内部的热能。地源热泵系统通过深入地下的管道循环介质，利用地下相对稳定的温度，高效地吸收或释放热能。在冬季，该系统从地下提取热量，为建筑供暖；而在夏季，它则将建筑内的热量转移到地下，实现建筑的制冷效果。

④生物质能

生物质能是能源以化学能形式贮存在生物质中的能量形式，即以生物质为载体的能量。它直接或间接地来源于绿色植物的光合作用，可转化为常规的固态、液态和气态燃料。

2）二次能源

二次能源，又称次级能源，是指由一次能源经过加工转换以后得到的能源。

（1）电能

电能是指使用电以各种形式做功的能力。它是一种经济、实用、清洁且容易控制和转换的能源形态，被广泛应用在动力、照明、化学、纺织、通信、广播等各个领域，是科学技术发展、人民经济飞跃的主要动力。电能既是一种能源，也是电力部门向电力用户提供由发、供、用三方共同保证质量的一种特殊产品。然而，电能也有一些局限性，如不便大量储存，发电、输电、用电必须同时进行，且必须始终保持平衡。

（2）热能

热能是一种相对而言的能量，它的存在需要有两个或两个以上的物体之间存在温度差异。当两个物体之间存在温度差异时，热能会从高温物体流向低温物体，直到两者的温度达到平衡。在建筑中，热能主要用于供暖和制冷。高效的热能转换和利用对于减少能源浪费和提高建筑能源效率至关重要。

（3）氢能

氢能是指氢在化学变化过程中释放的能量。它是一种二次能源，通过氢和氧的化学反应释放能量。氢能具有多种优点，包括能量密度大、燃烧热值高、来源广、可储存、可再生、可电可燃、零污染和零碳排放等。因此，氢能被认为是21世纪最具发展潜力的清洁能源。氢能的制取方式多样，既可以利用传统的化石能源（如煤炭、石油、天然气等）制取，也可以通过可再生能源（如风能、太阳能等）进行电解水制取。在制取过程中，如果不产生CO_2排放，例如使用可再生能源制氢，则被称为绿氢。如果由化石能源生产，会排出大量CO_2，这种氢能被称为灰氢。而如果将排出的CO_2进行捕捉、封存和利用，则变为蓝氢。氢能的应用场景也十分广泛，包括储能、发电、各种交通工具用燃料以及家用燃料等。在全球能源转型的重大战略方向中，氢能被视为一种重要的能源解决方案，许多国家已经在国家层面提出了氢能相关战略。在我国，氢能及相关产业的发展也被认为是实现"双碳"目标的重要抓手。

建筑能源分类涵盖了多种一次能源和二次能源。在选择和使用能源时，需要综合考虑能源的可再生性、环境影响、经济性和能源效率等因素。通过合理利用和开发这些能源，可以实现建筑行业的可持续发展和减少对环境的负面影响。同时，随着技术的进步和政策的推动，建筑能源的使用将越来越高效、环保和可持续。

5.2.2　建筑运行的减碳设计原理

在建筑领域中，减少运行碳排放是实现可持续发展的重要手段之一。减碳设计原理旨在通过优化建筑能源系统，降低建筑运行过程中的碳排放量[3]。

1）降低建筑能耗和碳排放

这一措施是实现低碳建筑乃至零碳建筑的基础和必要条件，主要包括以下措施：

（1）建筑性能化设计：涉及负荷反推和能源系统优化、建筑光伏一体化设计、建筑被动技术环境分析（含日照、太阳能可利用性、风环境和污染物扩散等）。

（2）低隐含碳负荷设计：结合BIM技术选择低碳材料，对材料减量化处理，采用装配式技术，设计长寿命建筑。

2）可再生能源利用

可再生能源在建筑中的应用是推动绿色建筑和可持续发展的重要途径。通过在建筑设计和运行过程中整合可再生能源技术，可以有效减少化石能源的消耗，降低环境污染，实现能源的自给自足，对于促进节能减排和环境保护具有重要意义。以下是一些主要的可再生能源利用方式：

（1）太阳能光伏发电、供暖与供冷：通过太阳能电池板将太阳光直接转换为电能。在建筑中，太阳能光伏板可以安装在屋顶、墙面甚至窗户上，为建筑物提供电力。这种方式可以有效利用建筑物的表面积，减少对土地资源的占用。除光伏发电外，还可通过太阳能集热器收集太阳辐射，将热量传递给供暖系统；此外，太阳能也可通过吸收式或蒸发式制冷技术用于建筑物的供冷。

（2）小型风力发电：通常用于建筑物的屋顶或开阔地带，通过风力驱动涡轮转动，进而产生电能。虽然其发电量相对较小，但在风能资源丰富的地区，小型风力发电可以作为建筑物能源供应的有效补充。

（3）生物质发电、供热与供冷：在建筑中，可以通过设置生物质锅炉或生物质发电厂来实现能源的自给自足。生物质能除了可以用于发电外，还可以通过生物质锅炉为建筑物提供热能。此外，结合吸收式制冷技术，生物质能也可以用于供冷。

（4）地热能供热与供冷：地热能是指地球内部的热能，通过地热泵系统可以将地热能转换为建筑物的供热和供冷能源。地热泵通过循环流体在地下和建筑物之间传递热量，实现高效的能量转换。

通过上述方式，建筑物可以在设计和运行中实现能源的可再生利用，减少对传统能源的依赖，降低环境污染，促进可持续发展。同时，这也有助于提高能源安全，减少因能源价格波动带来的经济风险。政府和相关部门也应通过政策引导和技术支持，推动可再生能源在建筑领域的广泛应用。

3）建筑能效提升

建筑能效提升是实现建筑减碳的关键路径，主要包括以下措施：

（1）建筑设计优化：考虑建筑的朝向和设计，以最大化利用自然光，改善自然通风，减少对人工照明和空调的依赖。

（2）高效能窗户：使用双层或三层玻璃窗户，以及低辐射涂层窗户，可以显著减少热量的流失和进入，提高能源效率。

（3）隔热和保温材料的使用：提高建筑的保温性能，减少能源消耗。这包括在墙体、屋顶、地板和窗户使用高效的隔热材料。

（4）绿色屋顶和屋顶花园：通过绿色屋顶来提供额外的隔热层和降低城市热岛效应，同时增加城市的绿化面积。

（5）节能照明系统：采用 LED 照明和自动照明控制系统（如动态感应

照明），减少不必要的能源消耗。

（6）太阳能和可再生能源的利用：安装太阳能光伏板或太阳能热水系统，利用可再生能源为建筑供电和供热，减少对化石燃料的依赖。

（7）高效供暖、通风和空调系统：使用高效的暖通空调系统和设备，如地源热泵或太阳能热水器，以及智能温控系统，以提高能效和减少能源消耗。

（8）直流供电：对电力行业而言，直流供电是对传统的回归；而对建筑业来说，直流供电是一场变革，可直接利用可再生能源生产的直流电，提高供电效率。

（9）建筑能源管理智慧化：未来建筑能源系统将是一个多源、多载体、多主体及利益多元的复杂系统，建筑的用能更关系到人的健康、舒适和效率，因此，建筑能源管理系统将融合大数据和人工智能技术，实现智慧化管理。

5.2.3　建筑能源系统的减碳设计路径

减碳设计路径是指通过一系列步骤和方法，实现建筑能源系统的减碳目标。以下是减碳设计路径的核心内容：

1）建筑能源需求分析

建筑对能源的需求包括冷、热、电、燃气等类型，表现为供冷、供热、供电、供燃气等形式，具体还需要考虑以下方面：

（1）建筑类型和使用功能：不同类型的建筑（如住宅、商业建筑、工业建筑等）具有不同的能源需求模式。在进行能源需求分析时，首先需要了解建筑的类型和使用功能。

（2）气候条件：气候条件对建筑的能源需求有很大影响。例如，在寒冷地区，建筑的供暖需求较高，而在炎热地区，建筑的制冷需求较高。在分析建筑能源需求时，需要考虑当地的气候条件。

（3）资源禀赋：当地的自然资源，如风力、水力、太阳能的可利用性，也会直接影响能源供应的选择和效率。其次，基础设施的现状和发展水平，如电网的覆盖范围和稳定性、燃气管网的普及程度，也是需要考虑的因素。此外，政策环境和经济条件，如政府对可再生能源的支持度和能源价格，也会对建筑能源供应方式产生重大影响。

建筑的设计和构造对其能源效率有重要影响。例如，良好的隔热和保温性能可以减少建筑的能源需求。在进行能源需求分析时，需要评估建筑的设计和构造。对于既有建筑的低碳改造，其能源需求还需考虑以下因素：

（1）已有设备状况：建筑内的设备和系统（如供暖、制冷、通风、照明等）是能源消耗的主要来源，需要详细了解这些设备和系统的类型、效率以及运行状况。

（2）能源数据：收集和分析建筑的能源数据是进行能源需求分析的关键步骤。这些数据可以帮助确定建筑的能源使用情况、能源消耗高峰以及潜在的节能机会。

通过以上步骤，可以全面评估建筑的能源需求，为制定有效的节能措施提供依据。同时，建筑能源需求分析也可以为建筑设计、改造和运行管理提供重要的参考信息。

2）建筑能源系统方案设计与评估

在了解建筑能源需求的基础上，对比不同的能源供应方案。这包括供电方案、供热方案、供气方案等。需要评估各种方案的能源效率、经济性和环境效益等，选择最适合建筑的能源供应方案，主要包括以下路径（图 5-3）：

（1）目标设定：在进行建筑能源需求分析时，需要考虑相关的法规和标准，如建筑节能设计标准、能源效率标准等。这些法规和标准可以为能源需求分析提供指导和依据。根据能源需求分析，制定具体的能源目标。这些目标应该是可衡量的，并且与建筑物的实际情况和需求相匹配。例如，目标可能包括减少能源消耗量、提高能源效率、使用一定比例的可再生能源等。如果有多个目标需要实现，需要对它们进行优先级排序。这需要根据目标的紧迫性、可行性、成本效益等因素进行综合考虑。还可设定一系列里程碑或阶段性目标。这些里程碑应该具有明确的时间表和可衡量的指标，以便在方案实施过程中进行监控和评估。

（2）方案设计：首先是设备选型，根据前期分析的建筑能源需求和所选择的能源系统类型，挑选出最合适的设备。例如，对于太阳能系统，可能需要选择高效能的太阳能电池板；对于风能系统，则需要选择适合当地风况的风力发电机。其次是布局和安装，确定设备的具体安装位置，以及它们之间的连接方式。这通常需要考虑建筑的物理结构、空间限制以及维护和操作的便利性。设备的布局和安装不仅影响能源收集的效率，还直接关系到系统的整体性能和长期运行的稳定性。此外还需考虑系统集成策略，明确如何将所选设备整合到建筑中，以形成一个高效、协调的能源系统。

（3）模拟与评估：模拟与评估是建筑能源系统方案设计中至关重要的一步，它涉及使用专业的能源模拟软件对设计的系统进行全面的

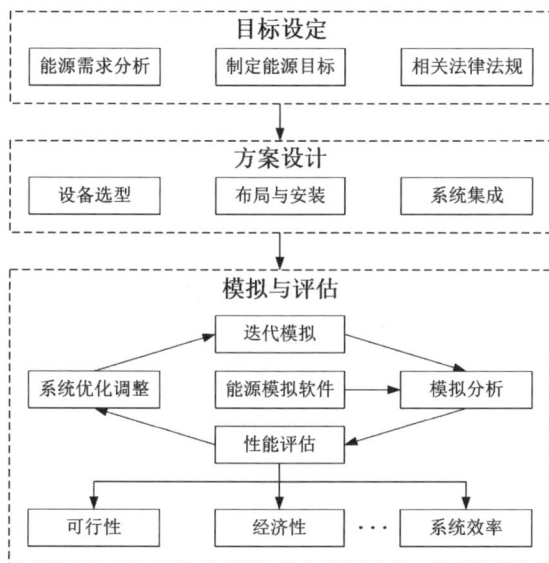

图 5-3 建筑能源系统方案设计与评估路径

模拟分析和性能评估。这一过程旨在验证系统的可行性、效率和经济性,并基于模拟结果对系统进行必要的优化和调整。

①使用能源模拟软件:能源模拟软件是一种强大的工具,能够帮助设计师和工程师在实际安装和运行系统之前,预测和评估其性能。这些软件利用先进的算法和数学模型,模拟能源系统的实际运行状况,包括能源的生产、分配、存储和使用等。EnergyPlus 能够详细模拟建筑物的供暖、制冷、照明、通风和其他能耗情况,支持复杂的热舒适性分析、光学和热传导计算,适用于各种建筑类型。eQUEST 可以进行详细的能耗评估,包括 HVAC 系统、照明,以及建筑外壳的性能评估,适合进行设计阶段的能效优化。HOMER(Hybrid Optimization of Multiple Energy Resources)用于微电网和分布式能源系统的设计和优化,能够模拟风能、太阳能、储能系统等多种能源资源的组合,进行技术经济性分析。PVSyst 提供详细的光伏系统组件库,支持系统性能分析、阴影效应模拟、能量产出预测,适用于各种规模的光伏项目。WAsP(Wind Atlas Analysis and Application Program)可以进行风资源评估、风力发电预测和风电场布局优化。

②模拟分析:在模拟分析阶段,向模拟软件输入一系列参数和条件,如天气模式、能源需求、设备性能等,以模拟系统的实际运行状况。通过模拟,可以预测系统的能源产出、能源效率、运行成本等关键指标,并评估系统在不同条件下的表现。

③性能评估:性能评估是对模拟结果的深入分析,旨在判断系统是否满足设计要求和预期目标。评估的内容包括系统的能源效率、可靠性、经济性以及环境影响等。通过评估,可以发现系统中可能存在的问题和瓶颈,为后续的优化和改进提供依据。具体可依据《建筑碳排放计算标准》GB/T 51366—2019 进行相关计算。

④系统优化调整:基于模拟和评估的结果,可以对能源系统进行必要的优化和调整。这包括改进设备的配置、调整系统的运行策略、优化能源分配等。通过优化和调整,可以进一步提高系统的性能,降低成本,提高能源利用效率。

⑤迭代模拟:模拟与评估的过程往往是一个迭代的过程。在初步模拟和评估之后,设计师会根据结果对系统进行修改和优化,并再次进行模拟和评估。通过多次迭代,可以不断完善能源系统的设计,确保其在实际运行中的性能和效果达到最佳状态。

综上所述,模拟与评估是建筑能源系统方案设计中不可或缺的一环。通过模拟和评估,可以验证系统的可行性、效率和经济性,发现潜在问题并进行优化,从而确保最终设计的能源系统能够满足建筑的实际需求,实现能源的高效利用和可持续发展。

5.3.1 建筑能源技术

在建筑能源技术应用中，如何有效地利用各类能源为建筑物供暖、供热水、供电、供燃气等，同时实现能源的高效利用和环保，是实现建筑低碳运行的核心的问题。

1）建筑供配电技术

建筑供配电技术是指在建筑物中实现电能的有效分配和使用的技术。这一技术涉及从电源接入点到最终用电设备之间的一系列设备和系统，包括变压器、配电柜、电缆、断路器、保护装置和控制系统等。供配电系统的设计需要考虑建筑的用电需求、安全标准、能效以及未来的可扩展性。此外，供配电系统还需要符合相关的电气法规和标准，确保人员和设备的安全。

随着科技的发展，建筑供配电技术也在不断进步，越来越多的智能化和自动化元素被集成到供配电系统中。例如，智能配电网的应用可以实现能源的更高效使用，通过实时监控和动态调整负载来优化能源消耗（图 5-4）。此外，集成可再生能源系统（如太阳能光伏板）到建筑供配电系统中，可以降低对传统电网的依赖，提高能源独立性，同时减少碳排放。智能建筑管理系统还可以通过数据分析和预测来进一步提高能效，实现精细化的能源管理。

（1）光伏发电

光伏发电是指利用光伏半导体材料的光生伏打效应而将太阳能转化为直流电能的技术。光伏设施的核心是太阳能电池板。目前，用来发电的半导体材料主要有：单晶硅、多晶硅、非晶硅及碲化镉等。建筑光伏一体化是一种将太阳能发电产品集成到建筑上的技术。这种技术通过使用太阳能光伏材料

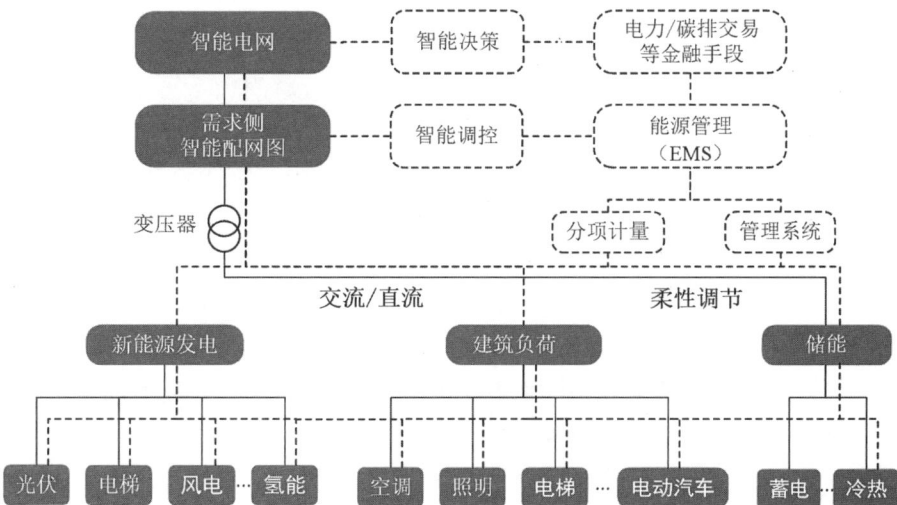

图 5-4 智能配电网示意图

来取代传统建筑材料，直接将光伏组件集成于建筑的屋面、墙面等围护结构中，使得建筑物本身能够具备发电功能，成为能量的生产者。

（2）风力发电

风力发电指把风的动能转为电能的技术。其原理是利用风力带动风车叶片旋转，再通过增速机将旋转的速度提升，来促使发电机发电。小型风机可以放置在建筑物的屋顶上，结合风力发电技术并提供有效的可再生能源来源。

（3）生物质

生物质指从生物来源的材料制成的可再生能源。生物质是太阳光中的化学能的形式存储的有机材料，包括木材、废木料、秸秆、有机肥、甘蔗和多种农业工艺的许多其他副产物。

（4）电梯发电

电梯发电是一种利用电梯制动或下降过程中的能量回收技术。传统电梯在下降或制动时会产生大量的潜在动能，通过使用再生制动技术，这些动能可以转化为电能并回馈到电网中或存储起来供其他用途使用。这种方法不仅提高了电梯系统的能效，还有助于减少整个建筑的能源消耗和运营成本。电梯发电技术特别适用于高层建筑中，能有效地增加能源再利用，是现代绿色建筑设计中越来越受重视的一个环节。

（5）燃料电池发电

燃料电池发电是一种高效的电能生成方式，它通过化学反应直接将燃料（如氢气或天然气）中的化学能转换成电能，过程中不涉及燃烧，因此排放极低，效率较高。燃料电池的关键优势在于其能够持续产生电力并提供热能，适合于连续运行的应用场景，如医院、数据中心等关键基础设施。此外，随着氢经济的发展和氢气生产成本的降低，燃料电池发电在商业和住宅建筑中的应用前景广泛，被认为是未来可持续能源体系的重要组成部分。

2）建筑供热供冷技术

建筑供热供冷技术是指通过各种系统和设备来控制建筑内部环境的温度，确保舒适性和节能效果。常见的供热系统包括中央供暖、地热热泵和太阳能热水系统等，而供冷系统则主要包括中央空调和分体空调等。这些系统通过有效的热能管理，如热交换、热泵技术和自动化控制系统，实现能源的最优使用。在现代建筑中，更多采用集成的 HVAC 系统，这些系统不仅可以整合供热和供冷，还能够控制通风以管理空气质量，通过智能调控，以达到更高的能效标准和室内舒适度。

"冷热电三联产"，又称为联合供冷、供热和发电系统（Combined Cooling, Heat and Power, CCHP），是一种高效的能源利用方式，旨在同时产生电力、热能和冷却能（图5-5）。该系统首先通过燃气轮机、燃气发动机或其他发电设备产生电力，在发电过程中产生的热量不被浪费，而是通过热交换系统回收利用，用于供暖或生产热水。同时，利用吸收式或其他类型的制冷机，将回收的热能转换为冷却能，用于空调或其他制冷需求。三联产系统因其能够最大限度地提高燃料使用效率和减少能源浪费而被视为节能减排的重要技术，广泛应用于医院、酒店、商业建筑和工业设施等需要电、热和冷协同供应的场所。

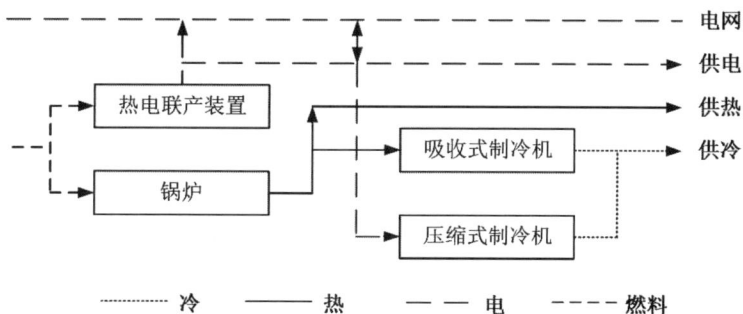

图5-5 "冷热电"三联产运行原理图

3）建筑供燃气技术

建筑供燃气技术涉及天然气或其他燃气的供应和使用，包括燃气管道的布置、燃气设备的安装和安全控制系统的设置。燃气主要用于建筑供暖、热水供应和烹饪等，因此燃气技术的安全性非常重要，需要符合严格的安全标准和法规。燃气系统的设计要求精确的工程计算和精细的施工管理，以确保燃气的连续供应和泄漏防护。此外，随着可再生能源的发展，生物燃气和合成燃气等新型燃气也开始被考虑用于建筑供燃气，这对传统燃气供应系统的改造和升级提出了新的技术和管理要求。

4）能源储存技术

在碳达峰碳中和的背景下，能源储存技术被赋予重要的利用价值，尤其是在低碳智慧建筑中，储能已经成为建筑能源网络中不可或缺的重要组成部分（图5-6）。储电和蓄热也逐渐成为储能的重要组成部分，它们相互协调，统一规划，共同推动能源系统的高效运行。

（1）电能储存

电能储存指通过某项或多项技术，将冗余的电能转化为其他形式的能量，以便在需求电能的时段再转化为电能。电能可以直接或间接地以不同的方式存储，如机械能储存、电化学电池和电磁场储存。

①机械能储存：通过物理方式将电能转化为机械能、电场能等储存起

储能
- 电能
  - 超级电容
  - 超导电磁
- 电化学
  - 电池
    - 铅酸
    - 镍铬
    - 镍氢
    - 锂离子
    - 锂离子聚合物
    - 液流
    - 锌溴
- 机械能
  - 抽水蓄能
  - 飞轮
  - 压缩空气
  - 重力
- 化学能
  - 氢燃料
  - 燃料电池
    - 碱性
    - 熔融碳酸盐
    - 磷酸
    - 固体氧化物
    - 质子交换膜
  - 电制气（P2G）
- 热能
  - 显热
    - 高温
      - 卡诺电池
    - 低温
      - 液化空气
      - 建筑结构
      - 水
  - 潜热
    - 相变材料
    - 冰蓄冷
  - 热化学

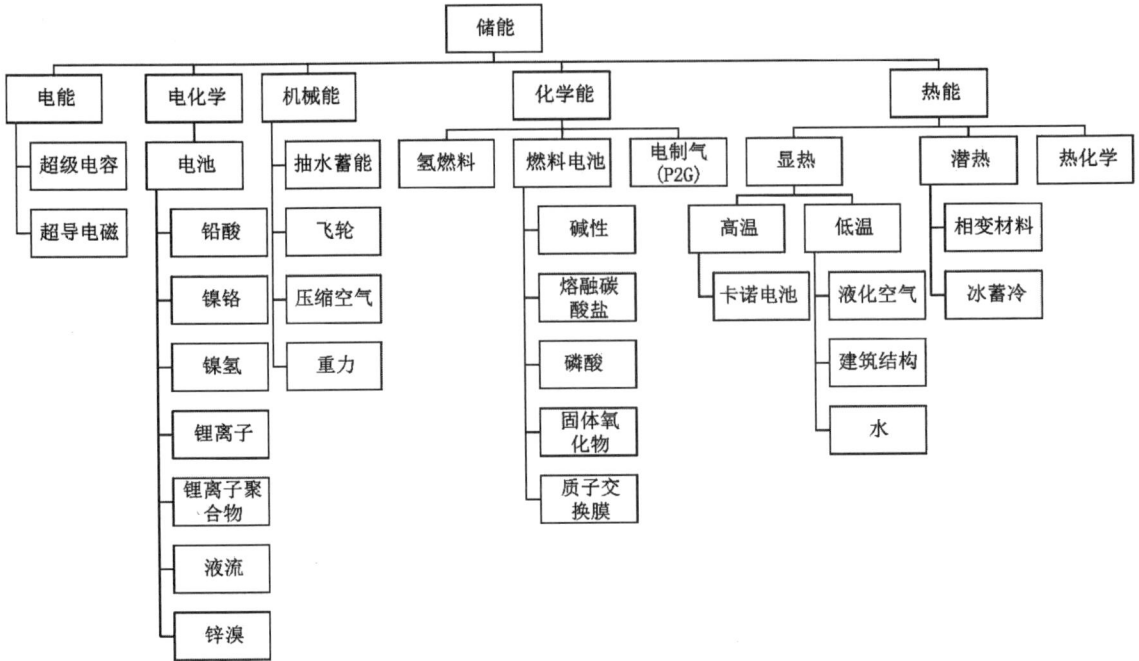

图 5-6　储能技术分类示意图

来，如抽水蓄能、压缩空气储能等。这种储能方式具有储能规模大、寿命长等优点，但可能受到地理条件、储能效率等因素的限制。

②电化学电池：通过化学反应将电能转化为化学能储存起来，如铅酸电池、锂离子电池等。这种储能方式具有储能密度高、技术成熟等优点，但也可能存在环境污染、电池寿命有限等问题。

③电磁场储存：通过电磁场将电能储存起来，如超导磁储能、超级电容器等。这种储能方式具有储能密度高、响应速度快等优点，但技术成本较高，目前仍处于研究和开发阶段。

电能储存技术的应用范围非常广泛，包括电力系统、电动汽车、轨道交通、不间断电源（Uninterruptible Power Supply，UPS）、电动工具、电子产品等领域。随着可再生能源的大规模应用和电力系统的智能化发展，电能储存技术将扮演越来越重要的角色，为能源转型和可持续发展提供有力支撑。

（2）热能储存

热能储存指将热能以高温或者低温形式存储到各种储热材料中，并且能在需要的时候将热量释放出来，以满足热能需求的过程。这种存储过程必须是可逆的，即热量可以在需要时被存储和释放。热能储存具有提高热能设备利用率和大规模应用的潜力。依据储存温度，热能存储可分为低温热能储存技术和高温热能储存技术。低温热能储存技术在低于200℃的温度范围内工作，在建筑供暖、制冷方面的应用已经得到了广泛的研究和发展，例如，太阳能储热水箱和相变蓄能材料。高温热能储存技术在工业余热回收方面发挥着至关重要的作用，例如在制造、采矿和冶金行业中的应用。若根据储能材料的状态，则可分为显热蓄热、潜热蓄热和热化学蓄热。

5）建筑能源管理系统与智能应用

（1）建筑能源管理

建筑能源智慧管理系统（Building Energy Management System，BEMS）是一种利用先进技术，如大数据、通信技术、云计算等，对建筑或企业的能源使用进行全面监测、管理和优化的系统（图5-7）。该系统通过采集现场各类能耗监测点的用能数据，进行统计分析，并以可视化的方式呈现，帮助用户发现用能特点，进行用能预计和优化。这样，建筑或企业就可以更有效地使用能源，降低能耗，达到节能增效的目的，为日后的碳达峰、碳中和目标做好准备。

能源智慧管理系统由硬件、软件、界面三部分组成。硬件部分包括采集点的终端表、传输和采集数据集成箱、可通信的有线网络、上位机主机等；软件部分则包括终端表的通信协议、采集有线网络数据的接口程序、采集无线网络的抄表软件、适用的数据库等；界面部分则通过电脑端和移动端，为用户提供实时的能源使用数据、报警信息、能效分析等功能。

此外，能源智慧管理系统还具备数据监测、能耗统计等功能，可以帮助用户全面了解和分析能源使用情况，为节能改造和能源管理决策提供有力支持。同时，系统还采用了数据加密、数据安全防护、网络 LAN 划分、防火墙等技术，确保数据的安全性和可靠性。

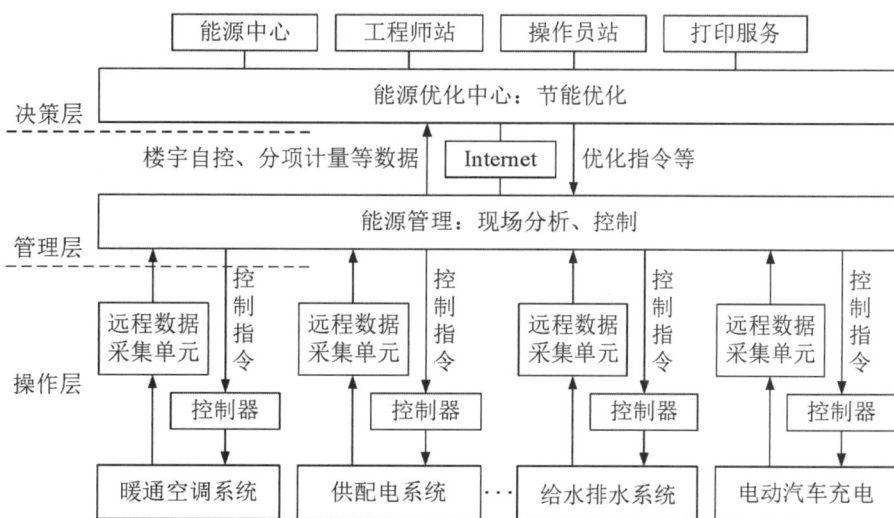

图 5-7 建筑能源智慧管理系统示意图

127

（2）建筑需求响应

建筑需求响应是一种电力需求侧管理策略，主要应用于智能建筑中。它指的是当电力市场价格升高或供应电力变化时，建筑运营商接收到供电方发出的诱导性减少负荷的直接补偿通知或者电力价格上升信号后，通过改变建筑内固有的用电模式或习惯，达到减少或转移某时段的用电负荷，从而响应电力供应的需求[4]。

这种策略的主要目标是提高电网的可靠性，最大限度地减少对额外发电容量的需求，并降低建筑物的电力成本。为了实现这一目标，智能建筑可以利用其先进的传感器和控制系统，实时监控和管理能源消耗。这样，建筑运营商可以识别和解决效率低下的问题，并根据电网状况或价格信号调整能源使用，从而参与需求响应计划。

此外，智能建筑还可以通过集成分布式能源或储能系统来支持需求响应策略，减少对电网的依赖，甚至可以在需要时将多余的电力回馈给电网。这不仅增强了电网的稳定性，还为建筑物所有者提供了额外的收入来源，降低了能源运行费用。

（3）虚拟电厂

虚拟电厂是指利用数字技术和智能化系统将分布式能源资源（如太阳能、风能、储能等）进行整合和优化管理的能源系统（图5-8）。虚拟电厂通过智能化系统将分布式能源资源进行集成和协调，实现对能源的灵活调度和优化。这种集成和协调可以使分布式能源资源更加高效地运行，提高能源利用率，降低能源浪费。

虚拟电厂可以提供更加可靠和稳定的能源供应。通过整合多种不同的能源资源，虚拟电厂可以平衡能源供需，降低能源波动性，提高能源系统的稳

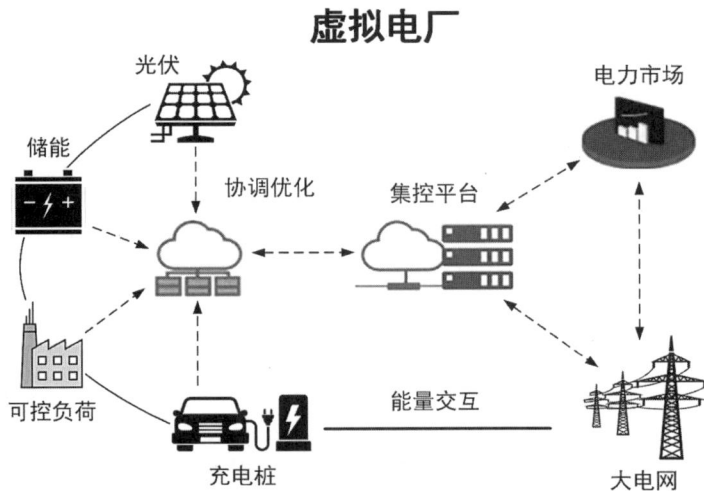

图 5-8　虚拟电厂示意图

定性和可靠性。虚拟电厂还可以促进能源系统的智能化和数字化转型。通过数字技术和智能化系统的应用，虚拟电厂可以实现对能源系统的实时监控、数据分析和智能调度，提高能源系统的运行效率，降低运营成本，推动能源系统的智能化发展。

（4）电力交易

电力交易是指电力市场中的各方参与者之间进行的买卖电力的活动。电力交易市场提供了一个平台，让发电厂、电力交易商、分布式能源提供商以及终端用户等参与者可以在市场上进行电力买卖。这种市场机制促进了电力资源的有效配置和利用，使得电力供需能够更加灵活地匹配，提高了市场的效率。

电力交易市场提高了市场的透明度和公平性。通过市场化的交易机制，电力价格可以根据市场供需情况形成，使得市场价格更加公正合理，促进了市场的公平竞争和资源配置的优化。

电力交易市场有助于推动电力市场的发展和改革。通过引入市场竞争机制，推动了电力市场的体制机制改革，促进了电力市场的多元化和国际化发展。

（5）碳排放基本概念

"碳足迹"是一个衡量个人、组织、活动或产品在其生命周期中直接或间接产生的温室气体总排放量的指标。它通常以 CO_2 当量来计算，包括从原材料采集、生产过程、运输、使用到最终废弃的全过程排放。通过测算碳足迹，可以识别和管理温室气体排放的主要来源，进而采取措施以减少对环境的影响。

"碳标签"是一种标识，它提供了产品或服务在整个生命周期中产生的碳足迹信息。碳标签的目的是增加消费者对产品碳排放的认识，促进更环保的消费选择。通过碳标签，企业和消费者可以比较同类产品的环境影响，从而推动市场向更低碳排放方向发展。

"碳核算"是指系统地计算组织、活动或产品的温室气体排放量的过程。这一过程涉及识别排放源、收集数据，并按照国际标准如温室气体协议的方法论进行计算。碳核算是实现碳减排目标、制定气候策略和参与碳交易的基础。

"碳核查"是一种审核过程，旨在验证企业或组织报告的温室气体排放数据的准确性和完整性。这通常由第三方独立机构进行，以确保报告的透明度和可信度。核查结果对于企业参与碳交易市场以及实现国家或国际上的碳减排承诺至关重要。

"碳交易"是一种市场机制，允许国家或企业通过购买碳信用来抵消其碳排放量，或者通过减少温室气体排放来获得可以出售的碳信用。这种机制旨在通过市场经济手段降低全球温室气体排放总量，促进清洁技术的投资和发展。碳交易市场包括强制性的排放交易系统和自愿碳市场，为碳减排提供了灵活性和经济激励。

5.3.2 建筑能源系统设计方法

在建筑设计和规划中，合理的能源系统设计是实现能源效率和可持续性的关键。

1）建筑能源系统低碳规划

建筑能源系统的低碳规划首先涉及能源需求的综合评估和优化。规划者需要通过建筑能耗模拟分析和环境影响评价来预测建筑的能源需求和排放量。这一过程包括考虑建筑的方位、建材的热性能、窗户的日照和遮阳系数等因素，确保通过建筑设计本身减少能源的需求。同时，采用高效的绝热材料和窗户玻璃等，可以显著降低供暖、制冷和照明的能源消耗，从而减少整体碳排放。

低碳规划方法强调可再生能源的集成使用。这包括利用太阳能、风能或地热能等可再生能源系统，以替代传统的化石燃料能源。例如，建筑顶部可安装太阳能光伏板，不仅供应建筑本身的电力需求，还可能向电网输送多余的电力。此外，地热热泵系统可以有效利用地下恒温的特性，为建筑提供环境友好型的供暖和制冷解决方案。这种可再生能源的应用能大幅降低建筑的碳足迹。

智能能源管理系统在低碳规划中扮演着关键角色。通过安装智能电表和能源管理系统，可以实时监控和控制建筑的能源使用，优化能耗结构。智能系统可以根据实时数据调整供暖、供冷和照明等系统的运行状态，减少不必要的能源浪费。此外，这种系统还能提供能源使用分析，帮助管理者制定更有效的能源节约措施和维护计划，进一步提高能源使用效率，实现建筑能源系统的低碳运营。

2）建筑能源系统双碳节能设计

双碳节能设计是指在建筑能源系统设计中，同时考虑碳达峰碳中和的目标，通过一系列措施降低建筑的碳排放和能源消耗。具体包括以下三个方面：

（1）新能源应用设计

新能源应用设计是指在建筑能源系统设计中，充分利用太阳能、风能等可再生能源，以及生物质能等新型能源。通过安装太阳能光伏板、风力发电机等设备,将可再生能源转化为电能,为建筑提供清洁、可再生的能源。此外,还可以利用地热能、空气能等新型能源,为建筑提供热水、空调等能源服务。

(2)能源微网设计

能源微网设计是指将建筑内部的能源系统进行整合和优化,形成一个独立的、自给自足的能源微网。通过能源微网的设计,可以实现建筑内部能源的高效利用和优化配置。例如,可以将建筑内部的空调系统、照明系统、热水系统等能源系统进行集成和优化,实现能源的高效利用和节约。

(3)储能系统设计

储能系统设计是指在建筑能源系统中,设计合理的储能系统,以平衡能源的供需关系,提高能源利用效率。通过储能系统的设计,可以在能源供应充足时储存多余的能源,在能源供应不足时释放储存的能源,从而实现能源的平衡利用和节约。

3)建筑与绿色交通交互设计

(1)建筑充电设施设计

建筑充电设施设计是指在建筑规划、设计过程中,为满足电动汽车等移动设备充电需求而进行的专项设计。这包括确定充电设施的类型、数量、布局以及供电方式等,以确保充电设施与建筑物的整体布局、使用功能以及安全要求相协调。

设计过程中,需要考虑的因素包括建筑物的类型、用途、规模以及电动汽车的充电需求等。同时,还需要遵循相关的标准和规范,如充电设施的功率、电流、电压等参数,以及充电设施与建筑物的安全距离等。

建筑充电设施设计是电动汽车普及和发展的重要支撑,也是绿色建筑和可持续发展的重要组成部分。通过合理的充电设施设计,可以方便用户充电,提高充电效率,同时也可以降低充电设施的建设成本和运营成本,推动电动汽车的广泛应用。

(2)V2G 与 V2B 技术

V2G/V2B(Vehicle-to-Grid/Vehicle-to-Building)技术是指电动汽车与电网/建筑之间的双向电量交换模式[5]。当电动汽车需要充电时,电网/建筑向电动汽车提供电能;而当电动汽车的电量富余时,可以将电能反向提供给电网/建筑。这种技术使得电动汽车成为移动储能,提供一定的调峰调频能力,为能源系统提供大量成本较低的灵活电量。

V2B 技术的应用场景主要包括商业建筑、住宅小区、公共停车场等。在这些场景中,电动汽车可以作为移动储能设施,为建筑物提供备用电源或峰值削减服务。此外,V2B 技术还可以与太阳能、风能等可再生能源结合使用,实现能源的互补和优化利用。

总的来说，V2G 和 V2B 技术都是一种创新的能源利用方式，它们不仅可以提高能源利用效率、降低能源成本，还可以为电动汽车用户带来经济效益。同时，这项技术也有助于推动电动汽车的普及和发展，为能源的可持续发展做出贡献。

5.4 课后习题

（1）【简答】低碳建筑设计策略主要包括几个方面？

（2）【简答】简述在建筑设计中使用可再生能源的优势有哪些？

（3）【简答】设计一个建筑能源系统减碳方案，并解释其预期的减碳效果。

（4）【简答】建筑能源技术是如何实现建筑低碳运行的？

（5）【简答】描述一种创新的建筑能源系统设计方法，并解释它如何提高能效和减少碳排放。

本章参考文献

［1］ 陈易. 低碳建筑 [M]. 上海：同济大学出版社，2015.

［2］ 车阿夫，杨明顺. 质量功能配置方法及应用 [M]. 北京：电子工业出版社，2008.

［3］ 中国建筑节能协会电气分会，中国城市发展规划设计咨询有限公司. 双碳节能建筑电气应用导则 [M]. 北京：机械工业出版社，2022.

［4］ 龙惟定. 城区需求侧能源规划和能源微网技术（上册）[M]. 北京：中国建筑工业出版社，2016.

［5］ [澳] 鲁君伟. V2G 技术：电动汽车接入智能电网 [M]. 北京：机械工业出版社，2018.

第 6 章

低碳智慧建筑环境交互设计

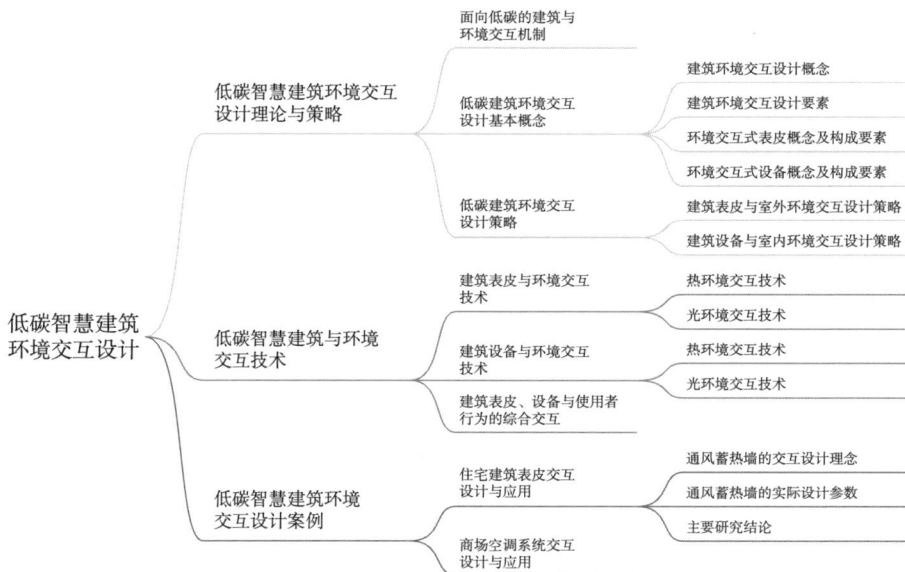

低碳智慧建筑环境交互设计
- 低碳智慧建筑环境交互设计理论与策略
  - 面向低碳的建筑与环境交互机制
  - 低碳建筑环境交互设计基本概念
    - 建筑环境交互设计概念
    - 建筑环境交互设计要素
    - 环境交互式表皮概念及构成要素
    - 环境交互式设备概念及构成要素
  - 低碳建筑环境交互设计策略
    - 建筑表皮与室外环境交互设计策略
    - 建筑设备与室内环境交互设计策略
- 低碳智慧建筑与环境交互技术
  - 建筑表皮与环境交互技术
    - 热环境交互技术
    - 光环境交互技术
  - 建筑设备与环境交互技术
    - 热环境交互技术
    - 光环境交互技术
  - 建筑表皮、设备与使用者行为的综合交互
- 低碳智慧建筑环境交互设计案例
  - 住宅建筑表皮交互设计与应用
    - 通风蓄热墙的交互设计理念
    - 通风蓄热墙的实际设计参数
    - 主要研究结论
  - 商场空调系统交互设计与应用

本章要点：

知识点 1：环境交互式表皮的概念及设计策略。

知识点 2：环境交互式设备的概念及设计策略。

知识点 3：建筑表皮与室外环境之间交互技术。

知识点 4：建筑设备与室内环境之间交互技术。

学习目标：

（1）了解建筑环境交互设计的基础概念及设计策略。

（2）了解建筑表皮与室外环境的交互技术及应用。

（3）了解建筑设备与室内环境的交互技术及应用。

6.1.1　面向低碳的建筑与环境交互机制

随着全球气候变化和环境污染问题日益突显，建筑业迫切需要转向更加可持续和环保的发展路径。低碳建筑不仅能够有效降低能源消耗和碳排放，还能提高室内环境质量，改善居住者的生活舒适度。而建筑与环境的有效交互则成为实现低碳建筑目标的关键。

建筑与环境交互设计的核心，在于建筑表皮与室外环境以及智能设备与室内环境之间的协调配合。这两种交互机制的结合，使建筑在能源消耗方面得到了优化，同时也提供了更加舒适、健康的生活环境。

一方面，建筑表皮与室外环境的交互是建筑设计中至关重要的一环。它不仅影响着建筑的外观和结构，更直接影响着建筑的能效性能、室内舒适度和环境友好性。通过环境响应式设计，建筑表皮能够根据不同季节和气候条件自动调整其性能，以最大限度地降低能源消耗。例如，在炎热的夏季，建筑表皮可以通过调节窗户和遮阳设施，限制阳光直射进入室内，从而降低室内温度，减少空调使用；而在寒冷的冬季，则加强保温措施，减少能源流失，提高室内舒适度。

另一方面，智能设备与室内环境的交互设计进一步提升了建筑的节能性和舒适性。通过智能调节照明、空调等设备，建筑可以根据室内环境和用户需求实现能源的高效利用。例如，智能照明系统根据室内光照情况自动调节亮度，减少能耗；智能空调系统根据室内温度和湿度实时调整供暖或制冷，降低能源消耗。此外，智能设备的设计还注重提升用户的舒适感受和健康环境。智能温控系统可以根据用户的喜好和习惯调节室内温度，提高用户的舒适感受；智能通风系统可以根据室内空气质量实时调节通风量，保持室内空气清新。这种智能设备与室内环境的交互设计为用户创造了更加舒适、健康的生活空间，同时也为建筑的能源节约和环境保护做出了贡献。

6.1.2　低碳建筑环境交互设计基本概念

（1）建筑环境交互设计概念

环境交互设计（Environmental Interaction Design）是一个综合性概念，旨在优化人类与周围环境之间的相互作用，创造出舒适、安全和功能良好的环境。这种设计方法强调了人类活动、行为和感知如何受到周围环境的影响，以及如何通过设计来改善这种相互作用，以满足人们的需求和提高其生活质量。建筑环境交互设计在此基础上，进一步强调建筑与其周围环境以及内部环境之间形成有机的互动关系，这一概念涵盖了建筑表皮与外部自然环境、智能设备与室内人工环境之间的相互作用，旨在实现建筑的能源效率、舒适性和可持续性的综合提升。

　　建筑环境交互设计的起源可追溯到多个领域的交叉影响和演变，其中包括建筑学、人机交互、感知心理学以及数字技术的发展。建筑学领域一直持续关注建筑与环境之间的互动关系。19 世纪中叶，霍兰·伊格内修斯·亨曼（Holland Ignatius Herman）和弗雷德里克·约翰·库珀（Frederick John Cooper）在北爱尔兰贝尔法斯特设计的皇家维多利亚医院被认为是第一个使用空气调节技术的公共建筑，通过引入空气调节系统，医院可以更好地控制室内温度和湿度，提供更舒适的环境条件，有利于患者的康复和医护人员的工作（图 6-1）[1]。20 世纪初期，现代主义大师弗兰克·劳埃德·赖特（Frank Lloyd Wright）在伊利诺伊州设计的贝克别墅，将供热水管隐藏在房间四周的护墙板中，在窗台下方安置集中式暖气片，从而在不影响造型的前提下调控室温（图 6-2a）。与此同时，赖特设计出美国第一座利用空气调节的密封砖造建筑——拉金大厦，其将 4 个烟囱式楼梯井和位于角落的箱式风管进行整合，并形成有韵律的竖向立面线条，兼顾了环境设计及立面美观（图 6-2b）。

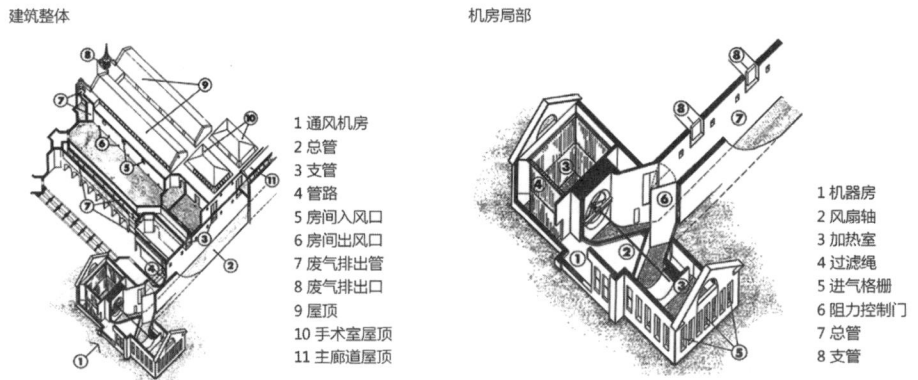

建筑整体　　　　　　　　　　　　机房局部

1 通风机房
2 总管
3 支管
4 管路
5 房间入风口
6 房间出风口
7 废气排出管
8 废气排出口
9 屋顶
10 手术室屋顶
11 主廊道屋顶

1 机器房
2 风扇轴
3 加热室
4 过滤绳
5 进气格栅
6 阻力控制门
7 总管
8 支管

图 6-1　皇家维多利亚医院的空气调节系统

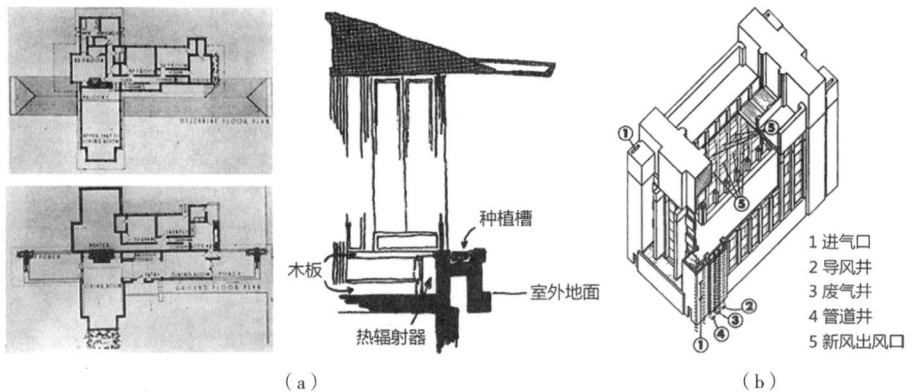

种植槽

木板

室外地面

热辐射器

（a）

1 进气口
2 导风井
3 废气井
4 管道井
5 新风出风口

（b）

图 6-2　赖特的环境调控设计
（a）贝克别墅的隐藏式供暖系统；（b）拉金大厦

1969 年，雷纳·班汉姆（Reyner Banham）在《环境调控的建筑》一书中首次提出了"环境调控"的理念，即建筑应该能够适应和调节各种环境条件，为用户提供舒适和愉悦的体验。他探讨了建筑如何利用自然资源（如光线、空气、水等），采用适当的结构和材料以及利用先进的技术手段来实现这一目标。雷纳·班汉姆对建筑的环境调控方式作了分类，提出包裹型（Conservative mode）、选择型（Selective mode）和再生型（Regenerative mode）三种类型[2]。1996 年，迪恩·霍克斯（Dean Hawkes）在《环境的传统》一书中进一步将建筑调控环境的方式归纳为隔离型和选择型两种模式[3]。隔离型建筑设计试图通过封闭空间和完全控制室内环境来创造一个与外界完全隔离的环境；选择型建筑设计则更注重与外部环境的互动和适应，强调建筑与周围环境的联系，通过开放的空间、自然通风、自然采光等设计手段，使建筑与自然环境融为一体。

21 世纪以来，随着数字技术的快速发展，建筑环境中的交互设计得以更加多样化和智能化，数字化技术如虚拟现实、增强现实、智能传感器等被应用于建筑环境中，为建筑的低碳持续性发展提供更先进的技术支持。

（2）建筑环境交互设计要素

建筑环境交互设计的要素包括外部环境、建筑表皮、室内环境需求和内部设备等多个方面，它们共同作用于建筑的设计和运行过程中，以促进建筑的低碳可持续发展。

外部环境包括气候条件、地理位置和周围景观等因素。建筑环境交互设计要考虑外部环境对建筑的影响，如气温、湿度、风速、日照等，以便合理设计建筑结构和系统，提高能源利用效率和适应性。建筑表皮作为建筑的室内外分隔界面，直接暴露于室外环境之中，承担着抵御自然不利元素的作用。同时，建筑表皮也与室内环境有着密切的联系，影响着室内的光照、热量和通风等条件。因此，建筑表皮的设计不仅需要考虑外观美观和结构稳固，还需要考虑与室外环境的交互。通过优化建筑的外立面、墙体、窗户、屋顶等部件，提升节能、隔热、保温和采光等功能。例如，设计太阳能板、遮阳设施和保温措施等，以最大限度地利用自然资源，降低能源消耗。

室内环境需求是建筑环境交互设计的另一重要考量因素，包括室内风、光、热环境营造及使用者需求。应根据用户的行为模式、生活习惯和偏好，合理设置设备控制系统。内部设备包括照明、空调、采暖、通风、水暖等系统设备。通过智能化技术和自动化控制，这些设备可以根据室内环境条件和需求智能调节，提供舒适、健康的室内环境，并实现能源的高效利用。

（3）环境交互式表皮概念及构成要素

"环境交互式表皮"是指针对特定地区的气候特征与环境条件，在建筑设计中通过对围护结构的材料、构造、形态与组织方式的设计，调控室内外的物理环境，提高舒适度，减少能源消耗的设计策略与技术[4]。环境交互式表皮的主要构成要素包括物理环境要素和表皮设计因子。

参考维克多·奥戈雅（Victor Olgyay）曾经提出的"生物气候图"（图6-3）及对人体与和气候因子关系的分析，对人体舒适度产生重大影响的物理环境要素可归纳为操作温度、太阳辐射、相对湿度、空气流速和室内照度等五大因子[5]。

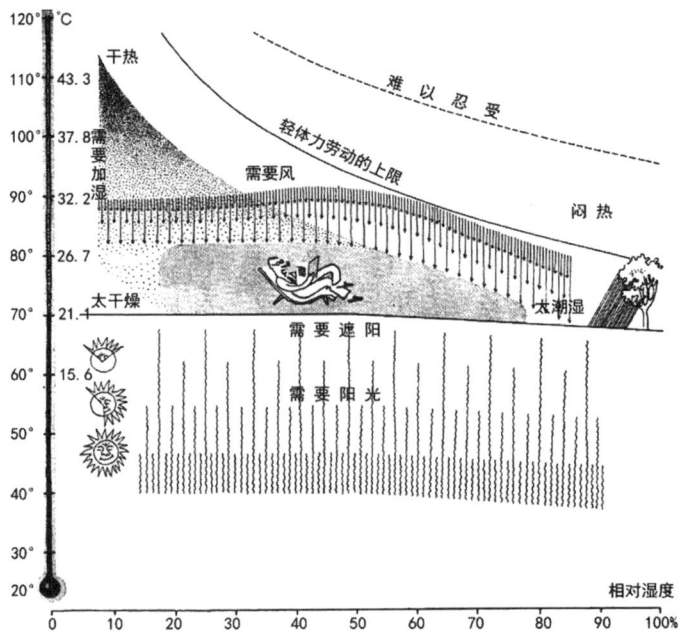

图6-3 维克多·奥戈雅提出的"生物气候图"

在不同的气候条件下，在适应气候与环境调控的过程中，表皮的虚实、开启、遮阳方式与材料类型等都体现出较显著的作用效果。建筑表皮的设计因子可归纳为可开启面积比、进出风口面积比、导风面方向角、窗墙面积比、综合遮阳系数和热质量[6]。

建筑室内环境营造包括风环境营造、光环境营造、热环境营造。与风环境相关的物理环境要素为：相对湿度、空气流速；与风环境相关的表皮设计因子包括：可开启面积比、进出风口面积比、导风面方向角。与光环境相关的物理环境要素为：太阳辐射、室内照度；与光环境相关的建筑表皮设计因子为：窗墙比、综合遮阳系数。五项物理环境要素及六项表皮因子均影响建筑热环境。两组参数相互作用关系如图6-4所示。

（4）环境交互式设备概念及构成要素

环境交互式设备是一种建筑中的主动式技术，是建筑智能化系统的重要

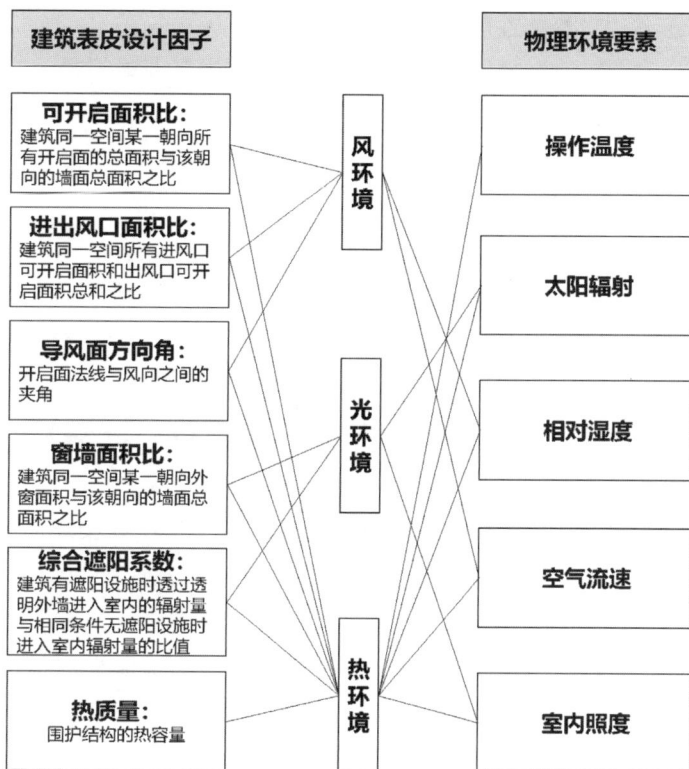

图 6-4　建筑表皮设计因子与物理环境要素的相互作用关系

组成部分。其主要功能是通过各种设备、技术手段等确保建筑内部环境能够满足用户的舒适需求，同时实现降低能耗的功能。环境交互设备的组成主要包括传感器、通信设备、执行器、通信网络和用户云平台。其中，传感器、通信设备、执行器和通信网络构成了环境交互的执行部分，而用户云平台则作为环境交互设备的基础存在，用于远程监控和管理。

①传感器是环境交互的基础组件之一，通过感知建筑内外的各种环境参数，如温度、湿度、光照等，从而实现对建筑环境的实时监测和数据采集。在智能建筑系统中，传感器的种类繁多，涵盖了从基础的温度传感器到高级的人体活动检测传感器等各种类型，这些传感器共同构成了环境交互设备的"感知神经网络"。

②通信设备是传感器、执行器和用户云平台之间进行信息传递的关键环节，它们负责传输传感器采集到的数据，并传递控制指令，以实现设备之间的互联互通。通信设备包括有线或无线的技术，如以太网、Wi-Fi、蓝牙、Zigbee 等，它们的稳定性和可靠性对于系统的运行至关重要。

③执行器是环境交互式设备的"执行部分"，负责根据传感器采集的数据执行相应的控制操作。它们包括电动阀门、电动马达、风机、加热器等设备，用于调节空调、照明等设备的运行状态，其高效运行直接影响到系统的

整体性能和能源利用效率。

④通信网络是连接上述设备的基础设施，它们承载着传感器数据和控制指令的传输，包括局域网（LAN）、广域网（WAN）、互联网等。通信网络的稳定性和高效性决定了系统的实时性和可靠性，是环境交互式设备系统中不可或缺的一环。

⑤用户云平台作为环境交互式设备的用户界面，可以为用户提供远程监控、管理和控制功能。通过云平台，用户可以实时查看建筑环境数据、调节设备运行模式，以实现对建筑环境个性化控制。

6.1.3　低碳建筑环境交互设计策略

1）建筑表皮与室外环境交互设计策略

环境交互式表皮摒弃全空调室内的隔绝范式，在室内外之间创造一种可调节的交互结构，使建筑表皮具备如皮肤般的呼吸机能，实现对环境舒适度与能量流通的调控[6]。环境交互式表皮的主要设计策略集中在热环境调节及光环境调节两方面，热环境调节的主要设计策略包括：被动式气候调节腔层、热质动态调蓄、生态介质表皮、光热平衡遮阳、有源复合围护结构；光环境调节的主要设计策略为自然采光调节。多种设计策略相互配合，旨在实现建筑与环境之间的智能互动，提高建筑的能源效率和舒适性。

（1）被动式气候调节腔层

被动式气候调节腔层来源于东南大学张彤教授提出的"空间调节"理念，是根据气候条件和建筑内部空间的环境性能需求，利用围护结构在一定厚度或深度内的材质、构件与空间组织设计，对建筑内外风、光、热环境进行交互式调控的设计技术。从空间性状角度来看，被动式气候调节腔层主要通过双层表皮系统实现，包括双层玻璃幕墙和热缓冲空间两类。双层玻璃幕墙通过两层玻璃之间的空气层实现隔热和隔声效果，有效减少能量传输；而热缓冲空间则利用建筑内部一定厚度的材质或空间，吸收并储存白天的热量，夜间释放以保持室内稳定温度（图6-5）。

（2）热质动态调蓄

热质动态调蓄是指利用建筑围护结构的热质量，吸收和调蓄日间的热量和夜间的冷量，在日夜的相反时段，释放积蓄的冷和热，用以平衡和稳定室内热环境，从而在一个热流周期（通常是24小时）内形成动态热平衡。早期以米克·皮尔斯为代表的建筑师们，主要通过选择具有良好热质量的材料、合理设计建筑结构，使建筑在昼夜温差较大的环境中保持稳定的室内温度，从而提高节能效果。图6-6展示的是设计师通过模拟蚁穴形成复杂的围护结构通风系统。随着技术的不断发展，人们开始重视新型材料在热质动态调蓄

（a）   （b）

图 6-5　被动式气候调节腔层类型
（a）双层玻璃幕墙；（b）热缓冲空间

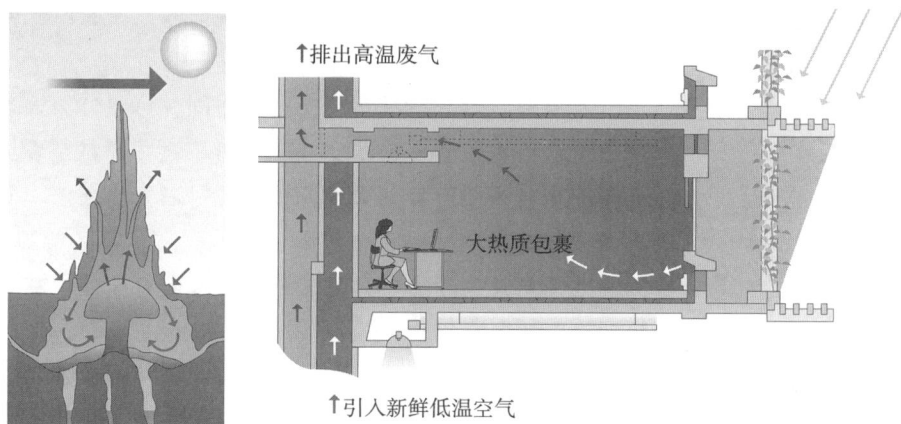

↑排出高温废气

大热质包裹

↑引入新鲜低温空气

图 6-6　模拟蚁穴形成复杂的围护结构通风系统

中的应用。其中，相变材料是一种备受关注的新型材料，其具有在特定温度范围内发生相变的特性。在 6.2.1 章节将详细说明如何利用相变材料技术辅助建筑节能设计。

（3）生态介质表皮

生态介质表皮是一种立体绿化对建筑立面进行覆盖的设计技术，包括屋顶绿化和垂直绿化两种形式（图 6-7）。屋顶绿化可以改善建筑外观、提供额外的生态环境和隔热效果，同时减少雨水径流。垂直绿化则在建筑立面上安装绿化系统，改善微气候、提升建筑的生态性和可持续性。

在提高建筑节能方面，生态介质表皮发挥了重要作用。屋顶绿化和垂直绿化层形成的保护层减少了建筑直接受到的太阳辐射和热量，从而有效降低了建筑内部的温度。这种隔热效果有助于减少夏季空调系统的使用频率和能源消耗，提高了建筑的能效。此外，绿化还能形成一个冷却的微气候环境，

(a)

(b)

图 6-7　生态介质表皮形式
(a) 屋顶绿化;(b) 垂直绿化

进一步降低了建筑的冷却需求。

（4）光热平衡遮阳

光热平衡遮阳是指根据建筑对光热环境的需求，基于环境舒适度和降低能耗的目标，利用建筑表皮的遮阳系统选择性获取日光带来的光和热，并取得舒适度与能量之间平衡的设计技术。

交互式建筑遮阳根据运行方式的不同，可以分为人工调节遮阳系统和智能调节遮阳系统（图 6-8）。人工调节遮阳系统通常需要人工操作，例如手动拉动遮阳帘或调节百叶窗角度，以实现对阳光的遮挡。而智能调节遮阳系统则采用自动化技术，通过传感器、控制器和执行器等设备，根据环境光照、室内温度等参数自动调节遮阳设施，以实现更精确、高效的遮阳效果，提高建筑的舒适性和能效。

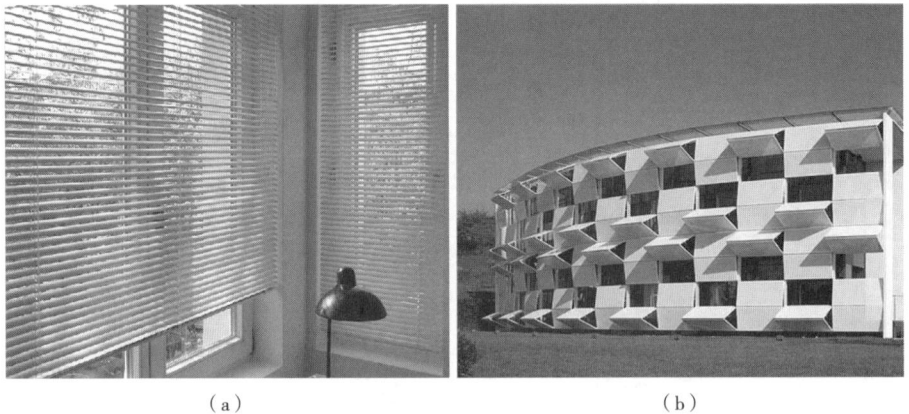

(a)

(b)

图 6-8　交互式建筑遮阳系统
(a) 人工调节遮阳;(b) 智能调节遮阳

（5）有源复合围护结构

有源复合围护结构是一种通过在围护结构中置入内热源的方式抵消因内外环境差异导致的负荷的特殊围护结构。有源复合围护结构的内热源系统不

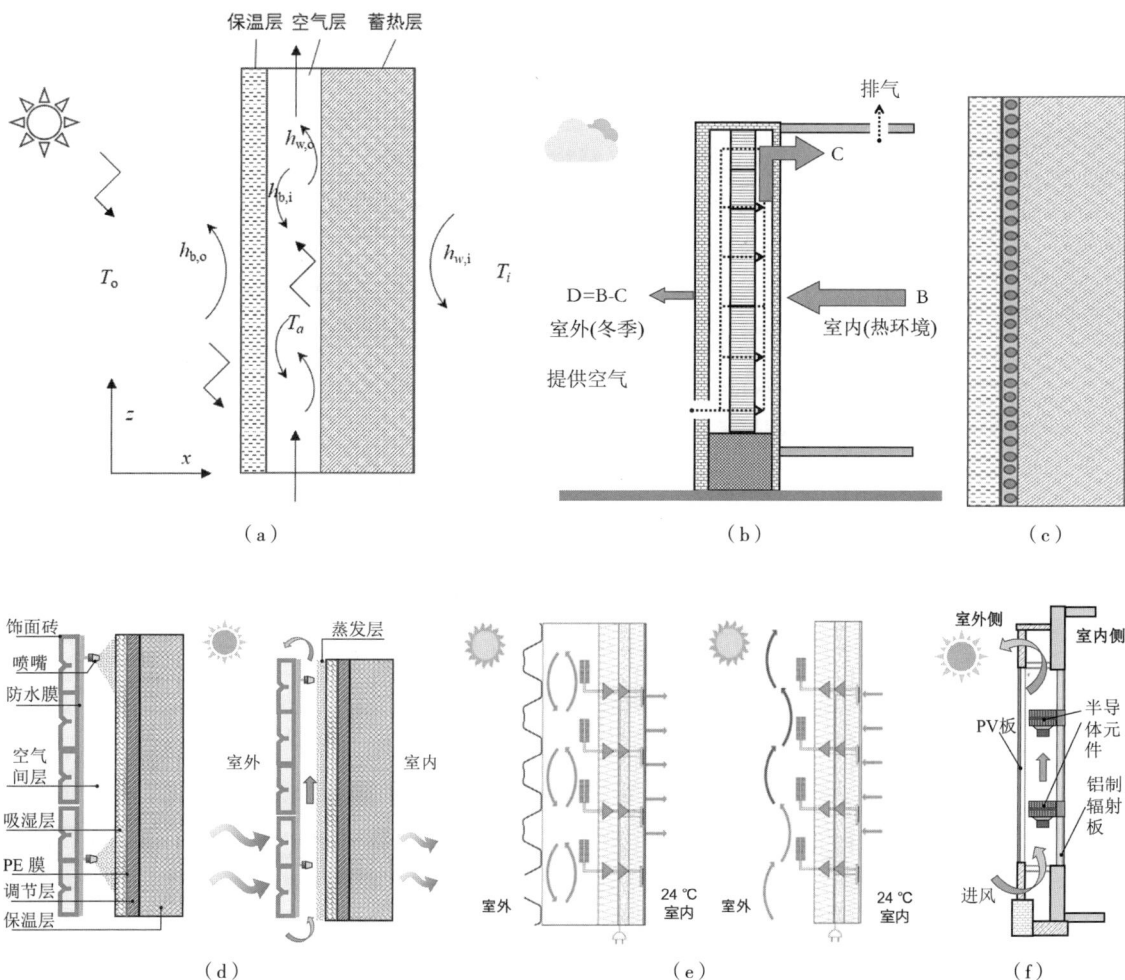

图6-9 常见的有源复合围护结构示意

（a）空气层墙体；（b）空气渗透式墙体；（c）内嵌管墙体；（d）蒸发式墙体；（e）普通热电墙；（f）光伏热电墙

直接对室内进行强力供冷供热，而是利用自然条件和围护结构的蓄热潜力对室内负荷进行削峰填谷 [7]。有源复合围护结构常见的内热源介质包括：空气、水和热电模块（图6-9），在降低能耗、提升室内舒适度方面具有巨大潜力。

（6）自然智能调光

自然智能调光主要通过智能调光玻璃或光伏玻璃实现。智能调光玻璃可以根据外界光照强度自动调节透明度，从而有效地控制室内的光照水平。在阳光强烈时，智能玻璃能够自动变暗，减少过强的光线进入室内，防止室内产生刺眼的强光，保护用户的视觉健康。而在光线较暗的时候，智能玻璃能够调节为更清晰的状态，增加室内的明亮度，提升居住者的舒适感。光伏玻璃是一种结合了太阳能光伏发电技术和传统建筑玻璃的新型材料，在发电的同时也可以具备调光功能，这主要通过控制光伏玻璃的透光性来实现。

本小节提到的几种设计策略对应的表皮交互技术将在 6.2.1 节进一步展开说明。

2）建筑设备与室内环境交互设计策略

建筑内部设备众多，针对不同建筑环境的控制方法亦有所差异，总体而言建筑控制的主要对象为热环境和光环境，其中主要系统包括自然通风、空调系统、智能照明系统，针对这些系统进行设备交互设计的策略可以分为以下两种：根据室外环境条件调节室内设备运行模式；根据室内人员的活动情况或需求调节室内设备的运行模式。

（1）根据室外环境的设备设计策略

在根据室外环境对设备进行调节的运行模式中，系统需要根据室外环境条件的实时变化，自适应地调整设备的运行模式，以最大程度地减少能源消耗。例如，当室外温度升高时，系统可以自动调节空调系统以保持室内的舒适温度；而在寒冷季节，系统则可以自动调整供暖系统的运行模式。这对系统的监测系统提出了较高的要求，系统应该配备高效的传感器网络，实时监测室外环境的温度、湿度、光照等参数，并将数据反馈给智能控制系统。

在这一策略中，系统也可以引入气象预测技术和智能算法，通过提前预测未来的天气变化对室内设备的运行模式进行相应调节，如在预测到的高温天气到来前提前降低室内温度，以保证在室外高温情况下室内依然舒适。这种智能调节可以最大程度地减少能源消耗，提高建筑的能源利用效率。

（2）根据室内环境的设备设计策略

除了根据室外环境条件进行调节外，智能建筑系统还应该能够根据室内人员的活动情况和需求进行智能调节。传统的传感器技术如温度、湿度传感器等可以监测室内环境参数，但更先进的技术如图像识别、红外传感器、超声波传感器等则可以实时监测人员的活动位置和行为。例如，在室内人员活动频繁时，系统会增加空调系统的制冷或制热效果，以保持室内舒适；而在室内人员休息或离开时，系统则会降低空调系统的运行强度，节约能源。

通过智能感知技术，系统可以自动调节照明、空调、通风等设备的运行模式，以满足不同人员的舒适需求。此外，用户也可以通过用户界面或手机应用等方式设置个性化的舒适参数，如温度、光照强度等，使系统能够更好地适应不同用户的需求。

6.2.1 建筑表皮与环境交互技术

1）热环境交互技术

室内热环境的设计目标是舒适、健康、高效。室内外热量传递的主要方式有：热对流、热辐射和热传导。交互式建筑表皮可以模仿人体的热调节机理，通过对建筑表皮的动态控制，充分利用双层表皮、相变储能、垂直绿化、智能遮阳、有源复合围护结构等节能技术，调节室内热环境，提高室内舒适性，降低建筑能耗[8]。

（1）被动式气候调节腔层——双层表皮

双层表皮的设置具有保温隔热的作用。在夏季高温时，外层表皮可以有效阻挡阳光的直射，减少热量的传入，起到隔热作用，避免建筑内部过度受热。而在冬季寒冷时，双层表皮则可以阻挡冷空气的进入，减少热量的流失，起到保温作用，保持室内温度稳定。

此外，双层表皮的设计还能够辅助通风调节。通过合理设置双层表皮间隙或通风口，利用自然风力或辅助通风系统，实现建筑内外空气的流动，及时排出室内污浊空气，引入新鲜空气，保持室内空气清新，提高居住者的舒适感。

以在建筑中得到广泛应用的双层幕墙为例，其工作原理是：当空气层封闭时，由于空气热阻大，空气层起到了隔热保温的作用，可以减少建筑的冷热负荷；当空气层不封闭时，夹层内空气可在浮力、风压或机械动力驱动下流动，利用流动空气抵消室外环境所带来的热量或冷量，改变表皮的传热系数。根据空气流动的方向，双层幕墙的通风可分为循环通风、室外通风、室内新风三种模式（图6-10）。循环通风主要对室内空气进行二次利用，通入空气间层中流动后排出，以抵消室外环境的影响；室外通风主要利用室外空气通入空气层进行流动后排出，利用低温的室外空气抵消太阳直接辐射带来的影响；室内新风是将室外空气通入空气层进行流动后引入室内，减小室外

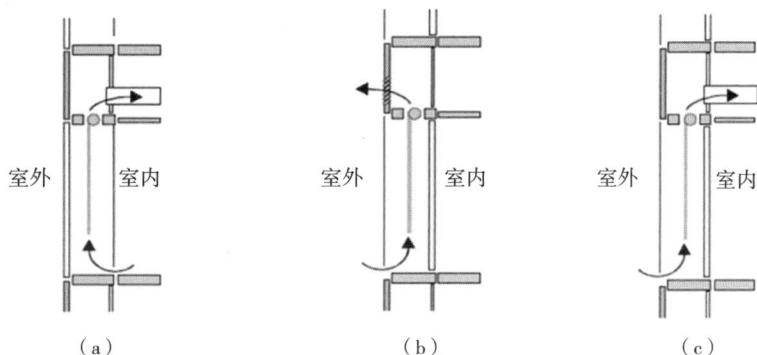

（a）　　　　　　　　　（b）　　　　　　　　　（c）

图 6-10　双层幕墙的三种通风模式
（a）循环通风；（b）室外通风；（c）室内新风

145

环境影响的同时促进室内空气流动，改善室内空气质量。

（2）热质调蓄——相变材料

在建筑中，利用相变材料作为热质调蓄的主要手段，可以有效地平衡室内温度，降低能耗，提高舒适度。相变材料是一种在特定温度范围内经历相变（液态和固态之间的转变）的物质，通过吸收或释放相变过程中的潜热来调节周围环境的温度。

相变材料的热质调蓄特性使得建筑能够更加灵活地应对气候变化和节能需求。通过在建筑中合理设置相变材料，可以针对不同季节和气候条件调节建筑内部的温度，提高室内舒适度。例如，在夏季高温时，相变材料吸收并储存白天的热量，晚上释放以降低室内温度，减少了空调的使用频率和能源消耗。同样的，在白天，当室内温度较高时，相变材料吸收热量并进行相变，将多余的热能储存在材料中；而在夜晚或温度较低时，相变材料释放储存的热量，使室内温度保持在较为稳定的水平。

此外，相变材料的应用还有助于提高建筑的环境适应性和可持续性。相比传统的空调系统，利用相变材料进行热质调蓄可以减少对化石能源的依赖，降低碳排放，从而减缓对气候变化的影响。同时，相变材料的长期稳定性和可再生性也使得其具有较长的使用寿命和较低的维护成本，符合可持续发展的要求。

（3）生态介质表皮——垂直绿化

垂直绿化是一种利用植物覆盖建筑立面的设计技术，也是实现生态介质表皮策略的主要手段之一，做法主要包括攀缘式、栽种式和模块式等（图6-11）。垂直绿化在调节室内热环境方面发挥着重要作用。通过在建筑立面种植植

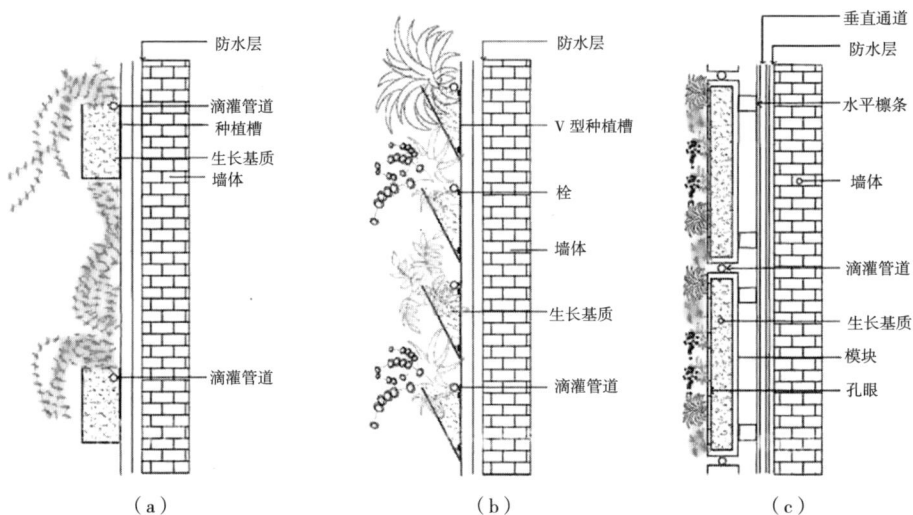

图6-11 垂直绿化的主要种植方式
（a）攀缘式；（b）栽种式；（c）模块式

物，垂直绿化形成了一层生态表皮，具有良好的隔热效果。这种绿化层能够在夏季有效阻挡太阳直射，降低建筑外墙受热表面的温度，从而减少了建筑内部的热量输入。同时，植物蒸腾作用的释放水汽也能起到一定的冷却作用，进一步降低了周围环境的温度。此外，垂直绿化层还可以吸收和储存日间的阳光热量，在夜间释放出来，有助于保持建筑内部的温度稳定性。

因此，垂直绿化不仅能够降低建筑的能耗，减少对空调等机械设备的依赖，还能够提高室内的舒适度，创造更加宜人的居住环境。

（4）光热平衡遮阳——智能遮阳系统

智能遮阳系统的应用能够有效控制建筑内部的光照和热量，这种系统通常由一系列传感器、控制器和执行器组成，其目的在于根据环境条件和用户需求，实时调节遮阳板的位置和角度。

传感器是智能遮阳系统的关键组成部分，负责实时监测建筑周围的光照强度、光照方向以及室内外的温度、湿度等参数。这些数据被传输到控制器中，通过预设的算法和策略进行分析和处理。控制器根据传感器获取的数据，采用智能算法和策略，自动调节遮阳板的位置和角度，以实现最佳的光照和热量调节效果。例如，在阳光强烈时，遮阳板可以调整为遮挡阳光，减少室内的日照量，防止过多的热量进入建筑内部；而在光照不足或天气阴沉时，遮阳板则可调整为开启状态，增加室内的采光量，提升室内舒适度。执行器根据控制器发出的指令，实现遮阳板的自动运动。这些遮阳板通常由可调节的材料或机械结构构成，能够根据需要自由地改变形状和角度，以适应不同的光照和热量条件。

以阿布扎比安巴尔塔为例，其智能遮阳系统是该建筑的一大亮点，包括一系列由铝合金制成的三角形遮阳板，这些板块被安装在建筑的外立面上，形成了一种动态的遮阳装置（图6-12）。每个遮阳板都安装在一个独立的支架上，通过高度智能化的控制系统，可以根据外部环境的光照强度和太阳角度进行调节。这些板块能够在需要时自动展开或折叠，以阻挡过强的阳光，减少室内的热量和日照量。这样一来，建筑内部的温度可以得到有效控制，

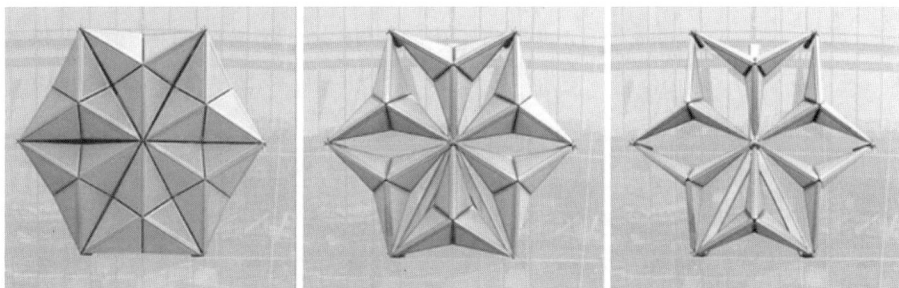

图 6-12　阿布扎比安巴尔塔的遮阳构件

降低了对空调系统的依赖，实现了能源的节约。此外，这些遮阳板的设计也充分考虑了建筑美学和空间利用。它们的排列方式既能有效地阻挡阳光，又能保持建筑的外观美观。而且，在展开时，这些遮阳板的间隙可以提供通风，促进室内空气流通，进一步增强了建筑的舒适度。

（5）有源复合围护结构——热激活墙体

有源复合围护结构可利用低品位能源并能够与环境交互实现动态可调。内热源的存在改变了围护结构的传热状态，使之具有优越的保温隔热性能和节能潜力。热激活墙体是在利用低品位能源和实现围护结构热工参数和保温性能动态可调的思想上进行的热工尝试。通过在墙体结构层中置入管道并将高温冷水或低温热水通入管道中形成热源层，热源层向外传递冷、热量对墙体进行温度干预，来抵消围护结构热损失，以实现减小围护结构负荷的目的。热活化层的加入，使得建筑外墙不再是简单静态的建筑构件，而是具备了热工参数动态可调的新特性。

综合看来，不同的供水温度范围会使墙体处于不同的工作状态，根据不同的室外环境条件，动态调整热激活墙体的工作状态，可达到维持室内热舒适性和节能的目的[9]（图6-13）。热激活墙体的工作状态共有以下四种：

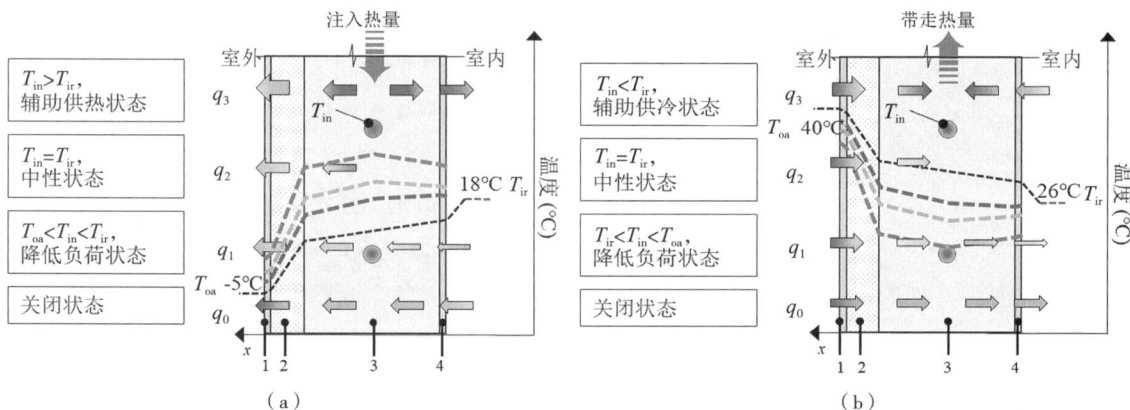

图6-13 热激活墙体在不同季节运行模式下的热分布特性
1—外抹灰层；2—保温层；3—结构层；4—内抹灰层
（a）冬季模式；（b）夏季模式

①辅助供热（供冷）状态：热激活墙体利用自然能源，作为辅助供热（供冷）系统，向室内传递热量（冷量）并减少空调电耗。

②中性状态：墙体抵消外界温度变化产生的外墙负荷。即随着外界环境温度的改变，对应改变通入热激活墙体中的冷、热水温度，使墙体的内表面与室内的传热量为 $0W/m^2$。

③降低负荷状态：热激活墙体提升墙体的保温、隔热能力，此时热源层的存在等效于增加保温层厚度。

④关闭状态：热源温度不适宜时关闭系统，以避免不利热量的传递。

热激活墙体的供热、供冷能力实际取决于自然能源的品位和特性。因此，应根据不同地区可利用的自然冷热源特点，因地制宜地提出相应的冷热源方案，以实现对自然冷热源的最大程度利用[9]。

夏季时，应充分利用自然冷量和高温冷源来激活墙体。可以通过冷却塔将循环水冷却至接近空气湿球温度，或通过地埋管、江河水等方式与循环水进行充分换热，以达到系统所需的冷水温度。如果水质允许的话，也可以直接使用江河水作为循环水源，以充分利用其自然冷量。

冬季时，应充分利用自然热量和低温热源来激活墙体。在特定区域，可以考虑利用工艺副产品中的低温热水、余热废热，或者采用空气源热泵机组等作为系统的热源。例如，考虑到清洁能源需求和北方农村地区趋向于采用分散式太阳房改造的趋势，可以考虑使用太阳能集热器制备的低温热水作为热激活墙体的热源。太阳能集热器的效果受太阳辐射的间歇性和不稳定性影响较大，因此通常需要辅助热源来补充。热激活墙体所需的水温范围约为16~30℃，比常规地暖辐射采暖系统所需的40~45℃水温范围更低，因此使用太阳能集热器作为热激活墙体系统的热源是可行的。

2）光环境交互技术

良好的光环境是构成舒适的建筑室内环境的重要因素，对自然光线的合理引入可有效地减少建筑人工照明所产生的能耗。自然界中的日光是实时变化的，影响天然采光的因素有很多，如太阳辐射强度、云量、大气透明度等。响应日光的交互式表皮能够以可逆的方式调整其状态，调节光线入射量，充分利用自然光，降低产生眩光概率。

（1）智能调光玻璃

智能玻璃的原理十分巧妙。它采用了电致变色技术或热敏薄膜技术。在电致变色技术中，玻璃表面覆有一层特殊的可调节电致变色涂层，通过控制电流来改变其透明度。而热敏薄膜技术则是在玻璃内部嵌入了一种能够根据温度变化调节透明度的薄膜，当温度升高时，薄膜会使玻璃变暗，反之则变清晰。

智能玻璃不仅能够调节光线的透过程度，还具有过滤掉室内紫外线和红外线辐射的功能。这有效地减少了紫外线对人体健康和室内物品的损害，同时降低了红外线的热量进入，保持了室内的凉爽舒适。这种智能玻璃技术的运用，不仅提升了建筑的舒适性，还有助于提高建筑的能源利用效率，实现节能减排的目标。

以圣戈班（Saint-Gobain）公司开发的一款知名电致变色玻璃产品SageGlass为例，该玻璃可以通过控制电流来调节玻璃的透明度。当电流施加到玻璃上时，玻璃会变得透明，允许更多的光线透过；而当电流断开时，玻璃会变得不透明，减少光线透过。这种功能使得 SageGlass 能够根据需要实现室内的光线调节和隐私保护，同时提供良好的视野和舒适的室内环境（图 6-14 ）。

图 6-14　SageGlass 电致变色玻璃光线调节示意

（2）光伏玻璃

响应日光的交互式建筑表皮还可以更为主动利用光资源。我国太阳能资源丰富，使用太阳能发电可以减少化石燃烧材料的需求，进而降低碳排放。交互式表皮可与光伏板结合，通过构件的位移动态地追踪日光，将转化的电能应用于建筑的日常用电使用中。如纽约的建筑科学与生态学中心，采用了聚光光伏系统（图 6-15 ），光伏系统位于两层玻璃之间，可捕捉 85% 的阳光，且不影响室内人员的视线。

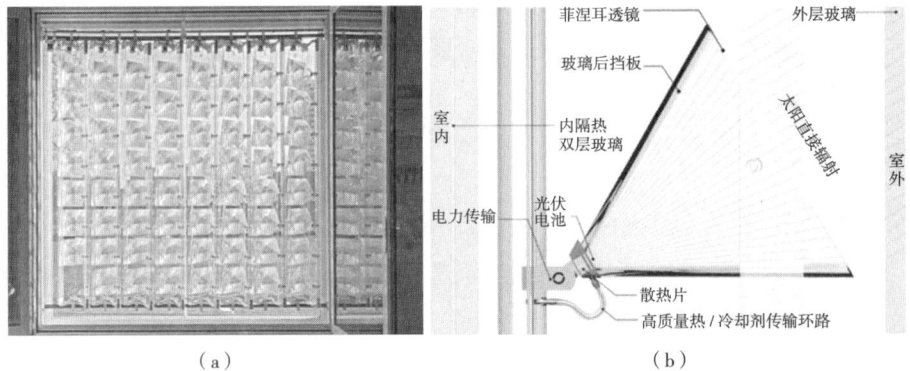

（a）　　　　　　　　　　　　　　　（b）

图 6-15　纽约建筑科学与生态学中心
（a）聚光光伏系统；（b）三角形聚光太阳能接收器

6.2.2 建筑设备与环境交互技术

1）热环境交互技术

热环境对建筑的舒适性和能效有重要的影响，其中主要的设备交互调节方式可分为与室外环境交互的智能自然通风系统、与室内环境交互的智能空调系统两种。前者无需能耗，通过建筑自身的朝向、通风窗的开合等方式进行热环境的调节，后者可以更加精确地达到室内对于热环境的要求，在实际应用中，往往将两者结合起来达到室内热舒适且节能的效果。

（1）与室外环境交互技术——智能通风系统

在通过自然通风调节的交互技术中，主要的技术要点在于对通风窗和百叶的开合控制，设计者需要确定在什么气象参数下，如温度、湿度、风速等，进行风窗和百叶的动态调控，以实现室内外空气的交换，达到调节室内温度的目的。当然，在自然通风的应用中，前期对风道、出风口等的设计也至关重要，建筑需要能够良好地引导室内外的气流流动方向和速度，以达到最佳的通风效果。

智能通风窗是一种先进的自然通风调节方式，它是一种结合了先进传感技术和自动化控制的窗户系统，旨在提高室内空气质量、节能和舒适性。通过感知环境变化，智能通风窗能够自动调整窗户的开启程度和时间，以实现室内空气的新陈代谢，保持室内空气清新，降低室内湿度，有效防止霉菌和异味滋生。

智能通风窗配备了各种传感器，如温度、湿度、CO_2 浓度等。传感器实时监测室内外环境，只在必要时开启窗户，避免了不必要的能量浪费。例如，在室内温度过高或 CO_2 浓度超标时，窗户可以自动开启，利用自然通风进行空气循环，降低空调使用频率，节约能源开支。此外，智能通风窗可以根据室内外温度、湿度等参数调整窗户的开启程度，使室内气流得到合理调节，营造舒适的室内环境，有助于提高居住者的生活品质和健康水平。

在使用过程中，用户与通风的交互很重要，研究表明，用户对于通风的需求主要与以下两类环境参数相关[10]。

首先是温度。使用者可能会通过窗户的开闭来调节室内温度，提高自身热舒适度。例如，在夏季，当室内温度过高时，使用者可能会打开窗户以引入凉爽的室外空气，从而降低室内温度。同样，在冬季，当室内温度过低时，使用者可能会选择关闭窗户以保持室内的暖气效果。多项研究表明，室内外温度是使用者开窗行为的主要决定因素[11]。

其次是室内污染物。如果使用者认为建筑内的空气被污染，可能会打开窗户以改善室内空气质量。例如，当室内 CO_2 浓度过高时，使用者可能会感到空气沉闷，从而产生开窗的意愿。同样，总挥发性有机化合物（Total

Volatile Organic Compounds，TVOC）浓度的升高也会促使使用者打开窗户，以排出有害气体和异味。研究表明，室内 CO_2 浓度和 TVOC 是决定开窗行为的重要因素[12]。

位于广东省深圳市的深圳市建科院大楼是充分利用自然通风的典范。该建筑突破了传统的单一开窗通风方式，采用了合理布置窗户、格栅式围护结构等多种通风方式，协同提升通风效果。同时根据室内外通风模拟分析，结合不同空间环境需求，选取合理的窗户形式、开窗面积和开启位置[13]（图6-16）。

建筑立面	适用外窗形式
A	单扇左开平开窗、悬窗
B	立式转窗、悬窗(首选中悬窗)
C	单扇右开平开窗、悬窗
D	单扇左开平开窗、悬窗
E	立式转窗、悬窗(首选中悬窗)
F	单扇右开平开窗、悬窗

（a）

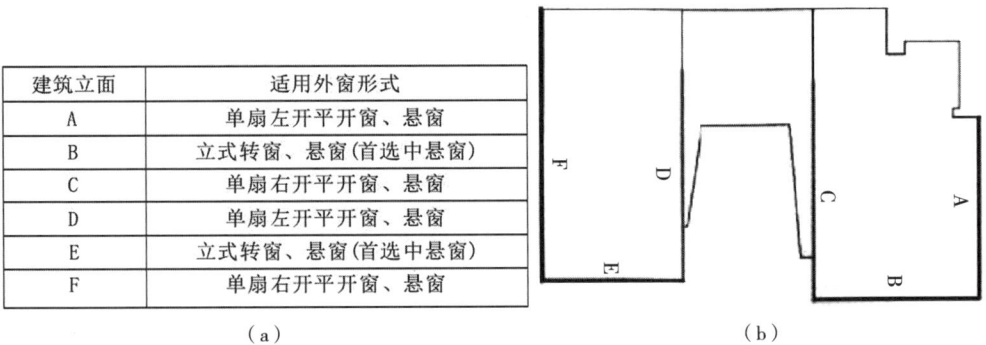

（b）

图6-16　深圳市建科院大楼立面开窗详图
（a）立面开窗形式分类；（b）对应立面开窗形式

（2）与室内环境交互技术——智能空调系统

空调系统是一种能够更加精确控制室内外热环境的调节方式，主要需要通过传感器、智能控制算法和执行器等关键技术，对建筑内部空调系统进行精确控制和调节的系统。传感器对室内外环境参数进行实时监测，作为控制系统的输入数据，控制系统通过一系列智能算法对设备进行控制和调节，并将指令传达至执行器，对空调设备运行状态进行调节，包括调节风机转速、水阀开度等，以实现对建筑内部空调系统的精确控制。

目前，智能空调的发展方向与用户行为息息相关，以居住者为中心进行控制（Occupant-centric Control）尤为重要。其中用户信息可以分为四类：

①交互信息指用户与建筑实时互动时产生的数据，如用户是否在房间内、具体位置以及环境操作（如开窗或调温）。这些信息用于优化建筑系统的响应速度和效率，确保环境及时满足用户需求。②个体信息涉及用户个人偏好和行为模式，通过分析用户的温度偏好和用电习惯，智能建筑系统可提供定制化服务体验，自动调节空调温度以提高舒适度。③时间信息包括工作日与周末的区分及一天内不同时间段的活动模式变化，系统据此调整环境控制策略，如工作日优化能源使用，非办公时间采用节能模式。④空间信息涉及建筑的具体空间特征和用途，系统通过分析不同空间的功能需求，为各区

域提供个性化环境控制方案，例如办公区和休闲区的照明和空调设置[14]。

通过收集上述信息，空调系统得以与用户进行动态交互，从而实现更智能化的响应和个性化的服务。系统可以根据用户的实时位置和行为模式，自动调节室内温度和空气质量，以提供最佳的舒适体验。例如，当系统检测到用户进入特定区域时，可以预先调整该区域的温度和通风设置，满足用户即时的需求。这种动态交互不仅提升了用户的居住舒适度，还优化了能源使用效率，实现了智能建筑环境与居住者之间的紧密互动。

在实际应用中，往往需要进行混合调节，此时需要确定自然通风和空调系统如何进行切换，即确定合适的系统运行模式。目前主流的运行模式包括三种，分别为①同时运行，即自然通风和空调系统在同一地点同时运行；②分区运行，即两者在不同区域同时运行；③切换运行，即两者在同一地点不同时段运行，此方法以自然通风为主，自然通风无法满足时通过打开空调系统。方式③下，两个系统在时间上错开进行，时段不重叠。如图 6-17 所示，切换运行和同时运行系统被大部分建筑广泛应用，分别占全球 74 个研究案例的 48% 和 32%，与之相比，其余的模式应用较少[15]。

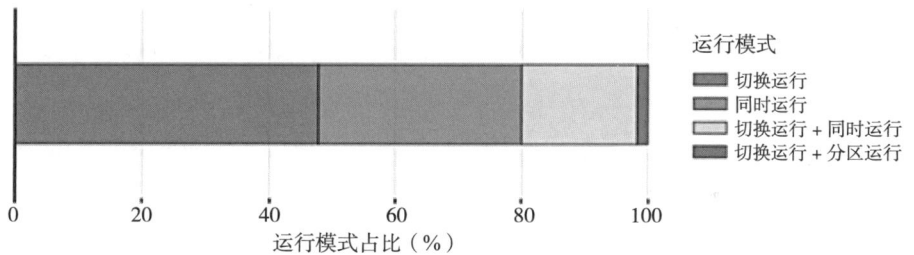

图 6-17　不同系统运行模式占比

2）光环境交互技术

室内光环境智能交互的主要实现途径为智能照明技术[16]。智能照明技术是一种结合了先进的传感器、网络连接和自动化控制的照明系统，旨在提高照明效率、节能、舒适性和安全性。这些系统能够感知环境中的光线、人员活动和其他条件，以自动调整照明亮度、颜色和模式，以满足不同的场景和需求。在智能照明系统中，传感器和控制器起着关键作用，传感器用于监测环境参数，控制器则根据传感器的反馈实现自动调节。

智能照明系统的核心优势之一是节能。通过实时监测环境条件，系统可以根据需要调整照明水平，避免能源浪费。例如，有人进入房间时增加照明亮度，在白天充足自然光线的情况下降低照明水平。这种智能调节不仅降低了能源消耗，也延长了灯具的使用寿命，减少了维护成本。另一个重要的优点是提高舒适性和用户体验。系统可以根据时间、活动和用户偏好自动调整照明场景，为用户营造出更符合需求的环境。这种个性化的照明体验不仅提高了用户满意度，也有助于提高生产力和舒适度。

对建筑照明系统的控制涉及灯具的选择、布局和控制方式。首先需要根据不同场景和需求选择合适的灯具类型，如 LED 灯、荧光灯等，并合理布局。其次，智能调光器的应用可以实现对灯具亮度和色温的调节，从而实现对室内照明的精确控制。此外，安装传感器如人员活动监测传感器、光照传感器等，作为智能控制系统的输入数据，用于调节照明设备的工作模式。最后，需要设计合适的控制系统，根据参数对照明设备进行调节。

在与用户的交互方面，照明控制主要聚焦两类信息[10]。一类是用户的在场信息，通过监测设备如视觉摄像头、CO_2 传感器和热成像仪来实时检测用户的存在状态，从而精确控制照明系统的开启和关闭，当检测到没有用户在场时，照明系统可以自动调暗或关闭，以节省能源。另一类是用户的活动信息，照明控制根据用户的具体活动类型来动态调节照明水平和色温。例如，系统可以将用户的活动分类为阅读、写作、行走、休息等不同类型，并根据每种活动的视觉需求提供适当的照度和色温控制。

基于用户信息的照明控制策略不仅能够提升居住者的舒适感和工作效率，还能有效地降低能源消耗，符合可持续建筑设计的理念。

一个优秀的建筑实践案例是位于荷兰阿姆斯特丹的前沿大厦（The Edge），该建筑的智能照明系统由 Interact 公司设计，结合了先进的传感器、网络连接和自动化控制技术，通过一个自定义的 Interact Office 软件应用实现数据的收集和分析，员工可以通过该应用程序对工作场所的照明进行个性化设置，同时程序也为大楼管理人员提供了运营相关的实时数据（图 6-18）。前沿大厦采用了近 6500 个互联 LED 灯具组成的照明系统，为建筑创造了一个被称为"数字天花板"的空间。

图 6-18　前沿大厦夜景

6.2.3　建筑表皮、设备与使用者行为的综合交互

　　建筑设计的核心在于"以人为本"，一些建筑设计实践已经将用户行为的互动纳入设计考虑，通过创新的建筑表皮和内部设备技术，实现建筑与使用者之间的动态互动。这些技术不仅提升了建筑的功能性和舒适性，还增强了使用者的参与感和体验感。

　　例如，卢塞恩应用科学与艺术大学工程与建筑学院在其实验室大楼的屋顶上建造了一座名为"完美住宅"（Perfect House）的实验建筑[17]。这座建筑包括两个带有内嵌管墙的实验测试房间和一个能够调节供水温度的设备房间。测试房间的表面装有60个传感器，这些传感器用于实时监测壁面热流密度的变化，灵敏度极高，能够捕捉到室内人员轻微活动带来的热流波动。传感器将数据实时传输至计算机，通过计算机的室内环境控制模型来计算壁面温度，并将反馈传输至设备端。设备端据此调节供水温度，并通过墙体内的管道循环系统调节室内环境，以满足用户的舒适标准（图6-19）。

图6-19　"完美住宅"

　　"舞动凉亭"是为2016年奥运公园设计的一座交互式建筑（图6-20），这座场馆主要用于音乐表演和舞蹈排练。建筑的外立面装有约500块可旋转的镜面。通过布置在舞动楼层的传感器，这些镜子能够感知音乐的节奏和人们的舞动动作，进而使外立面的镜子随着音乐的节拍而"起舞"，展现出富有动态美感的立面效果[18]。

　　丹麦建筑公司3XN设计的办公建筑"柏林立方"是将建筑设计与用户行为相结合的另一典型案例（图6-21）。在这个建筑中，用户可以通过应用程序与建筑系统进行互动，利用智能设施自定义和控制各种功能，包括：出入控制、室内供暖与制冷、设备维护、能源供应、房间和停车位预订，以及

图 6-20 "舞动凉亭"

图 6-21 "柏林立方"

电动汽车 / 自行车充电等。这些功能的控制和调整通过一个大型的"数字大脑"服务器来实现，该服务器连接了柏林立方的所有智能系统，监控能源消耗，并优化能源利用。通过这种方式，建筑物与用户之间形成了动态的互动关系，建筑系统能够根据用户的偏好自动调整功能设置，而用户则可以根据自身需求对建筑进行实时控制和调整 [19]。

6.3.1　住宅建筑表皮交互设计与应用 [20]

　　示范住宅位于安徽省池州市农村地区，形制为独栋坡屋顶住宅，共三层，高 9.60m，总建筑面积为 385.50m² （图 6-22）。在该示范项目中，应用了一种新型气候适应性墙体——通风蓄热墙。研究团队通过冬夏两季的实地测试，进一步验证了该新型墙体的节能潜力。

图 6-22　示范住宅建成实景

1 ）通风蓄热墙的交互设计理念

　　通风蓄热墙是一种整合太阳能、地道风、重质蓄热墙为一体的动态适应性表皮形式（图 6-23），整体工作原理是：夏季将百叶式集热板调整至遮阳模式，打开地道风系统。利用地道风冷量对重质墙体进行蓄冷，实现房间降温。冬季将百叶式集热板调整至集热模式，关闭地道风。白天通过太阳能集热模块对输送入室内的空气进行预热，实现重质墙体蓄热及房间升温。

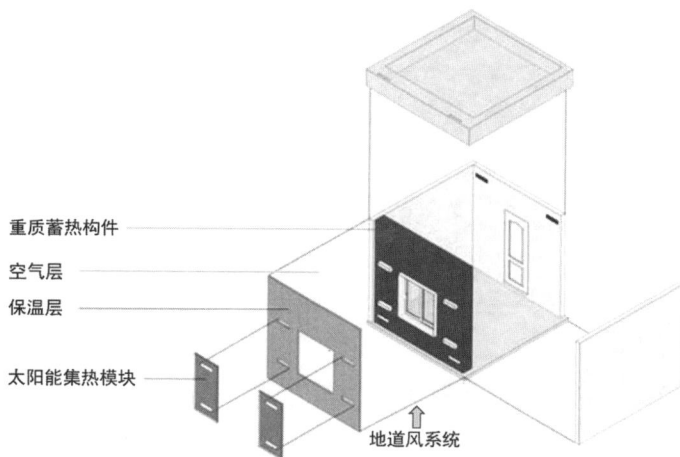

重质蓄热构件

空气层

保温层

太阳能集热模块

地道风系统

图 6-23　示范住宅动态适应性表皮设计方案

重质蓄热通风墙体包含内外饰面层、保温层、空气间层与蓄热层。夏季，空气层的进出风口打开，经过土壤预冷的地道风在空气间层内循环流通，带走墙体的热量；冬季，进出风口关闭，双层墙体与封闭空气间层的组合能有效增强墙体的保温性能，减弱室外环境对室内空间的影响（图6-24）。

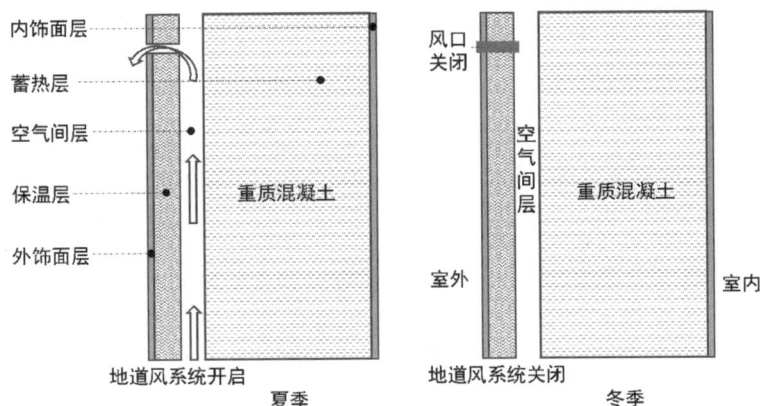

图6-24 重质蓄热通风墙体设计理念示意图

太阳能集热模块为百叶式，悬挂在南墙立面且与墙体保持一定的散热间距以形成空气夹层，其主要由保温箱体、变色集热板和透光盖板三部分组成。夏季，室内进出风口关闭，集热板浅色高反射率表面朝外以反射太阳光，减少建筑外墙直接太阳辐射得热；冬季，百叶式集热板的深色表面朝外以吸收太阳辐射热，白天集热板室内进出风口开启，室内空气通过集热板加热后在热压驱动下流入室内，提升室内气温；夜晚室内进出风口关闭，尽量减少墙体的热损失（图6-25）。

地道风复合通风表皮系统利用地下管道冷却空气，通过机械送风将冷空气送至重质蓄热墙体夹层中，达到夏季降温的目的（图6-26）。地道风降温技术原理的核心是室外空气与土壤的热交换，夏热冬冷地区夏季最热月平均气温约25~30℃，而土壤恒温约15~21℃。经过土壤降温后的地道风进入墙体空气层后，形成一道良好的冷屏障，有效降低墙体的冷负荷。

2）通风蓄热墙的实际设计参数

通风蓄热墙体结构由外至内分别为：10mm外抹灰砂浆、50mm岩棉板保温层，50mm空气间层，300mm钢筋混凝土蓄热层、10mm内抹灰砂浆（图6-27a）。

太阳能集热模块布置于示范住宅南立面，共6个。单个集热模块宽0.30m、高0.60m（图6-27b）。集热板的百叶角度设为50°，进出风口宽100mm。

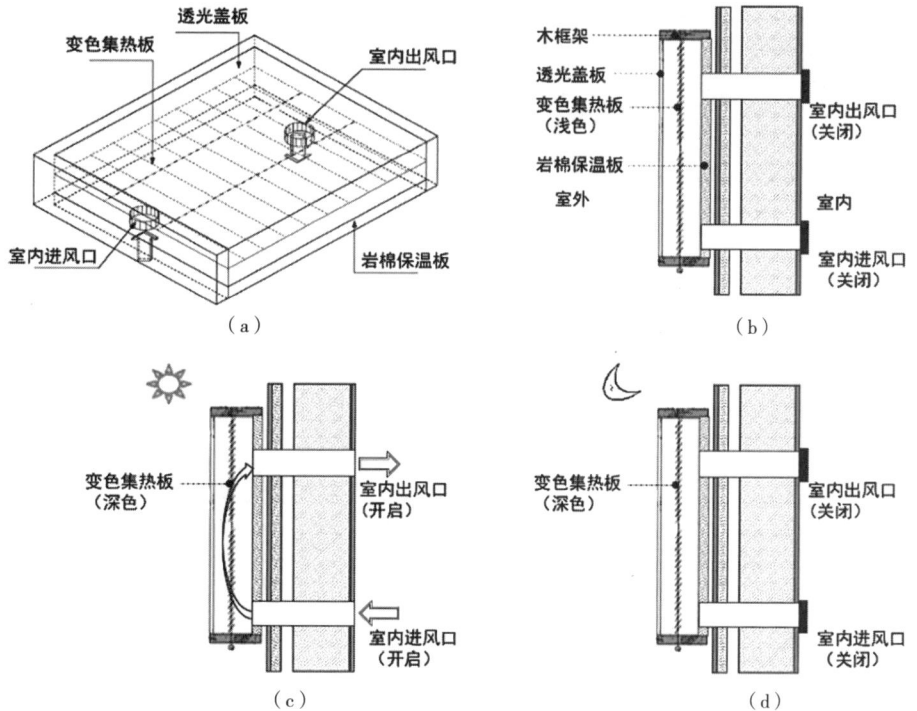

图 6-25　太阳能集热模块设计理念示意图
（a）太阳能集热模块结构示意；（b）夏季降温模式工作原理示意；（c）冬季采暖模式工作原理示意
（白天）；（d）冬季采暖模式工作原理示意（夜晚）

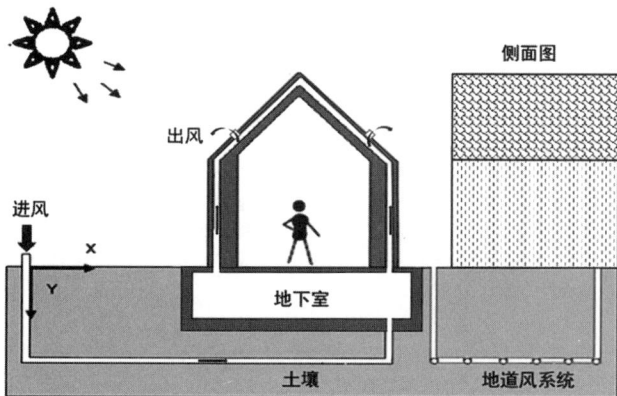

图 6-26　地道风复合通风表皮系统设计理念示意图

地道风系统地下埋管布置于住宅南侧庭院，埋深 3.50m。地道风管道为直径 250mm 的 PVC 塑料管，6 根管道均匀排列布置，管道间距 1m，总管道长度 45m，空气在土壤中经过充分的预冷后进入墙体夹层（图 6-27c）。实际运行中采用机械送风的方式，风机型号为鸿冠 HF-250PE，功率 255W，风量 1650m³/h，风压 1059Pa。

3）主要研究结论

经过实际测试及数据分析，主要结论如下：

（1）地道风及太阳能作为自然冷热源，与住宅表皮的整合设计可实现夏季降温、冬季采暖的适应性调节功能。

（2）在冬季典型日，室外空气经过太阳能集热模块加热后，进出风口温差最大可达到 7.67℃；冬季封闭式空气墙体等效传热系数为 0.35

（a）　　　　　　　　　（b）　　　　　　　　　（c）

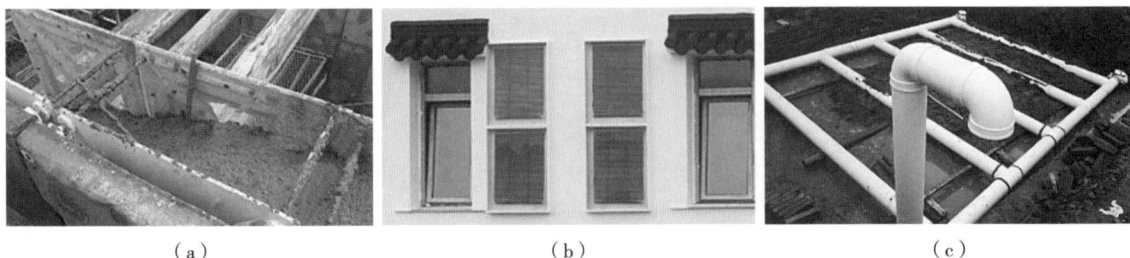

图 6-27　示范住宅节能设计策略示意图
（a）通风蓄热墙；（b）太阳能集热模块；（c）地道风系统

W/（m²·K）；开启太阳能集热模块的房间室内温度全天维持超过 13.57℃，比未开启集热器的房间高 4.04℃，比当地未采取任何保温节能措施的房间高 6.53℃（图 6-28）。

（3）在夏季典型日，经过土壤预冷并进入墙体空气夹层的地道风温度低于室外空气温度，最大温差可达到 13.25℃；夏季通风蓄热墙的等效传热系数为 0.32W/（m²·K）；墙体通入地道风的房间比无地道风房间全天温度低 1.56~2.55℃（图 6-29）。

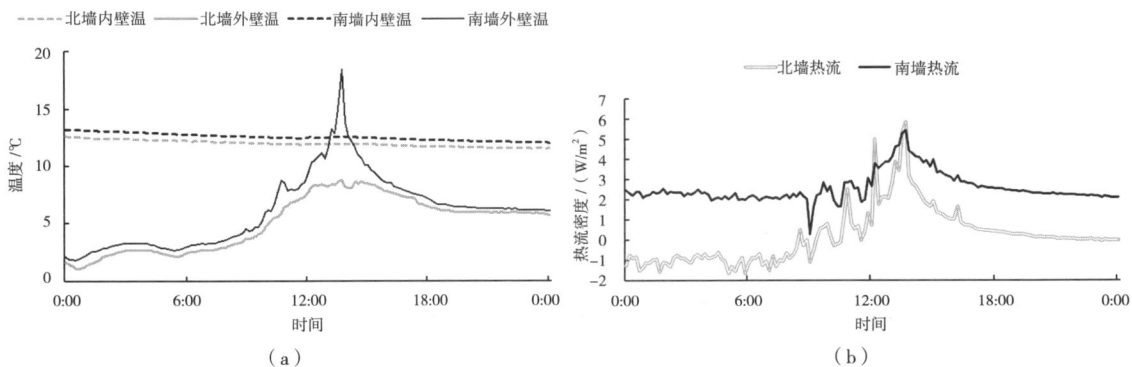

（a）

（b）

图 6-28　冬季工况下表皮热性能测试结果
（a）壁面温度；（b）壁面热流密度

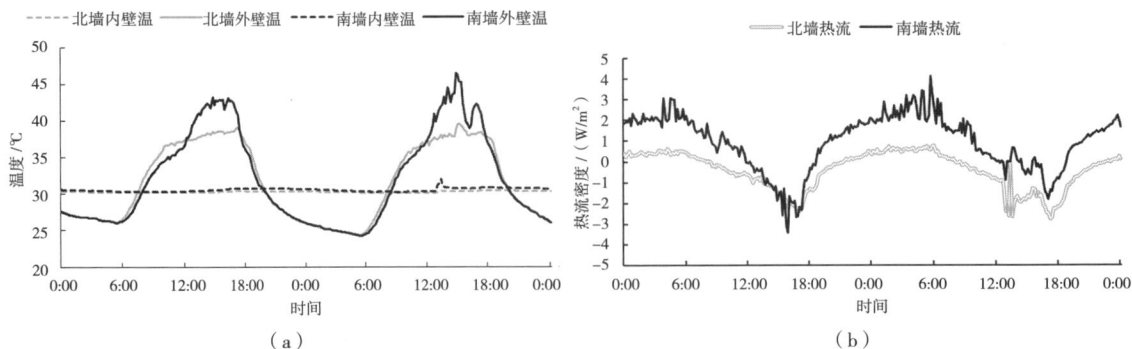

（a）

（b）

图 6-29　夏季工况下表皮热性能测试结果
（a）壁面温度；（b）壁面热流密度

6.3.2　商场空调系统交互设计与应用 [21]

　　建筑设备的精细化运维是实现建筑节能减碳的重要手段。在商业建筑中由于人流在空间和时间上变化导致空调负荷波动较大，传统定风量空调箱无法根据需求动态调整，致使空调箱能耗浪费明显。为此，研究团队提出一种数字孪生空调智慧运维系统，并以上海地区某商业建筑为例开展应用研究（图 6-30）。

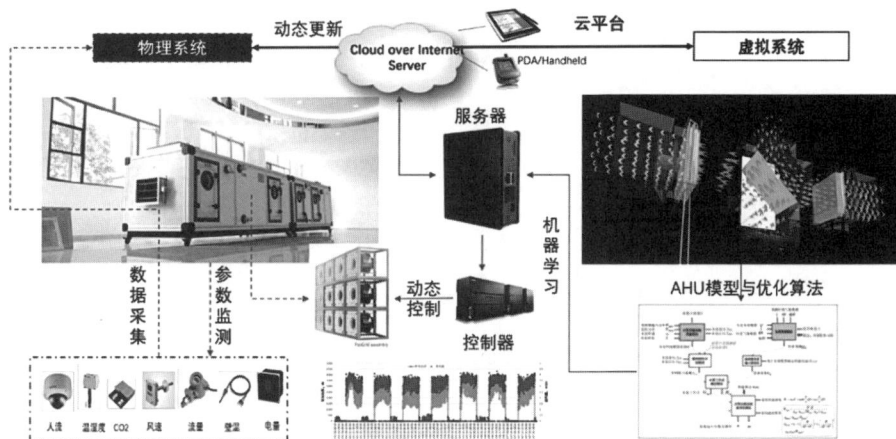

图 6-30　数字孪生空调智慧运维系统设计方案

　　被研究的空调箱位于上海一幢集商业、办公为一体的大型综合性建筑的四楼空调机房内，是单冷型空气处理机组。商场空调箱最初的控制策略为定风量运行，由于定风量运行的机组能耗浪费较大，需要通过建立传感器网络及控制设备，对其进行监控，并提出新的控制策略进行变风量改造以降低其能耗。

　　在建立空调箱的数字孪生模型时，主要分为物理系统和数字系统两个关键部分。①在物理系统方面，需通过物联网进行对物理实体的数据监测，其中包括基于视频图像的人流量监测。通过对监测参数与负荷的相关性进行分析，确定最适用于模型的参数选择。②在数字系统方面，主要包括通过人工神经网络进行负荷预测，并在 TRNSYS 软件中建立数字模型，最终确定空调箱的最优控制方法。

　　在空调箱数字孪生模型的对物理系统进行研究时，需要建立包括传感器、通信设备、下位机和上位机的监测系统。传感器采集的数据通过 RS485总线传输至末端远距离无线电（Long Range Radio，LoRa）通信模块。末端LoRa 通信模块与上位机 LoRa 通信模块进行通信，将数据传送至上位机。上位机通过交换机连接 4G 模块，外部用户可通过网络访问并检索上位机中的

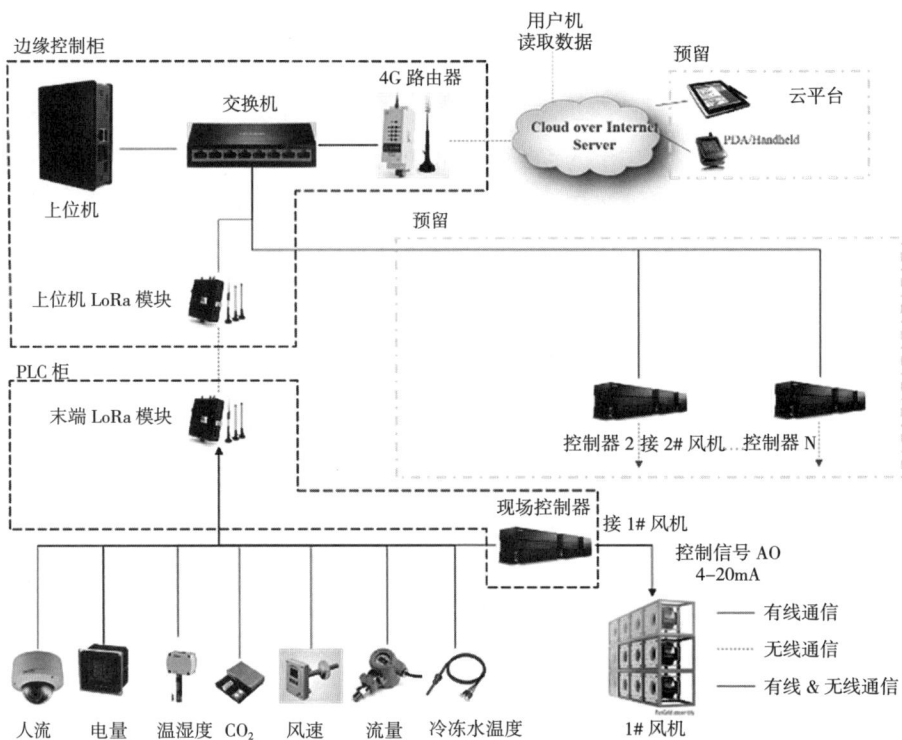

图 6-31 空调箱监测系统框架图

数据（图6-31）。

在进行数字系统的建立时，采用基于物理的建模方法，在软件TRNSYS中建立空调箱系统仿真。在验证TRNSYS模型准确性后进行模拟分析，得到结论，现以在房间负荷为峰值负荷情况为例，当回风温度为26℃时，最优控制策略为12℃的送回风温差，6℃的供水温度和5℃的供回水温差；当回风温度为28℃时，总能耗最小的情况是12℃的送回风温差，6℃的供水温度和7℃的供回水温差；在回风温度为27℃时，总能耗最小的情况是12℃的送回风温差，6℃的供水温度和7℃的供回水温差。

由于目前现场仅对空调箱进行变风量控制，因此在对空调箱实际进行节能控制时，空调箱会根据下一时刻预测得到的负荷值和设定的送回风温差得到当前时刻下预测的送风量，将其与最小新风量进行对比，取较大值作为当前所需送风量。

最终对现场空调箱进行改造，基于监测数据，对本项目所选空调箱进行变风量改造前后的运行工况进行数据分析。将风机定风量运行的工况设定为工况1，进行运行监测的时间段为7月21日至9月24日（图6-32）变风量运行工况设定为工况2，进行运行监测的时间段为9月25日至10月15日（图6-33）。

从两个工况的对比中可以发现，在工况1运行期间，定风量空调箱

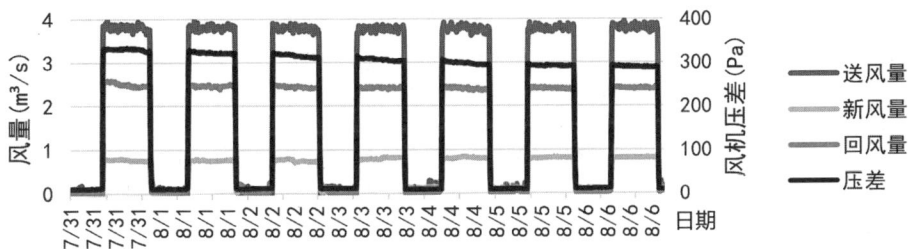

图 6-32 工况 1（改造前）风机运行数据

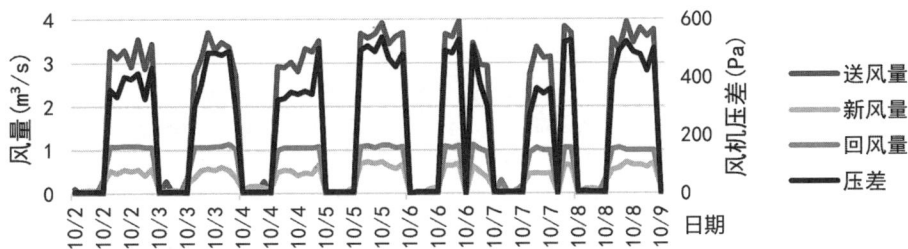

图 6-33 工况 2（改造后）风机运行数据

送风量、回风量及新风量均保持较稳定的状态，波动较小。其中，送风量平均为 3.80m³/s；风机前后压差平均为 431.5Pa。在工况 2 运行期间，空调箱在智能控制下送风量及回风量均呈动态变化。其中，送风量变化范围在 2.49~3.92m³/s，平均为 3.37m³/s；风机前后压差也呈动态变化特性，在 270.39~537.01Pa，平均为 423.85Pa。对风机进行智能控制后，房间送风量平均值有所降低，风机功率有所降低，同时风机效率有较大提高，最终达到了 55% 的节能率。

6.4 课后习题

（1）【简答】环境交互式表皮的主要构成要素包括什么？

（2）【简答】环境交互式设备的主要构成要素包括什么？

（3）【简答】环境交互式表皮有哪几种关键设计策略？

（4）【简答】建筑表皮与室外环境的热环境交互技术主要包括哪几种？光环境交互技术主要包括哪几种？

（5）【简答】建筑设备与室内环境的热环境交互技术可以分为哪几种调节方式？光环境交互技术可以分为哪几种调节方式？

（6）【填空】建筑与环境交互设计的核心机制为____与室外环境以及____与室内环境之间的协调配合。

（7）【填空】建筑设备与室内环境交互的设计策略可以分为根据____调节室内设备运行模式和根据____调节室内设备的运行模式。

163

［1］ 李麟学，王驰迪，张博涵．能量视角下的雷纳·班纳姆环境调控理论解析［J］.当代建筑，2022（8）：35-39.

［2］ BANHAM R. The Architecture of the Well-Tempered Environment［M］. Chicago：University of Chicago Press，1969.

［3］ HAWKES D. The Environmental Tradition：Studies in the architecture of environment［M］.London，New York：E & FN Spon，1996.

［4］ 孙柏.交互式表皮绿色建筑设计空间调节的表皮策略研究［D］.南京：东南大学，2018.

［5］ OLGYAY V. Design with Climate：Bioclimatic Approach to Architectural Regionalism-New and expanded Edition［M］.Princeton：Princeton University Press，2016.

［6］ 吴浩然，张彤，孙柏，等.建筑围护性能机理与交互式表皮设计关键技术［J］.建筑师，2019（6）：25-34.

［7］ KOSCHENZ M，DORER V. Interaction of an air system with concrete core conditioning［J］. Energy and Buildings，1999，30（2）：139-145.

［8］ 石峰，郑伟伟，金伟.可变建筑表皮的热环境调控策略分析［J］.新建筑，2019（2）：97-101.

［9］ 邢洋洋.可利用低品位能源的热活化墙体热特性研究［D］.哈尔滨：哈尔滨工业大学，2020.

［10］ HAKPYEONG K，HYUNA K，HEEJU C，et al. Human-building interaction for indoor environmental control：Evolution of technology and future prospects［J］. Automation in Construction，2023，152：104938.

［11］ D'OCA S，HONG T，A data-mining approach to discover patterns of window opening and closing behavior in offices［J］. Building & Environment，2014，82：726-739.

［12］ CALì D，ANDERSEN R K，MÜLLER D，et al. Analysis of occupants' behavior related to the use of windows in German households［J］. Build. Environ. 2016，103：54-69.

［13］ 袁小宜，叶青，刘宗源，等.实践平民化的绿色建筑——深圳建科大楼设计［J］.建筑学报，2010（1）：14-19.

［14］ YANG T，BANDYOPADHYAY A，O'NEILL Z，et al. From occupants to occupants：A review of the occupant information understanding for building HVAC occupant-centric control［J］. Build Simul，2022，15（6）：913-932.

［15］ Yuzhen Peng，Yue Lei，Zeynep Duygu Tekler，et al. Hybrid system controls of natural ventilation and HVAC in mixed mode buildings：A comprehensive review［J］. Energy and Buildings，2022，276：112509.

［16］ 王刚，乔冠，杨艳婷.建筑智能化技术与建筑电气工程［M］.长春：吉林科学技术出版社，2020.

［17］ Switzerland global enterprise. 卢塞恩应用科学与艺术大学"完美住宅".<https：//www.s-ge.com/en/article/news/20234-cleantech-research-module-perfect-house>.

［18］ Archdaily. 里约2016奥运会：舞动凉亭.<https：//www.archdaily.cn/cn/793917/li-yue-2016-ao-yun-hui-wu-dong-liang-ting-estudio-guto-requena>.

［19］ Archdaily. 柏林立方体，三角折射立面包裹下的智能建筑.<https：//www.archdaily.cn/cn/936059/bo-lin-li-fang-ti-san-jiao-zhe-she-li-mian-bao-guo-xia-de-zhi-neng-jian-zhu-3xn>.

［20］ 赵田，庄智，王建军.夏热冬冷地区农村住宅适应性表皮设计策略与热性能提升实证研究［J］.建筑科学，2024，40（02）：189-197.

［21］ XIAO Y，ZHUANG Z，WANG J，et al. Intelligent control strategy of air handling unit based on digital twins［C］.18th IBPSA Conference，Shanghai，China，Sept. 4-6，2023.

第 7 章　低碳智慧建筑行为动态交互设计

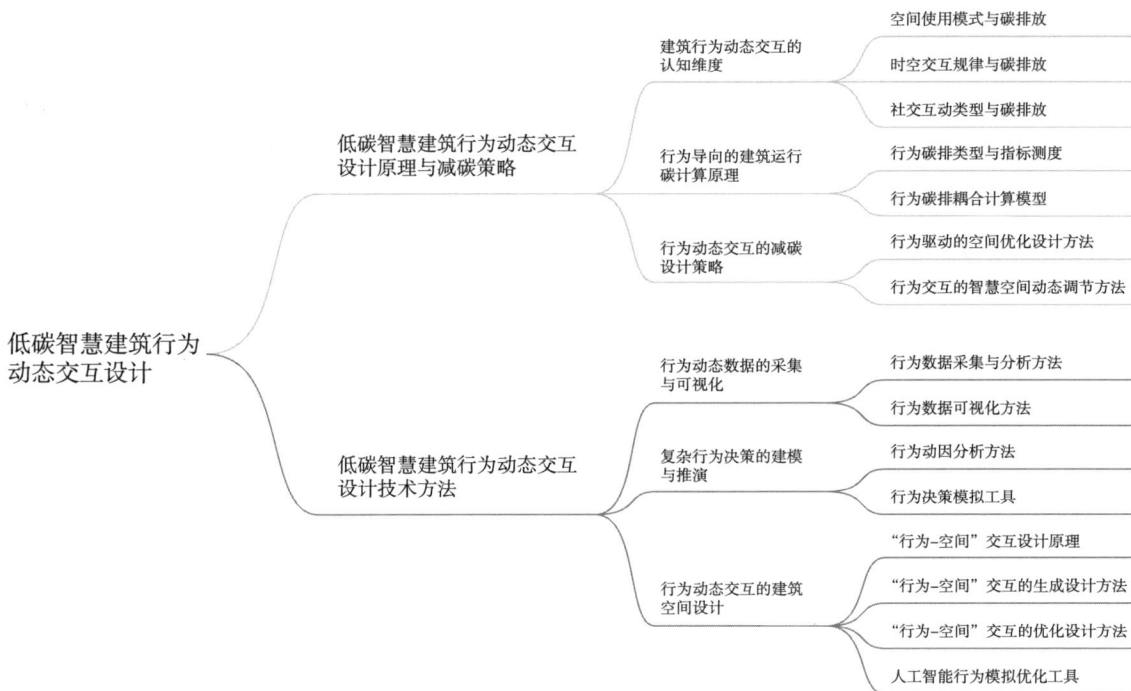

低碳智慧建筑行为
动态交互设计

├─ 低碳智慧建筑行为动态交互设计原理与减碳策略
│   ├─ 建筑行为动态交互的认知维度
│   │   ├─ 空间使用模式与碳排放
│   │   ├─ 时空交互规律与碳排放
│   │   └─ 社交互动类型与碳排放
│   ├─ 行为导向的建筑运行碳计算原理
│   │   ├─ 行为碳排类型与指标测度
│   │   └─ 行为碳排耦合计算模型
│   └─ 行为动态交互的减碳设计策略
│   ├─ 行为驱动的空间优化设计方法
│   └─ 行为交互的智慧空间动态调节方法
│
└─ 低碳智慧建筑行为动态交互设计技术方法
    ├─ 行为动态数据的采集与可视化
    │   ├─ 行为数据采集与分析方法
    │   └─ 行为数据可视化方法
    ├─ 复杂行为决策的建模与推演
    │   ├─ 行为动因分析方法
    │   └─ 行为决策模拟工具
    └─ 行为动态交互的建筑空间设计
        ├─ "行为–空间"交互设计原理
        ├─ "行为–空间"交互的生成设计方法
        ├─ "行为–空间"交互的优化设计方法
        └─ 人工智能行为模拟优化工具

本章要点：

知识点 1. 行为动态交互与碳排放的关系。

知识点 2. 行为导向碳排计算原理与模型。

知识点 3. 行为数据采集与决策模拟方法。

知识点 4. 行为驱动的减碳设计策略与方法。

学习目标：

（1）学习建筑行为动态交互的认知维度与碳排放关系，掌握行为导向的碳计算原理与设计策略。

（2）了解行为数据采集、可视化及行为－空间交互设计工具的基本原理，掌握行为驱动的建筑空间设计优化方法。

7.1

低碳智慧建筑行为动态交互设计原理与减碳策略

面对全球气候变化和可持续发展的挑战，人居环境中的行为减碳策略显得尤为重要。全世界多国的碳排分析已经证明了行为变化在降低建筑能源消耗和碳排放中的作用，强调了人群行为干预对于实现建筑减碳目标的重要性[1]。由于建筑空间天然地具有行为干预的能力，因此将减碳策略融入空间行为的动态交互原理中，指导低碳建筑设计和运维决策，对于实现人居环境的可持续发展目标具有重要意义。

1）何为低碳建筑行为交互设计

低碳建筑行为交互设计是基于空间与行为的交互规律，通过优化设计空间布局、材料选择、光照和通风等因素，干预人群行为，从而减少人群使用空间时所导致的碳排放。例如，自然采光和通风的设计不仅能减少对人工照明和空调的依赖，从而降低能源消耗，同时也能提高居住或工作空间的舒适度。

2）何为低碳智慧建筑行为交互设计

低碳智慧建筑行为交互设计是指运用前沿智能技术提升空间行为理论认知，优化空间行为干预能力，实现更加有效的行为减碳。首先通过建筑智能感知分析技术，对建筑空间中人群行为规律进行深入挖掘，揭示出更多行为减碳的空间干预方式；然后通过建筑智能优化设计技术，高效地创造出最优空间，从而更加有效地干预人群行为的节能减排；最后通过建筑智能运维技术，如自动调节的照明和温控系统，进一步优化人群行为的精细化管理，从而有效减少全时域的行为碳足迹（图7-1）。

总体上，建筑空间行为的交互设计会发生在群体、远体、中体、近体、体表五个不同的尺度上，对应城市、街道、单体建筑、室内、微环境等空间对象[2]。智慧建筑减碳设计也应关注不同尺度下的行为减碳策略，并且随着智能技术的赋能，我们对各个尺度下人群行为的认知更加全面，对于人群行为的感知、分析、建模也更加精细，为支持精准减碳设计提供了新的可能性。

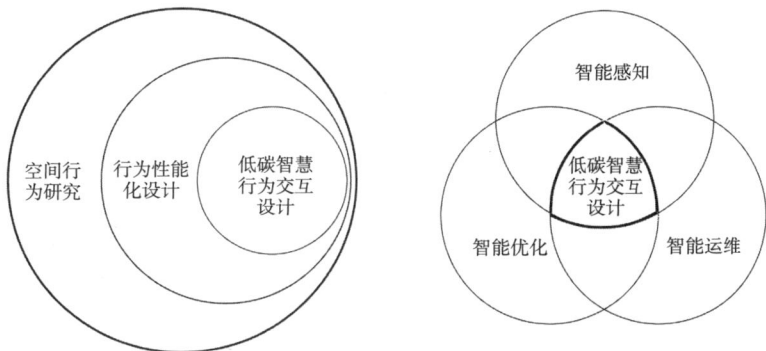

图 7-1　低碳智慧建筑行为交互设计的理论基础与构成要素

167

7.1.1 建筑行为动态交互的认知维度

1）空间使用模式与碳排放

在探讨建筑空间中与碳排放有关的人群行为和空间使用模式时，可以从室外、室内、微观空间三个角度进行分类。

（1）室外行为与碳排放：城市规划和建筑设计如何影响个人和群体的室外出行方式、活动范围和交通选择，是减少碳排放的关键因素之一。

①出行方式与碳排放：建成环境的设计对私人车辆出行的碳排放有显著影响。通过促进步行、自行车出行和公共交通的使用，可以有效减少碳排放。例如，提供安全和便利的自行车道和人行道以及高效的公共交通系统，可以鼓励人们减少对私人汽车的依赖，从而降低碳排放。

②户外绿色活动与碳排放：绿色基础设施，如公园、绿带和城市绿地，不仅提供了休闲和运动的空间，还能改善城市微气候，增加碳汇，减少整体碳排放。此外，绿色基础设施还能促进生物多样性，提高城市的生态可持续性。

（2）室内行为与碳排放：室内使用模式和人群行为对建筑的能源消耗和碳排放有重大影响。通过优化室内空间设计和鼓励节能行为，可以显著降低碳排放。

①被动式行为碳排放：室内空间的能源效率通过建筑物的热性能、照明系统和空调系统等因素决定。智能家居系统能够根据室内外环境和用户行为自动调节设备运行，进一步提高能源效率。

②主动式行为碳排放：用户的日常行为，如调节温度、使用电器和照明，对室内能源消耗有直接影响。通过教育和激励措施，鼓励用户采取节能行为，如关闭不使用的电器和灯光，合理调节室温，可以有效降低能源消耗和碳排放。

（3）微观行为与碳排放：个人化的微观行为同样是理解和干预碳排放行为的关键层面。其中，个人的选择和行为模式对能源消耗和碳排放有显著影响。

①工作模式与碳排放：随着远程工作和灵活工作时间的普及，办公室和家庭的能源消耗模式发生了变化。优化远程工作环境的能源效率，如使用节能电脑和照明，可以减少碳排放。同时，共享办公空间的设计也应考虑能源效率和碳排放的减少。

②消费行为与碳排放：个人的消费选择，如购买节能产品和服务，使用可再生能源以及减少浪费，对减少碳排放至关重要。通过提高公众对碳足迹的认识和采取积极的消费行为，可以在微观层面促进碳减排。

2）时空交互规律与碳排放

在建成环境领域，从时空行为角度研究建筑碳排放是一个重要的研究方向。通过分析人们在不同时间和空间中的行为模式，可以更好地理解和预测建筑碳排放的动态变化，从而为制定有效的减排策略提供依据。

（1）街区尺度：通勤行为规律是影响城市碳排放的重要因素之一。研究表明，城市建成环境的设计对通勤碳排放有显著影响。通过大数据分析，可以准确计算不同时间和空间下的通勤碳排放，进而评估城市规划和交通系统设计对减少碳排放的效果。

（2）建筑尺度：建筑中的生活方式及其变化对城市碳排放产生重要影响。人群行为对室内环境的关系是双向的。一方面，我们的活动需要消耗能源，如照明、加热和电器使用；另一方面，我们对室内环境的感知（如温度和光照）会影响我们的行为和能源使用决策。通过理解这些行为模式，我们可以看到，从建筑群和室内环境的角度研究与碳排放有关的时空行为规律，为实现碳减排提供了多维度的策略和方法。

①能源使用规律：通过监测和分析这些环境参数的时空分布，我们可以更有效地管理建筑的能源使用，从而减少碳排放。例如，通过调整空调和加热系统的运行时间，以适应室内活动的模式，可以显著降低能源消耗。

②个人舒适性规律：通过使用数字孪生技术和基于 BIM 提取的空间 - 时间接近性数据，可以分析出个人热舒适偏好的预测模型，通过理解和优化室内环境条件（如温度、湿度、噪声和 CO_2 浓度），提高能源效率并减少碳排放。

3）社交互动类型与碳排放

在建筑室内空间中，社会交往行为对碳排放的影响是一个复杂的研究领域，涉及人群行为与室内热环境、光环境、空气质量、能量消耗等多个方面的关系（图 7-2）。

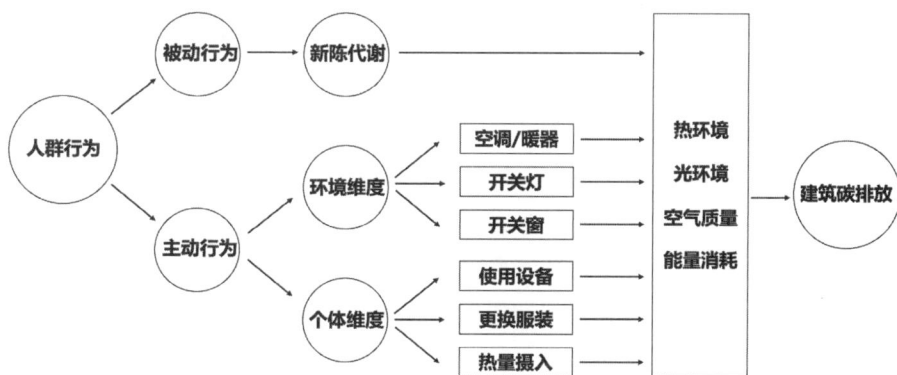

图 7-2　建筑室内空间与碳排放的关系

（1）传统社交活动与碳排放：建筑空间中的社交活动，如会议、聚会和其他集体活动，可能会增加对能源的需求（例如，照明、加热/冷却和电子设备的使用）。组织这些活动时采取节能措施可以减少相关的碳排放。然后，工作场所的社交行为影响人们在建筑内的移动和空间利用模式。例如，开放式办公空间促进了更多的社交互动，但也可能影响能源使用模式，如空调和照明的需求。

（2）新兴社交活动与碳排放：鼓励共享工作空间和生活空间的社交行为可以提高资源利用效率，减少每个人的碳足迹。共享空间减少了对单独空间加热、冷却和照明的需求。同时，社交互动和社区活动可以传播节能习惯和可持续生活方式，从而减少整体碳排放。

7.1.2　行为导向的建筑运行碳计算原理

1）行为碳排类型与指标测度

在建成环境领域，行为对建筑碳排放的影响是通过多种方式和指标进行测量和评估的，揭示了行为变化如何通过不同的途径对建筑的碳足迹产生影响，以及如何通过具体的测量方法来评估这些影响。

（1）居住建筑测度：家庭行为的影响包括能源消费习惯、设备使用频率，以及节能效率措施的采纳，是影响建筑碳排放的主要行为类型之一。例如，通过改变家庭中的能源使用行为，如采用节能灯泡、提高建筑绝缘性能，以及使用高效能家电，可以显著减少碳排放。这些行为的影响可以通过计算节能措施的碳减排潜力来测量，通常以每年节省的碳排放量来表示。

（2）公共建筑测度：人群行为如日常能源使用习惯、空间使用模式、以及与建筑控制系统的互动，对建筑能源效率和碳排放有直接影响。这些行为的影响可以通过建筑能源模拟、实际能源消耗监测，以及人群行为调查来评估。评估方法包括使用生态反馈系统、社交互动策略和游戏化方法来促进节能行为，进而通过减少能源消耗来降低碳排放[3]。

（3）测度计量方法：通过观测行为变化是对碳排放指标进行测度的关键方法，包括定量和定性的评估。

①定量方法通常涉及能源消耗和碳排放的直接测量，如使用能源计量设备来监测特定行为改变前后的能源消耗差异。

②定性方法则可能包括对人群行为的调查和访谈，以及使用心理学和社会学工具来理解行为变化的动机和障碍。

行为在建筑碳排放中扮演着关键角色，其影响可以通过多种测度方法进行评估和量化。通过采取行为干预措施，如生态反馈、社交互动策略和节能技术的应用，可以显著提高建筑的能源效率，减少碳排放。

2）行为碳排耦合计算模型

行为影响建筑碳排放的综合计算具有不同的计算技术、框架和步骤，以量化行为变化对碳排放的影响。

（1）生命周期评价（LCA）：是一种评估建筑碳排放的常用方法，考虑了建筑从建造、使用到拆除全过程中的碳排放。对于行为影响的计算，LCA方法可以用来评估不同的人群行为模式（如能源使用习惯、通勤方式选择等）对建筑整体碳足迹的影响。具体计算步骤包括定义评估范围、收集相关行为和能源消耗数据、使用标准化的LCA软件工具进行分析，以及解释结果以识别减排潜力[4]。

（2）碳足迹计算器：是一种直接估算个人或家庭行为对碳排放影响的方法。用户通过输入有关其能源消耗、交通习惯、食品消费等方面的信息，计算器可以估算出相应的碳排放量。这种方法的关键在于开发和使用准确的数据模型，将不同行为的碳排放系数与用户提供的信息相结合，从而计算出总的碳足迹。计算步骤通常包括选择评估范围、输入行为数据、选择合适的排放系数和计算总碳排放量[5]。

（3）智能前沿方法：使用机器学习来评估建成环境对交通行为及其相关碳排放的影响。这种方法特别考虑了居民自我选择的问题，即人们可能根据其交通偏好选择住在特定类型的建成环境中。机器学习方法通过结合大量数据和复杂的算法，能够更准确地估算建成环境特征对行为的影响，从而计算出由此产生的碳排放量。计算步骤包括收集关于建成环境、居民行为和交通排放的数据，使用机器学习模型来识别和量化这些变量之间的关系，最后计算出特定行为变化导致的碳排放变化量[6]。

从生命周期评价到碳足迹计算器，再到机器学习，这些方法各有优势和应用场景。关键在于选择合适的方法来满足特定研究或评估的需求，并准确地收集和处理数据。通过这些计算方法，我们可以更好地理解和量化行为变化对建筑碳排放的影响，为制定有效的减排策略提供科学依据。

7.1.3 行为动态交互的减碳设计策略

1）行为驱动的空间优化设计方法

在建成环境领域，通过计算建筑形态的参数，可以分析不同建筑设计对能耗和碳排放的影响，进而指导建筑室内外空间的优化设计。

（1）城市基础设施设计：通过设计促进社交互动的公共空间，可以减少家庭能源消耗；通过提供便捷的回收设施和绿色设施，可以促进环保行为。

（2）建筑组团形态设计：通过混合用地布局，可以减少居民的出行需求，促进步行和自行车出行，从而降低碳排放。此外，优化住宅和工作场所的布局，可以减少能源消耗和提高能源效率。

（3）建筑单体形态设计：通过优化建筑形态，如优化朝向和布局、建筑表皮形态，可以有效减少能源需求和碳排放。

综上所述，通过对建筑表皮、空间形态、布局类型、空间组织的优化设计，可以有效干预和引导居民的行为，从而实现建筑室内空间的碳排放减少。

2）行为交互的智慧空间动态调节方法

在前沿研究领域，特别是针对建筑室内空间设计，智慧交互空间设计是减少行为碳排放的关键方法之一。通过智能技术和交互环境的应用，可以有效地干预和引导居民的行为，从而达到节能减排的目的。其中，主要包括智慧运维设备和动态交互空间两种策略。

（1）智慧运维设备：包括照明、温控、通风等多种与人群行为进行实时反馈的环境调控方向。

①智能照明系统：基于传感器的自动调光和开关控制，可以根据室内光照需求和人员存在情况自动调整照明强度，从而减少不必要的能源消耗。例如，当房间无人时自动关闭灯光，或者根据自然光照情况调整室内照明，以减少能源使用。

②智能温控系统：可编程恒温器和温度感应器，可以根据室内外温度变化和使用习惯自动调节室内温度。这不仅提高了居住舒适度，还能有效减少因过度使用暖气或空调导致的能源浪费。通过开发交互式能源管理平台，居民可以实时监控和管理自己的能源消耗情况。这种平台通常包括能源消耗数据分析、节能建议和目标设定功能，鼓励居民通过日常行为调整来减少能源使用和碳排放。例如，微软利用物联网连接设备，如运动和占用传感器，优化员工与空间的互动。该系统通过房间占用情况来调节加热和冷却功能，或根据空气质量传感器调整 CO_2 流量或湿度水平，实现空间的碳排优化。

（2）动态交互空间：动态灵活的室内空间布局，如使用可移动的隔断墙和多功能家具，可以适应不同的使用需求和活动类型。这种空间的动态重构不仅提高了空间的使用效率，还有助于减少因空间使用不当而导致的能源浪费，从而降低碳排放。相关研究中探讨了开放式办公空间通过不断重构空间布局，减少了家具使用并且关注更平衡的空间分布，使得工作空间变得更加动态和灵活，从而提高空间使用效率和减少能源消耗。针对动态交互空间的设计方法，首先需要通过调查和访谈收集用户的需求和偏好，了解他们对空间的使用方式和需求，同时基于需求分析，设定设计目标，包括空间应如何适应不同的活动、如何通过设计减少碳排放等；然后设计可移动的隔断墙和可重组的家具布局，以便空间可以根据不同的使用需求快速重新配置，同时设计交互式元素，如可变的照明和声音环境，增强空间的体验性和适应性；

再考虑将智能技术集成到设计中，如自动调节的照明和温度控制系统，以优化能源使用。

综上所述，通过智慧交互空间设计方法，如智慧运维设备、动态灵活的空间布局调整、多功能家具的使用，可以有效地减少碳排放，这要求设计师对智能技术和智慧空间设计原则均有深入的理解和应用。

7.2 低碳智慧建筑行为动态交互设计技术方法

从方法论角度看，当前基于身体行为的设计方法大多是"研究—评价—决策—设计"的范式。即，通过大量的行为研究，发现空间影响行为的规律，再以量化研究结论作为空间评估的依据，反过来指导设计决策。随着数字化技术的发展，建筑学中的行为研究在大数据、机器学习、虚拟现实等新的采集、分析、体验技术的催动下，经历着研究范式的数字化革新，智能技术赋能的行为交互设计也不断革新，从行为观测与分析方法、时空行为模型建构、行为性能评判体系等方面，为行为交互的智慧建筑减碳设计铺垫了理论认知和技术方法。

7.2.1 行为动态数据的采集与可视化

1）行为数据采集与分析方法

对身体行为的研究，需要在实证观测、结构建模、虚拟模拟之间不断往复反馈。采集行为数据，既可以通过统计归纳，建构出行为规律模型，进而支持设计模拟，也可以对建筑空间进行使用后评估，通过反复实验修正，提高模型的可靠性。随着对于身体行为的认知更加精细化和全面化，实地观测的技术也在不断迭代，可以采集从宏观位移到肢体动作，再到微观表情和生理、心理信号的多尺度数据，支持相应的建模和验证。

（1）身体位移数据的采集：在通过采集数据进行移动行为建模时，所挖掘数据的准确性是核心。而数据量和数据精度均是影响准确性的重要因素。因此，运用多种不同的数据采集手段来提高位移轨迹的精准性也是近年来重要的研究方向之一。

①室外数据采集：目前可运用无人机携带热成像设备，在相对无遮挡的户外和半户外区域，对中尺度空间中身体的时空行为进行图像记录，再运用图像处理技术进行图像清洗和数据抽取。

②室内数据采集：利用无线数据传输技术进行采集。例如，由于无线网室内定位系统具有布置较为简易的优势，因此可以在较长时期内，对空间进行全时域的行为监测，通过采集大量的数据对身体流动和聚集的时空分布进

行更加可靠的解析。另外，低能耗蓝牙技术是另一种采集室内身体位移数据的手段。相关研究曾开发了一个移动互联网平台的应用程序 HalO，配合机器学习技术，对身体在空间中的移动进行记录、处理、分析。对于定位精度会有更高的要求，此时我们往往会运用一种超宽带（Ultra Wide Band，UWB）无线网技术。超宽带无线定位技术具有高传输率、低能耗、高穿透性等特点，可以采集更加精确的位移数据。然而，由于这种技术需要被观测者佩戴特定的数据传输设备，因此对大数据的采集相对更困难。

③微观数据采集：为了在建模中将行为数据与行为含义进行关联，我们往往需要在位移数据的基础上，对更加微观的身体信息进行采集。当前诸如 Kinect 相机等新技术，可以在保护被观测者隐私安全的前提下，采集到身体姿态等更加微观的动作信息，再通过结合深度位置、声音等信号，可以在位移的基础上推演出相对应的身体行为含义。另有相关前沿研究运用面部识别系统对人的面部行为进行采集，并运用人工神经网络对面部微表情的含义进行识别，进而可以在更加精细的维度建立行为与其所表达的含义之间的关联模型。

（2）空间行为数据耦合：对感知机制的解析是我们理解空间如何影响行为的基础。因此，这便往往要求我们在采集行为信息的同时，获取与之对应的感知信息。

①基于公共数据的建模：相关研究通过让被观测者穿戴摄像设备，同时记录所看到的场景和所处的位置，进而将行为、时间、路径、视野关联起来，建立"行为—空间"关联模型。当我们需要获取更大规模的感知数据时，也可以利用社交媒体、街景图像等资源。例如，相关研究运用深度学习和地理空间技术，采集社交网络发布信息，并与身体位移、街景图像同时进行关联。

②基于实验数据的建模：相关研究运用视觉追踪和虚拟现实技术，在实验室环境中提高观测的效率，在收集大量行为数据的同时，通过虚拟现实技术观察并分析这些行为对应的感知信息。近年来，通过越发普及的佩戴式皮电、肌电、脑电等监测设备，我们还可以同时采集身体位移、感知、生理、心理信号，为身体行为建模提供了更多的可能性。

2）行为数据可视化方法

建筑空间中身体行为的规律本质上是一种统计学上的数理结构。当面对建筑设计时，首先需要将数理结构进行形式化转译和可视化再现，将行为规律转化成可以设计操作的几何元素。另外，身体在空间中的行为是高度差异化、主观化的，同时其环境影响因素也具有高度多样性和随机性，而我们为了让人群行为可以被"计算"，在计算机中所架构的"行为—空间"模型必然且必须是一种被客观化、理性化、抽象化后的"版本"。因此，借由可视

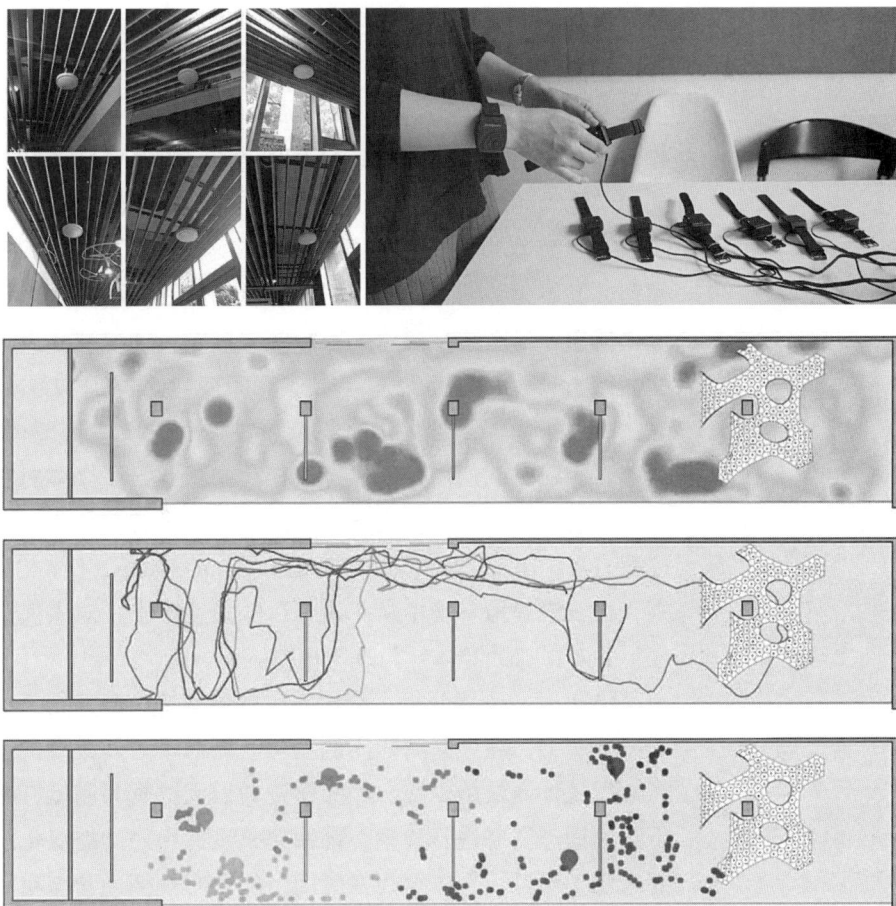

图 7-3 基于 UWB 定位的行为可视化

化交互，建筑师主观认知的介入还可以对设计进行丰富和修正（图 7-3）。

①位移数据可视化：位移数据在空间中的映射绘图是最为直接的方式，例如通过数据清洗、投射，将空间中行为的频率和强度转译成平面热力图，并根据特定的规则逆向推演出对应的三维空间形式。

②感官数据可视化：相关研究将包括问卷、微气候监测、行为监测、空间信息等多维度的数据，以及满意度分析、空间句法分析、生理信息分析、身体行为分析等多方面的结果进行叠加和可视化，为设计提供一种更加综合的图像信息。

7.2.2 复杂行为决策的建模与推演

1）行为动因分析方法

人在空间中的行为受到内在生理、心理、潜意识，以及外在物质、社会、文化等多重因素的影响，实际上是无法被完整描述和预判的。因此，我们对身体行为进行建模，实则是针对具体场景对行为进行一定程度的抽象化，以满足理性化的设计需求和科学化的研究需求。而随着身体行为观测技术更加多元和全面，我们对于身体行为的数字化建模也可以更加精细和完整，以提供更加真实和有效的设计模拟。这其中既涉及更加复杂的系统结构认知，也需要对这些系统结构进行更精细、动态的可视化再现。

（1）感官机制分析：身体行为建模已经从"行为—空间"的二元映射模型，发展为"行为—感知—空间"的网络关联模型。例如，相关研究运用一个情感光谱系统来描述人在空间中感觉，通过建立大脑行为的抽象数理结构，解析"感知—行为"与街道空间变化之间的关系。在感知机制的基础上，身体行为伴随着另一个复杂属性——"事件"。身体行为的生发一定是伴随着人对空间的使用而展开的，其中既包含了个体对空间的使用，还涉及使用空间时个体与个体之间的关系。相关研究曾利用一种商业进程的建模与注解方法（Business Process Modeling and Notation）架构出具体的空间使用规则，在三维虚拟环境中从"事件"的角度出发，对人使用空间的进程进行建模，并对伴随的身体行为进行模拟。

（2）时空维度分析：针对某一具体环境，身体行为的规律不仅呈现在空间的分布上，还关联着时间的变化。而对于时间维度的行为建模，往往需要大数据统计方法的支撑。相关研究曾以大数据为基础，在时空维度下对身体行为的动态姿态进行建模，辅助建筑设计中对动态变化的人与环境交互过程的考量。而且，身体行为在时间上的分布规律通常与空间使用息息相关。相关研究通过建立一个街道设施的使用矩阵，并通过大数据采集来分析街道设施在时间维度上的活跃度变化，进而来建立身体行为的时空分布规律。另外，不同的时空分辨率以及统计方式，都会带来不同层面的行为规律解读。例如，某研究在一种设定的时空计量分辨率下，记录人在每个时间、每个地点的空间使用情况，并从总体值和平均值两个角度来分析时间、集体行为、空间结构、功能组织之间的关系。

2）行为决策模拟工具

针对身体行为模拟中感知、事件和时间这三个复杂性元素，近年来快速发展的智能体行为建模成为非常重要的一个研究工具。Anylogic、Unity 3D等众多建模平台为建筑师模拟身体行为提供了技术支撑。随着游戏引擎、类脑机器人、机器视觉等领域的技术发展，我们还可以运用智能体模拟身体在空间中的运动、决策、交往、学习等细节行为。

（1）网格化智能体模拟：当行为研究中对分辨率要求不高时，我们可以运用网格化的智能体单元进行代理模拟。通过网格化的像素智能体进行建模，并结合感知设备监测进行实证，可以揭示商场中的人行流线规律。

（2）粒子行为模拟：基于粒子之间的交互规则，可以根据不同的空间结构和功能组织，来实时模拟人群的运动行为。

（3）虚拟人智能体模拟：智能体模拟技术最为关键的贡献在于可以将身体姿态及其伴随的感知和事件引入到建模中。此时，虚拟建筑环境中的信息对于智能体虚拟人的决策十分关键。相关研究将建筑信息模型与智能体行为模拟相结合，利用前者的模型技术建立更加精细的模拟场景，从而提高虚拟智能体对身体行为模拟的"真实"度，并且可以同时从几何信息和语义信息两个方面分析空间对身体行为的影响。基于前沿游戏引擎，我们可以通过建立复杂使用场景和行为结构来定义事件，并通过分配角色来增加使用者个体的多样性，利用人工智能引擎模拟角色在事件中的决策，从而建立一种更加丰富、可靠的身体行为模型，来模拟人群的身体行为在时空中的动态分布规律。

7.2.3　行为动态交互的建筑空间设计

1）"行为—空间"交互设计原理

以身体行为研究指导空间生成设计，关键在于挖掘影响身体行为的建筑空间要素或属性，总体上，空间形式对于身体行为的影响作用发生在两个相互渗透的维度：语义和感官。

（1）语义维度交互设计原理：无论是从控制论、社会系统论的角度去看，还是从结构主义、后结构主义的脉络去挖掘，空间形式对身体行为的影响是基于这样一种普遍认知：在具体的社会文化背景下，人与建筑之间会借由视觉感知建立一套语义系统，其中建筑材料、功能、空间、结构、装饰均具有特定的含义，而这些含义是引导人的行为的基础设施。例如。帕特里克·舒马赫（Patrik Schumacher）受尼克拉斯·卢曼（Niklas Luhmann）的社会系统论所影响提出了参数化主义（Parametricism）理论，认为在这种语义交流结构下，空间形式系统与更加宏大的社会系统相互关联，进而可以作用于社会进程的塑造[7]。在具体针对行为模式的研究中，美国环境行为学家詹姆斯·吉布森（James J. Gibson）的可供性理论具有广泛的影响。可供性理论认为人通过视觉感知到的并非空间形式的图像，而是空间形式可以容纳的身体行为，以及这种行为背后的具体含义[8]。空间形式正是通过这种可供性，在服务于身体的同时，也通过映射的含义引导着身体。

（2）感官维度交互设计原理：空间对于身体行为的催化作用主要是基于更加瞬时的体验生发。从哲学家莫里斯·梅洛庞蒂（Maurice Merleau-Ponty）的知觉现象学到当代具身感知理论，已经揭示了空间、行为、感知之间相互影响的内在规律[9]。根据这一规律，以具身性视觉感知为媒介，空间形式的几何属性可以对身体行为产生隐性的影响。在经典方法论层面，空间句法等工具为建立视觉感官体验与空间几何属性之间的关系发挥着巨大的作用。空间句法通过对视觉可达性进行数理结构分析和可视化，将视觉体验与空间形式对应起来，揭示了空间几何属性对于行为引导的作用，可以应用于从城市到室内的多重尺度的空间分析和设计中 [10]（图7-4）。在前沿探索中，神经科学的发展拓展了我们对于具身性视觉感知的认识，为探索更多影响身体行为的潜在空间形式属性提供了理论和技术支撑。理论方面的研究主要以哈里·弗朗西斯·马尔格雷夫（Harry Francis Mallgrave）和尤哈尼·帕拉斯马（Juhani Pallasmaa）等人的工作为代表。在技术层面，脑电波监测技术可以从时空维度上对人的感官体验进行量化监测和数据采集，而运动功能性磁共振成像（fMRI）技术，则建立了大脑特定区域的反应与感官体验之间的对应关系。两种技术可以从不同的维度挖掘出身体行为、视觉感知与空间形式之间更多的联系。

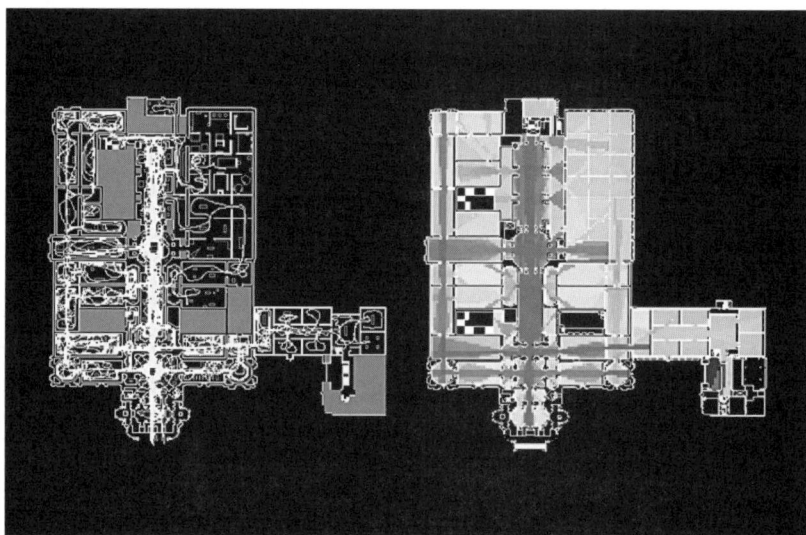

图7-4　运用空间句法揭示"空间—行为—感知"之间的关联性

2）"行为—空间"交互的生成设计方法

在"行为—空间交互的生成设计"范式中，由于建筑空间最终需要容纳设计意图中计划的身体行为，因此身体行为的形式也便直接成为空间形式的原型。经典案例如扎哈·哈迪德建筑师事务所（Zaha Hadid Architects，ZHA）在2006年设计的土耳其卡尔塔尔—潘迪克总体规划方案（Kartal-Pendik Masterplan），便是将模拟的最短步行路径形式直接转化成城市空间的路网形式。在更加微观的尺度上，相关研究对身体行为进行动态捕捉，将身体在时空中的动态姿态转化为空间生成的决定因素（图7-5）。在建筑设计场

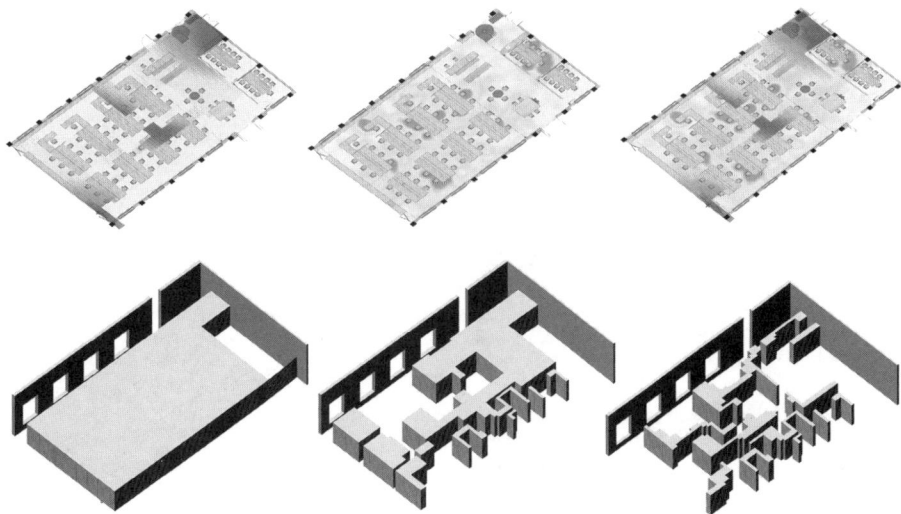

图 7-5　基于身体行为分析的空间形态生成设计

景中，有研究曾运用智能体模拟和现场观测相结合的方法，对非常规（或非线性）空间中身体行为与微观形式之间的关系进行归纳和建模，并反过来将两者之间的关联规则应用于自动化生成设计 [11]；或运用视觉识别算法采集不同人群的动作数据，建立其行为轨迹模型，进一步通过将行为轨迹模型转化成点云形式，以最小包裹计算规则生成出空间的负形形态。

3）"行为—空间"交互的优化设计方法

在"行为—空间"交互的生成设计的范式中，身体行为的可视化形式不再直接决定空间形式，而是通过可视化的行为性能差异来驱动空间形式的生成优化过程。例如，以人在运动中的寻路规律为基础，不断通过模拟来优化空间中的标识位置。针对空间形式问题，可运用多智能体所模拟的流线来驱动空间平面布局的优化。例如，扎哈·哈迪德事务所的研究团队在广州无极限总部（Infinitus Headquarter）办公项目中，运用智能体模拟技术对办公空间中的社会互动模式进行分析，如交流频率、占用率等，进而优化会议区、社交区等不同功能的空间分布（图 7-6）。在这种行为交互极其复杂动态的场景中，仅凭建筑师的经验判断很难预测行为规律，进而难以创造出最优的空间解决方法。代理人模拟工具可以快速测试不同空间的社交性能，并通过优化迭代过程，自动寻优出最高效的建筑空间秩序 [12]。此类设计方法本质上是，通过在人的身体行为和空间形式之间建立一个循环反馈系统，使得空间在生成过程中可以不断地根据行为表现被评价，最终通过不断优化形式而趋向目标行为。在生成优化过程中，由于每一次迭代空间中模拟得到的行为性能结果是引导下一次迭代的驱动因素，所以为了提高优化效率，往往要求行

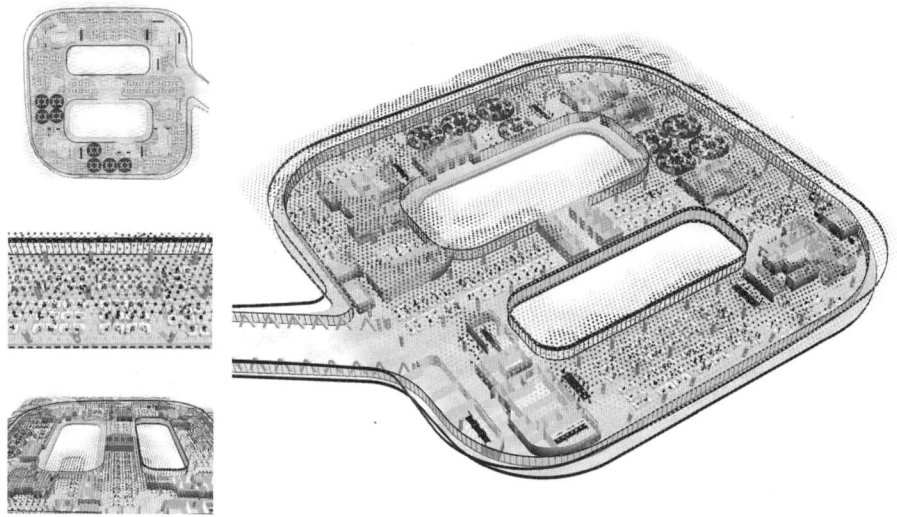

图 7-6　基于身体行为分析的空间布局优化设计

为模拟的耗时更短。因此，在诸如利用智能体模拟社交活力的设计研究中，往往还会引入机器学习等手段，在空间形式与行为性能之间建立更加直接的映射关系，通过绕过模拟计算，来加快生成优化的迭代速度。

4）人工智能行为模拟优化工具

在建成环境领域，运用人工智能工具进行空间行为研究是一个前沿且迅速发展的领域，目前主要集中在空间行为感知、预测和分析上。

在空间行为感知方面，主要利用深度学习和计算视听觉模型对人群在空间中的行为进行感知和理解。这种方法侧重于通过视听觉信息的认知计算来实现对人群行为的高效识别和理解，为进一步的分析和预测提供基础。在空间行为预测方面，基于人工智能模型和算法，特别是深度学习技术，可以对人群在特定空间内的行为模式进行预测。这种方法通过分析历史数据和当前的行为模式，预测未来的行为趋势，为空间规划和管理提供科学依据。在空间行为分析方面，主要结合知识工程和符号智能技术，对空间行为数据进行深入分析。这种方法侧重于从空间行为数据中提取有价值的信息和知识，通过知识信息处理技术，揭示人群行为与空间环境之间的复杂关系。这些研究方法不仅为我们提供了深入理解和分析人群空间行为的新途径，也为城乡规划、室内设计和公共空间管理等领域提供了强大的技术支持。

7.3

课后习题

（1）【简答】建筑空间行为的交互设计具有不同的尺度，一般包含哪五类空间场景？

（2）【简答】在室内空间中，影响建筑碳排放的主动行为一般有哪些？

（3）【简答】当前建筑空间行为碳排放的综合计算方法一般有哪些？

（4）【简答】当前基于身体行为的空间设计范式包含哪四个阶段？

（5）【简答】空间行为模拟中的基本三要素是什么？

（6）【填空】从理论角度分析，空间与行为的交互发生在 ＿＿＿＿＿ 和 ＿＿＿＿＿ 两个维度。

（7）【填空】从本质上看，空间行为的智能交互设计方法可分为 ＿＿＿＿＿ 和 ＿＿＿＿＿ 两个类别。

本章参考文献

[1] KHANNA T.M., BAIOCCHI G., CALLAGHAN M, et al. A multi-country meta-analysis on the role of behavioural change in reducing energy consumption and CO_2 emissions in residential buildings[J]. Nature Energy, 2021（6）: 925-932.

[2] 张利. 城市人因工程学：一个学科交叉的新领域 [J]. 世界建筑, 2021（3）: 8-9.

[3] PAONE A, BACHER J P. The Impact of Building Occupant Behavior on Energy Efficiency and Methods to Influence It: A Review of the State of the Art[J]. Energies, 2018, 11（4）: 953.

[4] FENNER AE, KIBERT C J, LI J, et al. Embodied, operation, and commuting emissions: A case study comparing the carbon hotspots of an educational building[J]. Journal of Cleaner Production, 2020（268）: 122081.

[5] JONES C M, KAMMEN D M. Quantifying Carbon Footprint Reduction Opportunities for U.S. Households and Communities[J]. Environmental Science & Technology, 2011, 45（9）: 4088-4095.

[6] NACHTIGALL F, WAGNER F, BERRILL P, et al. The built environment and induced transport CO_2 emissions: A double machine learning approach to account for residential self-selection[J]. arXiv, 2023: 2312-06616.

[7] SCHUMACHER P. The Autopoiesis of Architecture（Volume 1）: A New Framework for Architecture[M]. Chichester: John Wiley & Sons, 2010.

[8] GIBSON J. The Ecological Approach to Visual Perception[M]. New York, London: Psychology Press, 2015.

[9] MERLEAU-PONTY M. Phenomenology of Perception[M]. Abingdon: Routledge, 1962（1945）.

[10] 比尔·希列尔, 盛强. 空间句法的发展现状与未来 [J]. 建筑学报, 2014（8）: 60-65.

[11] LEE Y L, LEE Y. Developing an autonomous psychological behaviour of virtual user to atypical architectural geometry[J]. Building Research & Information, 2021, 49(1): 69-83.

[12] DUAN X. The Development of 'Agent-Based Parametric Semiology' as Design Research Program[C]. Proceedings of the 2020 DigitalFUTURES. CDRF 2020. Springer, 2021: 144-155.

第 4 篇

面向全生命周期的低碳智慧建筑设计

第 8 章

低碳智慧建筑的 BIM 概念与技术应用体系

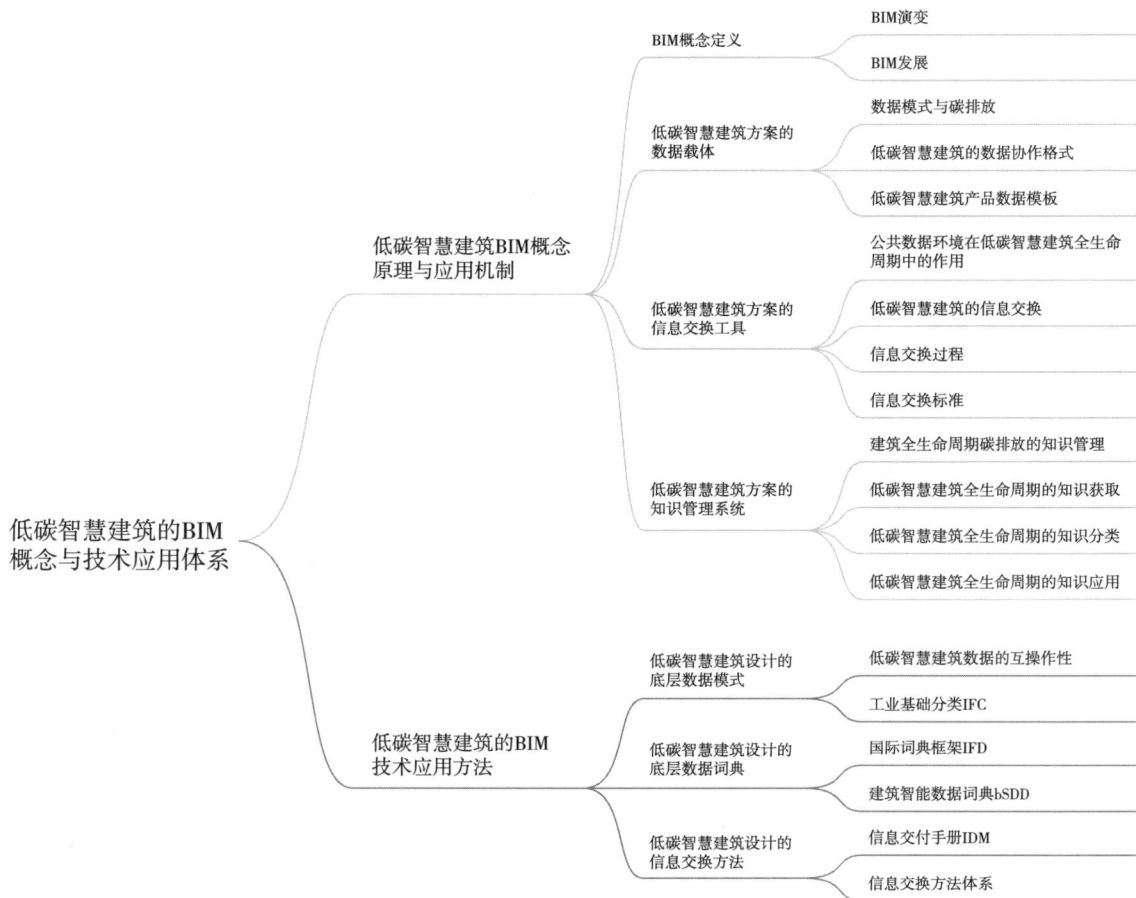

低碳智慧建筑的BIM概念与技术应用体系

- 低碳智慧建筑BIM概念原理与应用机制
  - BIM概念定义
    - BIM演变
    - BIM发展
  - 低碳智慧建筑方案的数据载体
    - 数据模式与碳排放
    - 低碳智慧建筑的数据协作格式
    - 低碳智慧建筑产品数据模板
  - 低碳智慧建筑方案的信息交换工具
    - 公共数据环境在低碳智慧建筑全生命周期中的作用
    - 低碳智慧建筑的信息交换
    - 信息交换过程
    - 信息交换标准
  - 低碳智慧建筑方案的知识管理系统
    - 建筑全生命周期碳排放的知识管理
    - 低碳智慧建筑全生命周期的知识获取
    - 低碳智慧建筑全生命周期的知识分类
    - 低碳智慧建筑全生命周期的知识应用
- 低碳智慧建筑的BIM技术应用方法
  - 低碳智慧建筑设计的底层数据模式
    - 低碳智慧建筑数据的互操作性
    - 工业基础分类IFC
  - 低碳智慧建筑设计的底层数据词典
    - 国际词典框架IFD
    - 建筑智能数据词典bSDD
  - 低碳智慧建筑设计的信息交换方法
    - 信息交付手册IDM
    - 信息交换方法体系

本章要点：

知识点 1. BIM 概念定义与发展。

知识点 2. BIM 在低碳智慧建筑设计中的作用。

知识点 3. BIM 在低碳智慧建筑设计中的数据模式、数据词典和信息交换方法。

学习目标：

（1）了解 BIM 的概念定义与发展历程。

（2）梳理 BIM 与低碳智慧建筑设计的关系，了解 BIM 在低碳智慧建筑设计中的主要技术方法。

在全球气候变化和可持续发展背景下，建筑由方案设计到资产运维，每个阶段的精心设计和管理都对降低能源消耗和碳排放具有决定性影响，突出了综合设计策略在实现建筑能效目标中的核心作用。通过全生命周期的设计方法，将先进 BIM 技术和标准、策略融入建筑的每一个阶段，对于达成低碳可持续性目标至关重要。

（1）全生命周期的低碳智慧建筑设计

全生命周期的低碳智慧建筑设计从设计的视角出发，充分考虑方案在建筑不同阶段的能源效率和碳排放水平。这包括采用高性能的材料、优化空间布局以及整合可再生能源系统等方法，在建筑的整个生命周期中实现环境和经济的双重效益。

（2）全生命周期低碳智慧建筑 BIM 应用

在全生命周期低碳智慧建筑设计中，BIM 应用发挥着关键作用。BIM 支持建筑信息三维数字化表示，通过实时数据管理和更新，BIM 工具可以优化设计决策，提高后续运营维护效率。全生命周期的低碳智慧建筑设计不仅仅是一种技术的应用，也是一种设计方法论，它要求从设计的视角应用数字化、标准化方法，考虑建筑可持续发展需求。通过这种方式，BIM 不仅成为减少全球碳足迹的重要工具，同时也为管理者提供更高效的工作模式，为用户带来了更舒适的生活环境。

8.1.1 BIM 概念定义

BIM 技术及其应用体系正引领建筑业的数字化转型，重塑建筑方案设计与管理建筑项目的信息流程。通过促进开放性和互操作性，BIM 不仅可以加强项目团队之间的数据共享与协作，还可以显著提高工作效率。这一先进技术正在加速建筑行业向标准化和资源优化管理的转变。更重要的是，BIM 支持智能建造和可持续发展实践，为低碳建筑领域带来了前所未有的智能解决方案。

自 20 世纪 70 年代以来，BIM 概念雏形开始形成，标志着建筑设计和管理的一大进步。如图 8-1 所示，其理念和应用的基础可追溯至美国佐治亚理工学院的查克·伊斯特曼（Chuck Eastman）教授的开创性概念"建筑描述系统"（*Building Description System*）[1]。然而，BIM 作为一个专业术语，其普及和认知直到多年后才真正开始获得建筑工程领域的关注。通过探讨早期的学术著作到如今在全球范围内的国际标准框架的定义，可以发现 BIM 概念从孕育到成熟的发展轨迹。

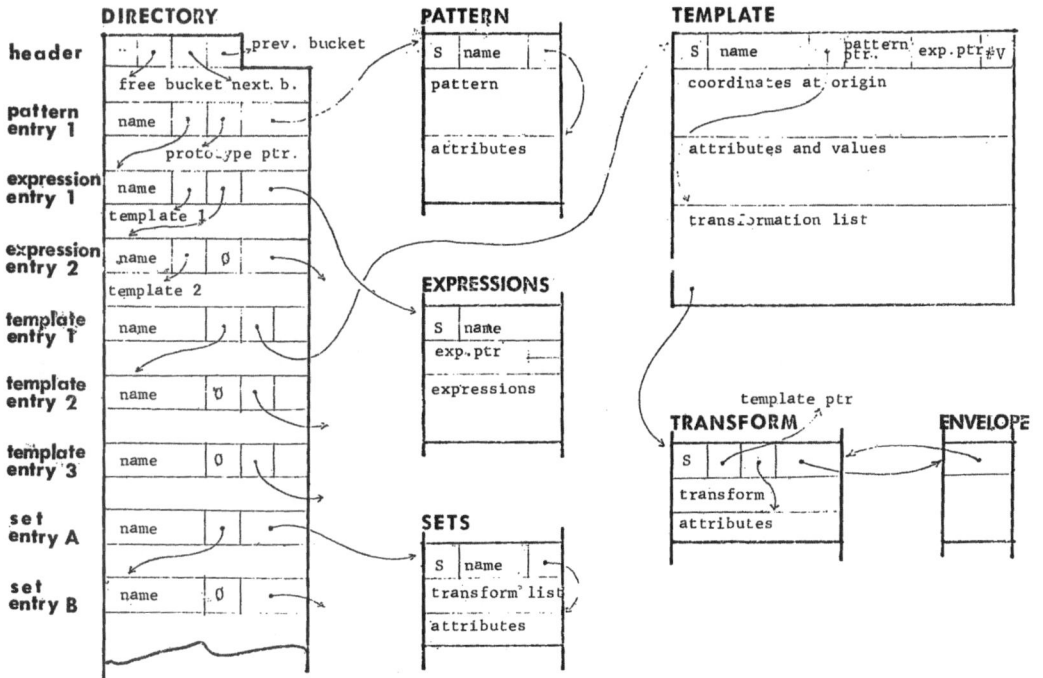

图 8-1 "建筑描述系统"中的建筑数据库形式 [1]

1）BIM 演变

伊斯特曼在 *BIM Handbook* 一书中所做的阐述，对 BIM 的定义如下：

"建筑信息模型（BIM）为设计、建设和设施管理提供一种创新方法，使用建筑产品和流程的数字表示来促进数字格式的信息交换和互动。" [2]

这一定义不仅包含 BIM 的核心理念，也揭示了它在当代建筑行业中的重要性和实践应用场景。从 BIM 发展的另一个角度，第一部整合性的国际标准 ISO19650 中将 BIM 定义为：

"利用可共享的建筑资产数字化表现形式，促进设计、施工和运营过程，为决策提供可靠依据"。[3]

从以上定义演变可以看出，随着 BIM 技术体系的发展，当前国际标准体系强调了 BIM 在数字资产构建方面的作用，并且将 BIM 明确地视为在项目全生命周期中为决策提供可靠依据的资产载体。从最初局限于设计、施工和制造的应用，发展至涵盖建筑资产管理和运营，BIM 逐渐成为建筑行业的核心技术体系。

2）BIM 发展

BIM 的发展阶段可以大致划分为以下几个部分：

（1）在计算机图形学诞生的早期阶段：最初的尝试主要集中在 2D 图形的表示和处理上。这时期关键发展包括 CAD 系统的产生，以及简单的 3D

模型。尽管这些初步尝试离现代的 BIM 还有一段距离，但为 BIM 应用奠定了基础。

（2）发展阶段：3D 模型工作流开始出现并在建筑设计中得到应用。软件工具开始具有更复杂的功能，如参数化设计和关联性设计，即改变一部分设计时，其他相关部分也会自动调整。这种进步使设计过程更加精确、高效。

（3）成熟阶段：BIM 真正形成并开始广泛应用的时期。Autodesk 在 2002 年发布了建筑信息模型软件 Revit，能够创建和管理建筑项目的信息。此外，许多其他公司也发布了自己的 BIM 软件，包括 Graphisoft 的 ArchiCAD 和 Bentley Systems 的 MicroStation 等。大量软件出现，使 BIM 成为主流设计工具。

（4）扩展阶段：截止到目前，BIM 不仅用于设计阶段，还扩展到了施工和运营阶段。这意味着 BIM 已经从一个建筑方案设计工具发展成为一个全生命周期管理工具。同时，BIM 也逐渐与许多新兴的技术相结合，例如大数据分析、虚拟现实以及人工智能等，实现了信息的深度整合和智能化应用。

对于实现低碳、智能的建筑方案来讲，传统的建筑设计主要依赖于平立剖等二维图纸。基于 BIM 的方案设计和表达则扩展了主要的空间尺寸，可以整合关于时间、成本、资产管理、绿色可持续性等方面的信息。因此，BIM 在包含除几何信息以外的空间、地理信息外，还涵盖建筑组件的属性信息，支持从方案规划、设计、建造、施工到运维的多种协作过程，专业团队（规划师、测量师、建筑设计师、结构设计师等）以及项目主要参与方（客户、主承包商、分包商、运营商等）可以共享标准化的绿色低碳信息。合理地采用 BIM 能从定性和定量的角度解决低碳设计流程中的重要节点的信息管理问题，形成低碳智慧建筑设计的工具基础。

8.1.2 低碳智慧建筑方案的数据载体

1）数据模式与碳排放

数据模式（Data Schema），包括词汇和语义。作为一个涵盖规则和标准的体系，旨在清晰地指导数据的组织、结构、格式以及数据实体间的关系。这对于管理建筑行业的数据标准至关重要。在面向低碳设计的 BIM 应用中，数据模式扮演着核心角色，为表达和传递面向碳排放优化的设计方案提供支持，同时为建筑项目中复杂的数据环境提供了统一和标准化的框架。这一框架确保设计师、工程师、建造团队及项目管理者能够有效地创建、存储、访问、共享及运用关键信息，从而推动项目的低碳目标。在实际应用中，数据模式支持建筑信息模型中的数据表示和交换，此外，其应用范围也逐渐扩展到市政工程和交通基础设施等领域。数据模式包含多种建筑对象类型，每种类型均设有详细的属性和关系描述，涉及建筑结构元素如墙体、门窗、楼梯的几何形状、位置、材料属性和性能；空间元素如房间、楼层；以及系统元素如暖通空调、照明、电力系统等，还包括其他对成本估算、施工进度等项目管理信息的记录。当前，BIM 软件中广泛采用的数据模式基于工业基础分类（Industry Foundation Classes，IFC）。

2）低碳智慧建筑的数据协作格式

数据模式扩展到建筑方案协作和通信领域，可以用来实现低碳智慧建筑设计的实施和优化。例如，BIM 协作格式（BIM Collaboration Format，BCF）作为一个开源工具，专门用于在 BIM 应用之间共享和协调信息，有效支持跨软件的问题追踪和协作[4]。其主要作用体现在促进对建筑设计中的低碳目标的达成，通过共享视图、元素选择和用户注释来优化设计。这种格式允许团队成员标识并讨论设计错误和元素冲突等问题，往往关系到建筑能效和材料的可持续使用。创建问题后的文件可以在不同的软件平台之间被编辑和更新，无需共享整个 BIM 模型，从而减少数据处理和传输的碳足迹。当文件被导入到其他软件后，设计团队可以查看问题并提供反馈，有效地推动低碳设计方案的实施和优化。

3）低碳智慧建筑产品数据模板（Product Data Templates，PDTs）

基于数据模式也可以形成面向建筑产品的标准数据模板，如产品数据模板用于规范化建筑产品数据，能够使得建筑工程制造商清晰地描述产品[5]。如面向能源管理和绿色建筑设计的 Green Building XML（gbXML），其是绿色建筑设计的互操作性数据模型，帮助实现建筑环境设计软件和工程分析工具之间的数据交流。

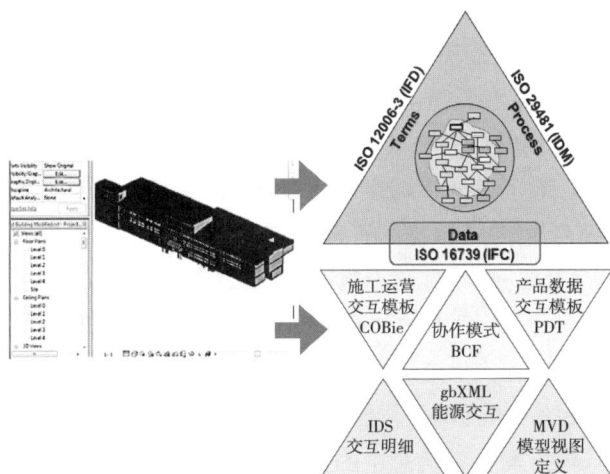

图 8-2　BIM 作为数据载体适应多元场景需求

基于 BIM 标准的建筑设计方案是依托于精确定义的数据模式来处理、管理和共享建筑所有相关数据，其核心价值在于其能够整合和协调不同来源和格式的数据，包括几何图形、材料属性、能源性能以及施工和运维过程中的动态信息等。许多成熟的数据应用方法或标准模板已经在建筑和城市基础设施建设的不同阶段和场景中投入使用（图 8-2），能够在成熟的软件应用平台上实现不同数据模式的对应转化，形成了目前的 BIM 数据标准技术体系。

8.1.3 低碳智慧建筑方案的信息交换工具

1）公共数据环境在低碳智慧建筑全生命周期中的作用

在低碳智慧建筑项目的实施中，信息管理的核心任务是确保项目应用场景在跨阶段和跨专业之间实现有效的信息交换，这对于信息的传递和交付至关重要。除了需要关注底层的数据模式、数据格式、协作工具和模型构建标准外，信息管理还特别强调集成化和高效的工作流程，这些流程指导 BIM 用户在项目管理中的实施。一般而言，信息交换环境是围绕设置公共数据环境（Common Data Environment，CDE）来构建的。

CDE 作为项目 BIM 应用的中央存储库，它不仅存放所有建筑项目相关的文档、图形模型和非图形的数字资产文件，还通过汇总所有参与团队成员的信息，增强团队间的协作，减少错误，并避免信息重复。例如，在实现低碳智慧建筑的过程中，可以从建筑师、景观设计师、结构工程师、土木工程师以及机械、电气和管道服务人员那里收集必要的信息和交付物。这些信息随后根据项目的具体信息需求被添加到 CDE 中，确保所有参与者能够访问和利用这些关键数据，从而促进项目的低碳目标和智能化管理的实现。

2）低碳智慧建筑的信息交换

总体来说，对于实现低碳智慧建筑，信息交换方法是建筑项目中所有相关参与者如业主、承包商、建筑师、工程师等实现共享、交流和管理信息的手段，涵盖从项目的早期概念设计阶段到建造、施工阶段，再到运营维护阶段的所有信息交换过程。实现低碳建筑方案的信息交换包含以下重要内容：

（1）方案信息传递过程中 BIM 应用的原则：对如何创建、管理和使用 BIM，以及在全生命周期内如何进行信息交换和协作进行定义。这一过程中需要在项目策划阶段相对详细地确定 BIM 在不同阶段包括规划、设计、建造、施工、运营和维护的应用水平和程度。

（2）面向建筑资产交付应用的信息交换：基于建筑数字资产交付需求，需建立信息管理方法和流程。除了进一步深化创建、修改、审核、批准、共享和存储 BIM 信息，还需要考虑 BIM 数据的管理环境。

（3）资产运维阶段的信息管理：包含了对设施管理、建筑资产管理、维护计划等方面信息。通过提供清晰的管理准则和方法确保资产运营和维护能够依赖于准确、及时和完整信息。其中的信息交换方法需要与数据标准相契合，这包括了如何定义和使用数据字典，确保信息能够在不同的软件和平台之间进行有效交换。

（4）信息安全管理及其他方面：在信息中的安全性管理中如健康施工作业安全管理，项目信息管理方需保护敏感信息，防止非授权访问，在交换过程中保证安全性。

3）信息交换过程

在实现低碳智慧建筑方案的信息管理中，制定信息交换是个细致且系统的过程。通过分析项目需求，团队需确定必需的信息及其接收方。需要制定清晰的流程图，显示信息流动及各阶段之间的影响，并分解信息和元素结构。对于每次信息交换，要明确接收方、文件类型、模型精度和信息深度。信息将根据用途筛选，不是所有阶段都需要所有信息。在 BIM 模型管理中，可能需要进一步整合多元数据。每个交换交由对应的专业人员负责。如信息输入输出出现不匹配，责任方需进行调整。通过 BIM，可以从设计阶段就制定全面的信息交换需求，确保各专业人员根据职责精确执行，从而实现低碳数字资产的有效信息管理。

4）信息交换标准

从信息交换标准化的角度，ISO 19650 和 ISO 29481 等标准序列从已有的国际标准体系提供了框架，用于指导如何在 BIM 项目中管理和组织信息，以及如何在项目各个阶段和不同参与者之间共享和交换信息。信息架构可以指导用户定义项目信息需求、获取信息和表达信息的方法，帮助建筑项目管理方描述需要从 BIM 模型和项目信息中获取的信息，并结合绿色低碳建筑的场景需求，使得信息的收集、管理和交付更加高效（图 8-3）。良好的信息交换方法可以进一步协同底层数据模式或者其子集，通过信息交换需求创建一个或多个特定模型视图，在 BIM 进程中确保参与方协同工作。

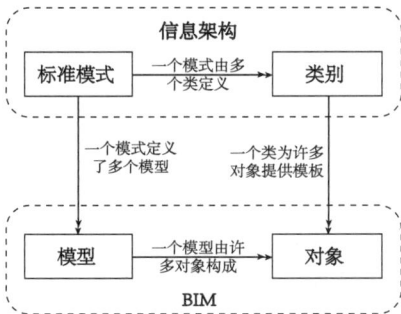

图 8-3　BIM 流程中的信息架构 [6]

8.1.4　低碳智慧建筑方案的知识管理系统

1）建筑全生命周期碳排放的知识管理

知识管理在全球建筑行业和研究中开始成为热点。在 21 世纪初，研究开始聚焦在制定框架，帮助建筑行业量化知识管理策略对商业结果的影响因素，为建筑行业定义知识管理策略并制定结构化方法 [7]，实现智能管理。一些基于建筑项目行为的知识管理系统被开发出来，用于捕获建设阶段的知识 [8]，相关研究采用知识图谱技术来收集和再利用建筑项目中的知识，让用户能够搜索和阅读不同格式文档 [9]；或开发基于网络的知识管理系统实时捕获建筑项目知识等 [10]。

在实现低碳智慧建筑的过程中，项目方案需在满足业主美学和功能需求基础上，同时考虑绿色低碳标准，从而使得项目完工后的知识仍然得到有效管理和应用，可在新方案设计及建筑运维中减少碳排放。BIM 在此扮演关键角色，通过参数化构建数据丰富的模型，整合设计与施工信息实现知识管理，涵盖低碳建筑的节能策略信息、使用可持续材料信息，以及集成高效能建筑技术和智能系统信息等多个方面。因此，BIM 中从概念设计到建造施工的每一步产生的知识，都是推动低碳智慧建筑发展的重要内容。通过知识的捕获、存储和共享，满足低碳智慧建筑标准。

2）低碳智慧建筑全生命周期的知识获取

BIM 应用中参数化和面向对象的设计方法是知识捕获的基石。BIM 模型中的每个对象不单是几何形态的简单表现，而是其内在参数和相互之间的关系共同塑造的功能和行为的集合。BIM 软件则通过提供系统对象的库，简化了复杂设计的参数化过程。因此，用户通过 BIM 对象，如"混凝土柱"，创建包含独特属性的实例。并通过定义软件的"共享参数"，实现跨模型的信息共享与再利用，从而为知识的获取和传递提供操作层面的可行性。

3）低碳智慧建筑全生命周期的知识分类

在低碳智慧建筑的背景下，知识管理需要整合设计、建造和施工中产生的信息，涉及建筑方案的各个组件和系统。这些内容需要被细致地分类并与专业领域对齐，从而提供结构化的知识体系。不同的学科领域如建筑学、土木工程、机械、电气以及暖通系统在构建低碳建筑方案的过程中，需要按照构造方法、成本效益和智能建造技术等方面进一步分类这些知识，以适应低碳建筑的需求。例如，结构设计公司可能会关注如何通过材料选择和结构方案优化来提高建筑的能效和减少碳排放，而机电承包商则可能专注于提高建筑内部系统的能源效率等。通过分类，各专业人员能从项目中快速找到与工作直接相关的信息。

4）低碳智慧建筑全生命周期的知识应用

目前，在建筑资产积累和人工智能等新兴技术迸发的背景下，对知识管理应用的需求逐渐加大，其在实际项目或工作场景中应用的价值有待继续挖掘。在这方面，知识库或知识图谱的构建可以帮助定义领域内的主要概念以及这些概念之间的关系，有效组织、理解和利用大量的建筑项目数据和信息，使计算机在理解和响应人类语言方式的同时提高检索和查询的精度，关联所需数据，实现有效信息的查找、逻辑推理和集成。目前智能化的项目知识管理应用与 BIM 数据结合（图 8-4），开始出现在优化设计、资产管理、古建筑遗产保护、风险管理、价值评估、规范审查、工程量和造价计算等领域。

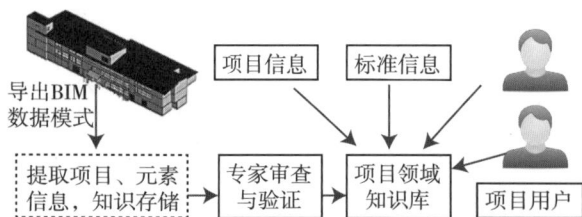

图 8-4 基于 BIM 的项目知识管理

8.2.1 低碳智慧建筑设计的底层数据模式

BIM 底层数据模式在低碳建筑中的应用，关键在于通过一个详细的数据结构框架，支持低碳智慧建筑的设计和数据操作。这种数据结构不仅存储关于建筑物的全面信息，还能对建筑的能效和碳排放进行精确的分析和优化。这使得 BIM 工具成为降低建筑项目碳足迹的有效手段，从而直接影响建筑的环境性能评估和可持续性策略。

1）低碳智慧建筑数据的互操作性

随着各种设计工具带来的信息量激增，数据交换面临的挑战使项目的决策过程变得更加复杂。互操作性指在不同学科和利益相关者之间无缝交换数据的能力，它构成了项目管理技术层面的一个核心要素。随着新技术的发展，互操作性得到了更加深入和广泛的解释。其内容进行了多层次的细化和分类。常见的分类方法将互操作性划分为三个主要层面：技术层面、语义层面和组织层面。

（1）技术层面：涉及不同系统和应用之间的兼容性和互通性，确保各种软件和平台能够无缝交换和协同工作。这在能效管理和碳足迹监测系统中尤为重要，技术互操作性使得集成各种节能技术工具成为可能，优化建筑的能源使用，减少碳排放。例如，通过集成 BIM 与能源管理系统，可以实时监控建筑能耗，动态调整能源使用策略，从而实现低碳目标。

（2）语义层面：强调数据和信息在不同系统间的意义与上下文的共享，保证信息在项目参与者间的准确传递。这一层面的互操作性对于实施基于数据的低碳决策尤为关键，如通过精确的数据解释来支持建筑的能源模拟和持续性能评估，从而识别和优化建筑设计中的低碳方案。

（3）组织层面：关注组织之间的数据共享政策和管理结构，确保不同部门和专业团队能够高效地协作，实现低碳目标。这种组织互操作性有助于跨专业团队共同优化设计，减少资源浪费，并实施有效的碳管理策略。例如采用基于 BIM 的协作管理平台，不同专业团队可以共享和更新项目信息，基于低碳建筑数据实现设计和施工过程中的决策。

2）工业基础分类 IFC

本着为互操作性提供支持，IFC 是一种全球认可的开放、标准化的数据模式，专为建筑和建造行业的数字化协作而设计。它定义了一个通用语言，可以描述低碳设计建筑和建造领域的信息，并且支持低碳建筑方案从概念阶段到运营阶段的全生命周期数据管理。其在 AEC 中是对建筑及建成重要信息实体的数据表示集合。它本身亦是可扩展的，用于软件应用程序以及平台之间信息交换。

（1）数据格式：IFC 同时作为一种格式[11]，将建筑语义和几何信息以有向无环图（Directed Acyclic Graph，DAG）的结构进行表示，并可以序列成文本行，用于数据存储、传输，最终形成在软件应用导入和导出建筑对象及其属性的国际数据标准。IFC 定义了一个基于 EXPRESS 的实体关系模型，包含基于对象的继承层次结构，可以拓展定义到建筑物、制造产品、机电系统等实体组件，以及更抽象的结构分析模型、能源分析模型、成本分解、工作计划等。通过促进供应商、设计、施工和运维方数据协同，IFC 可在广泛的设备、软件平台通过数据接口读写转化。

（2）版本：IFC 计划始于 1994 年，自 1997 年 1 月发布 IFC 最初以来，已经历了若干个不同版本（表 8-1），其中 IFC 2×3 以及 IFC 4 是目前大多数市面上的 BIM 软件支持版本，当前的 IFC 几乎能够完整地描述建筑工程所有相关对象，透过面向对象的特性，以继承、多态、封装、抽象、参照等各种不同的关系来描述数据间的关联性。IFC 也包含三个 ISO 标准进行细部的数据描述，分别是基于 ISO 10303-11 使用 EXPRESS 描述语言来定义对象属性；遵循 ISO 10303-21 的方法建立编码及交换格式；以及 ISO 10303-28 的可扩展标记语言（Extensible Markup Language，XML）表示方法。

不同 IFC 版本及内容说明 表 8-1

版本	发布时间	主要的更新内容
IFC	1994	IFC 模式制定
IFC1.0	1997	第一个 IFC 版本发布
IFC2	2000	引入核心模型和领域扩展的概念
IFC 2 Add1	2001	解决与 IFC2 相关的问题
IFC 2×2	2003	包括建筑、控制、施工管理、暖通领域相关多个扩展
IFC 2×2 Add1	2004	解决与 IFC 2×2 相关的问题
IFC 2×3	2006	提高 IFC 2×2 旧版本的质量
IFC 2×3 TC1	2007	解决与 IFC 2×3 相关的问题
IFC 4	2013	支持扩展到基础设施和新的 BIM 工作流程、产品库和至 GIS 的互操作性
IFC 4.3	2023	增加了服务于水运工程（海事领域）等基础设施的内容，当前涵盖铁路、水运、桥梁、隧道以及道路领域

（3）数据结构：IFC 提供了强大的数据结构框架（图 8-5）。在 IFC 结构中，项目本身作为根节点，确立了整个项目的分级层次体系。按照空间划分的结构负责组织各个对象及其所占据的物理位置；按照功能划分的结构负责将对象根据它们提供的功能组织成不同的系统。结构中包含独立的组件，以及用于三维可视化的几何图形，也携带了丰富的属性信息。更进一步，这些

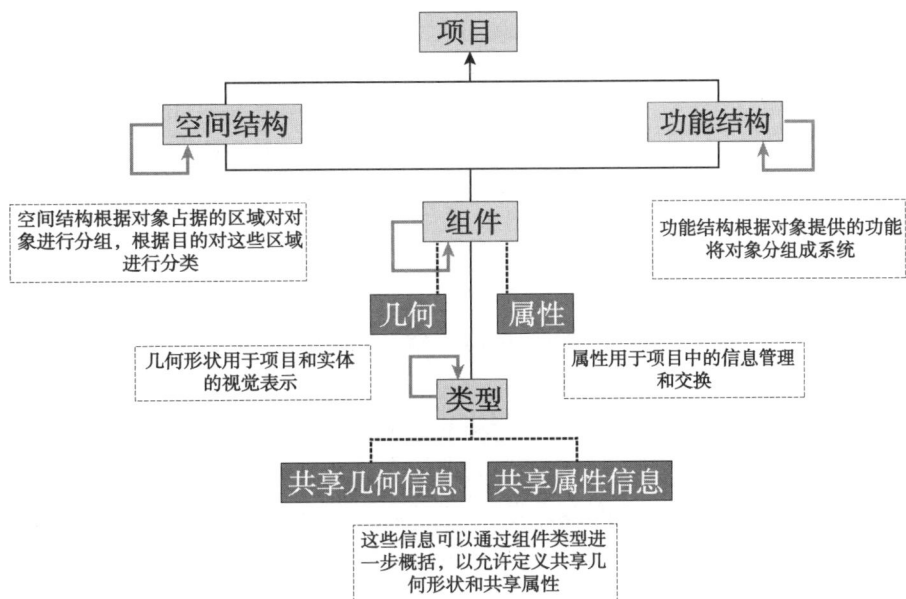

图 8-5 考虑空间和功能的 IFC 数据结构框架

组件可以根据其类型被普遍化处理，在整个系统中定义并共享几何形状和属性。在 IFC 的元数据结构中，设计了用于定义数据对象间关系的实体。这些关系对象不单是简单的数据链接，它们为项目数据提供了更深层次的语境和逻辑联系。这种设计使得数据的理解和应用变得更直观。IFC 允许将低碳设计和运营的关键信息集成到建筑模型中，支持全生命周期的碳管理。例如，可以在设计阶段通过仿真分析工具评估不同设计方案的碳排放量，通过 IFC 进行传递，并在施工阶段实时监控碳足迹，确保实施的建筑方案符合低碳标准。

（4）数据对象：对于建筑项目，使用 BIM 软件可以创建包含多层建筑物的数字模型。在这个模型中，每一层都由不同的 IFC 对象组成，如 *IfcWall* 代表墙体，可包含与热性能相关的属性，如绝缘材料和厚度，以支持能效分析；*IfcWindow* 代表窗户，包含尺寸、位置、材料以及可能的能效标签（如双层玻璃窗的热传递系数）；*IfcHVAC* 代表暖通空调系统，描述了系统的组件（如通风管道等）及其布局，涉及这些系统如何影响建筑的能耗。如果方案系统设计需要调整，相关的 IFC 对象随着软件编辑更新。设计师、工程师和施工团队可以共享和协作这个模型，确保不同专业基于相同数据模式协作。

IFC 模式本身代表着建筑数据向智能化、可扩展性和广泛适用性方向的转变，从而为低碳智慧建筑提供底层技术支持。随着 BIM 技术发展，全球各国和地区正日益认识到开放式数据模式的重要性，并积极采用此 IFC 进行数据管理和信息传递，提升建筑项目的数据质量及团队协作效率。尽管 IFC 数据模式为跨行业合作带来巨大潜力，但要实现标准化互操作性仍面临一些挑战。

8.2.2 低碳智慧建筑设计的底层数据词典

底层的数据词典在低碳智慧建筑设计中起着至关重要的作用，通过提供统一的数据结构和标准化术语，确保从设计到运营各阶段数据的一致性和准确性。这种标准化能够促进不同学科之间的有效协作，使不同专业团队能够共同优化设计，并支持智能化系统准确解读和响应低碳节能措施。

1）国际词典框架（International Framework for Dictionaries，IFD）

如果 IFC 作为 BIM 应用的底层数据模式，可以看作信息模型载体，那么 IFD 即国际词典框架，则详细赋予了数据"含义"。作为 BIM 底层的重要内容 IFD 概念始于 21 世纪初，它实际上可以被看作为一个基于规范的分类模型，通过属性定义概念、对概念进行分组以及定义概念之间的关系。IFD 同时也是开放的国际标准 ISO 12006 中的内容，提供了统一的术语和定义来描述和管理 BIM 中的对象和属性，这一规范的目的是为建筑工程领域提供一个标准化的信息管理框架，促进了数据的一致性、准确性和可交换性。

IFD 对建筑工程数据的高级分类和细化，包括但不限于材料、工艺、性能标准以及环境影响等方面。这对于推动建筑行业向可持续的方向发展具有重要作用。IFD 使得不同的 BIM 软件能够相互理解和交换数据，从而减少信息丢失，便于数据在全球范围内进行有效交换和协作 [13]。同 IFC 一致，IFD 支持和促进行业内外的数据共享和互操作性。IFD 的应用，特别是在低碳建筑和可持续发展项目中，可以显著提高建筑与能源数据管理的效率和效果。通过精确分类，细化材料和工艺数据，IFD 可以帮助优化建筑碳足迹，从而支持低碳设计和施工决策。此外，IFD 还可以帮助建立详细的性能和环境影响评估指标，确保建筑项目符合可持续发展目标。对象（objects）、集合（collections）和关系（relationships）是 IFD 的基本内容（图 8-6）。

（1）对象：与对象关联的一组属性健全了对象的正式定义及其功能。属性可以被赋值，用特定单位表示。该模型允许通过指定对象在特定上下文中拟扮演的角色来定义对象。每个对象可能有多个名称，可以以同义词或多种语言的形式表达。对象也可以与建筑工程中的正式分类系统相关联。在 IFD 中，根实体是所有对象的基础，它允许为从根实体中派生出来的各种类型分配一系列的名称、标签、描述和参考等。在低碳建筑中，对象定义和分类尤其重要。通过详细描述建筑材料的热性能、碳排放特性和耐久性等关键属性，设计师和工程师可以选择最适合低碳设计的建筑材料。

（2）关系：具体到对象的分类，将其细分为主题、活动、用户、单位、值以及带有单位和属性的度量，通过"关系"来连接和扩展对象，这样的

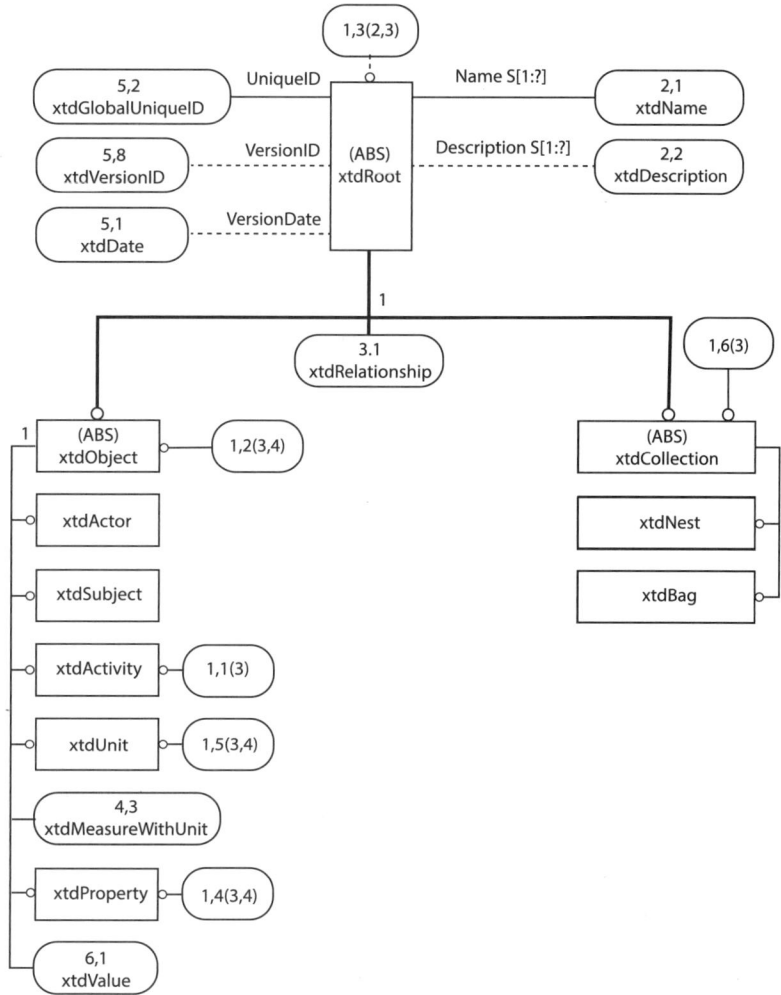

图 8-6　基于 Express-G 描述语言的 IFD 数据模式示意 [12]

划分旨在清晰地表达和管理建筑项目中的各种元素和概念。其中，主题和活动指的是被描述的具体事物和发生的过程，它们是构成项目实体和动态变化的基础。用户、单位、值及度量则为这些事物和过程提供了具体的量化和描述，使得项目的各个方面可以被精确地定义和跟踪。在这一信息架构中，"关系"不仅连接各个对象，还定义了它们之间的相互作用和依赖性，通过组合、关联等关系类型，可以构建出复杂的对象体系和逻辑结构。

（3）集合："集合"扩展了这种关联，允许将相关的对象划分成不同的分组，包含其他集合的嵌套集合，从而支持了信息的层次化表示和处理。

除此之外，属性和值是 IFD 用于定义和存储数据的关键元素。属性为数据提供了上下文，而值则是具体的数据内容。这些值可以根据不同的数据类型（如枚举值、列表值等）进行分类，并与度量和单位相关联，以确保数据的准确性和可比性。通过 IFD，建筑项目的管理者可以高效地定义、组织项目信息，在多语言环境协作中确保信息的准确性和一致性，从而服务建筑软件和数据模式。

2）建筑智能数据词典（The buildingSMART Data Dictionary，bSDD）

由国际组织 buildingSMART 发布的建筑智能数据字典 bSDD 作为 IFD 概念的实践应用，创建了全球通用的标准化建筑信息词典，以促进不同 BIM 软件和用户之间的数据理解和交换[14]。它以线上平台的形式，集成国家和国际的分类系统，同时也包含特定领域标准，支持针对特定项目的定制化数据解决方案。为 BIM 用户提供了访问各种建筑标准概念的思路和途径，确保所使用的数据符合可持续发展规范的要求。

在低碳建筑设计和场景应用中，IFD 对于规范 BIM 模型和数据特别关键。它为低碳建筑项目提供了一个框架，以确保使用的所有材料和技术不仅满足功能和性能要求，而且还符合可持续性和环保标准。通过定义材料和技术的属性、分类和关系，该模型帮助项目团队更有效地选择和管理资源，促进建筑项目的整体低碳目标。例如，通过应用 bSDD，可以确保选用的建筑材料根据其环境影响从属于适当的分类，以及包含对应的评估指标内容，支持更环保高效的建筑设计。同时，IFD 也作为低碳建筑项目提供丰富概念资源，包括通过 API 进行高级集成和数据交换以及丰富的文档指南，支持软件开发者构建低碳建筑方案。

8.2.3 低碳智慧建筑设计的信息交换方法

在低碳建筑项目中，有效的信息交换方法可确保建筑碳排放和能源使用数据的准确性和及时性，支持从项目设计阶段到运营阶段的数据一致，使项目团队能够基于交互信息制定决策。交互的信息允许建筑团队准确监测和评估各阶段能耗和碳排放，从而优化设计、选择低碳材料，实施减碳措施。信息交互方法需符合相关的低碳标准和法规，确保项目的可持续发展目标得以实现。

1）信息交付手册（Information Delivery Manual，IDM）

IFC 数据模式作为 BIM 信息模型的载体，IFD 赋予了数据模式"含义"，信息交付手册 IDM 则是对数据传输过程的整体描述，包含信息交互的需求定义和流程叙述。在 BIM 体系发展中，IFC 模式正逐渐覆盖各种工程建设领域，但在软件和项目管理层面中实施仍存在挑战，主要体现在对交付需求的解析和数据转化效率等方面。

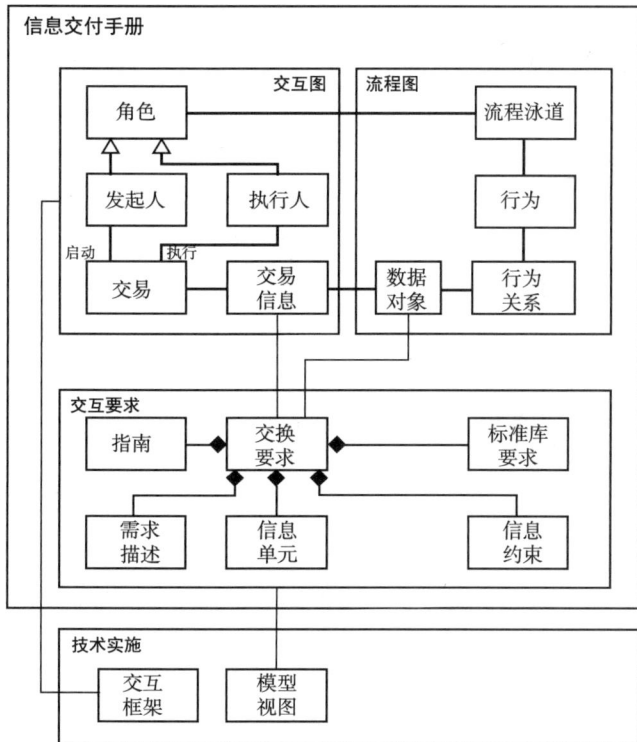

图 8-7 IDM 框架图 [6]

如图 8-7 所示，IDM 包含针对建筑设施的开发或管理中所需的流程，提供了系统性的框架，旨在明确 BIM 应用项目中信息交换要求，将建筑、设施建设过程中进行的业务流程与所需信息的规范联系起来，帮助用户定义项目参与方在不同阶段需要交换哪些具体信息、如何交换这些信息，以及如何进一步详细化这些信息以支持软件开发人员提供的解决方案。良好的信息交换方法可以被重复使用，并根据国家、地方和项目需求进行配置从而确保所有利益相关者能够在正确的时间应用正确的信息进行决策。作为一种在建筑全生命周期中映射和描述信息流程的方式，IDM 被纳入 ISO 29481 系列中，除了服务于设计方案交付，也可适用建筑类项目全生命周期中所有信息交换。

在低碳建筑设计中，IDM 可以帮助定义和管理能效数据、碳排放数据以及其他环境影响数据的交换需求和流程。通过明确的 IDM，可以确保设计师、工程师和项目管理人员在各阶段交换低碳信息。

2）信息交换方法体系

IDM 的方法体系框架由项目流程图、交换要求和技术实施等功能部分组成，可以用来构建一个全面的建筑设计方案的信息管理与交付体系，覆盖信息生成、保存、分享以及应用等各个方面。

（1）流程图：流程图帮助定义一个或多个专业中的工作流程和详细任务。流程图可以描述在建筑业务流程边界内活动的流程，参与者所扮演的角色以及所需、消耗和产出的信息；也用于建立流程中的活动，显示活动的逻辑顺序。流程图中包含指定的信息交换要求。

（2）信息交换要求：定义支持特定业务在项目的特定阶段应交换的信息；以非技术术语描述信息。交换要求代表了流程与数据之间的连接，交换要求中包含若干个信息单元，一个信息单元通常对应一种类型的信息或概念。信息单元可能仅由一个实体组成，例如墙；或一个实体及其属性，例如墙的长度；以及包含信息约束，用来指定信息单元的数据类型（文本、整数、小数、2D 图形、3D 模型等）、上下文背景和规则（如建筑围护结构的碳排放量应低于某个特定值等）。

（3）技术实施：为涉及 BIM 数据交换的业务流程提供清晰的通用语言描述；将信息规范转化为软件应用自动化的基础。规范以机器可以读取的格式来关联信息交换的参与角色以及元素等，最终通过模型视图定义（Model View Definitions，MVDs）和链接 IFC 数据模式来满足一个或多个特定数据交换需求的数据模型。

（4）模型视图定义：是 BIM 软件应用中的一种规范，它定义了模型中哪些具体的数据集合需要被提取、查看或交换，以满足项目的特定阶段或参与者的需求。通过指定必要的信息内容和格式，定义信息约束，MVD 有助于确保不同软件应用之间的数据能够准确无误地传递和利用，是实现 BIM 互操作性和数据共享的关键工具之一。通过 MVD 获得的模型是现有数据模型的一部分或是一个或多个系统。基于 IDM-MVD 的方法可在软件工具中筛选出符合特定交换需求的信息。MVD 和类似的方法可以确保能效数据的准确传递和应用。通过 MVD 等方法定义建筑物的能耗和能效指标，有助于确保交互后的建筑模型在使用过程中能耗最低。如使用 MVD 等方法提取 HVAC系统的能效比模型和数据，以及在可再生能源系统中定义和提取太阳能光伏系统和发电系统的性能相关的模型和数据等。

8.3 课后习题

（1）【简答】概述 BIM 的概念定义及其演化。

（2）【简答】概述 BIM 如何帮助传统的建筑设计方法转变为全生命周期的建筑设计？

（3）概述低碳智慧建筑如何搭建工作流程支持跨阶段和跨专业的信息交换？

（4）【简答】概述如何实现低碳建筑方案的知识管理？

（5）【填空】低碳智慧建筑的底层数据模式、底层数据词典和信息交换方法的通用代表分别是：____、____、____。

（6）【填空】低碳智慧建筑数据互操作性有三个主要层面，分别是：____、____、____。

（7）【填空】低碳智慧建筑底层数据词典中的基本内容是：____、____、____。

（8）【填空】IDM 的方法体系框架由：____、____、____、____组成，用来构建建筑设计方案的信息管理与交付体系。

本章参考文献

[1] EASTMAN C M, FISHER D, LAFUE G, et al. An Outline of the Building Description System[R]. Institute of Physical Planning, Carnegie-Mellon University, Pittsburgh, Research Report NO.50, 1974.

[2] EASTMAN C, TEICHOLZ P, SACKS R, et al. BIM Handbook: A Guide to Building Information Modeling for Owners, Managers, Designers, Engineers, and Contractors[M]. Hoboken, N.J. : Wiley, 2008.

[3] ISO/TC 59/SC 13. Organization and digitization of information about buildings and civil engineering works, including building information modelling (BIM)—Information management using building information modelling— Part 1: Concepts and principles[S]. 2018.

[4] BIM Collaboration Format (BCF) – buildingSMART Technical[EB/OL]. [2023-04-30]. https: //technical.buildingsmart.org/standards/bcf/.

[5] ISO/TC 184/SC 4. Building information modelling (BIM)—Data templates for construction objects used in the life cycle of built assets—Concepts and principles[S].2020.

[6] ISO/TC 59/SC 13. Building information modelling – Information delivery manual – Part 1: Methodology and format[S]. 2010: 34.

[7] CARRILLO P M, ROBINSON H, ANUMBA C J, et al. IMPaKT: A Framework for Linking Knowledge Management to Business Performance[C]// Electronic Journal of Knowledge Management, 2003, 1 (1): 1-12.

[8] PING TSERNG H, LIN Y C. Developing an activity-based knowledge management system for contractors[J]. Automation in Construction, 2004, 13 (6): 781-802.

[9] LIN Y C, WANG L C, TSERNG H P, et al. Enhancing Knowledge and Experience Exchange through Construction Map-Based Knowledge Management System[C]// Construction Research Congress 2005. Reston, VA: American Society of Civil Engineers, 2005: 1-10.

[10] TAN H C, CARRILLO P M, ANUMBA C J, et al. Development of a Methodology for Live Capture and Reuse of Project Knowledge in Construction[J]. Journal of Management in Engineering, 2007, 23 (1): 18-26.

[11] ISO/TC 184/SC 4. Industrial automation systems and integration—Product data representation and exchange—Part 1: Overview and fundamental principles[S].2016.

[12] THE BRITISH STANDARDS INSTITUTION. Building construction—Organization of information about construction works—Part 3: Framework for object-oriented information[S].2016.

[13] CHO D W, KIM I, SEO J,et al. A Study on Usage of IFD of Open BIM-Based Library[J].Korean Journal of Computational Design and Engineering, 2011, 16: 137-145.

[14] buildingSMART Data Dictionary – buildingSMART International[EB/OL]. [2024-03-01]. https: //www.buildingsmart.org/users/services/buildingsmart-data-dictionary/.

第 9 章

低碳智慧建筑的 BIM 标准与应用

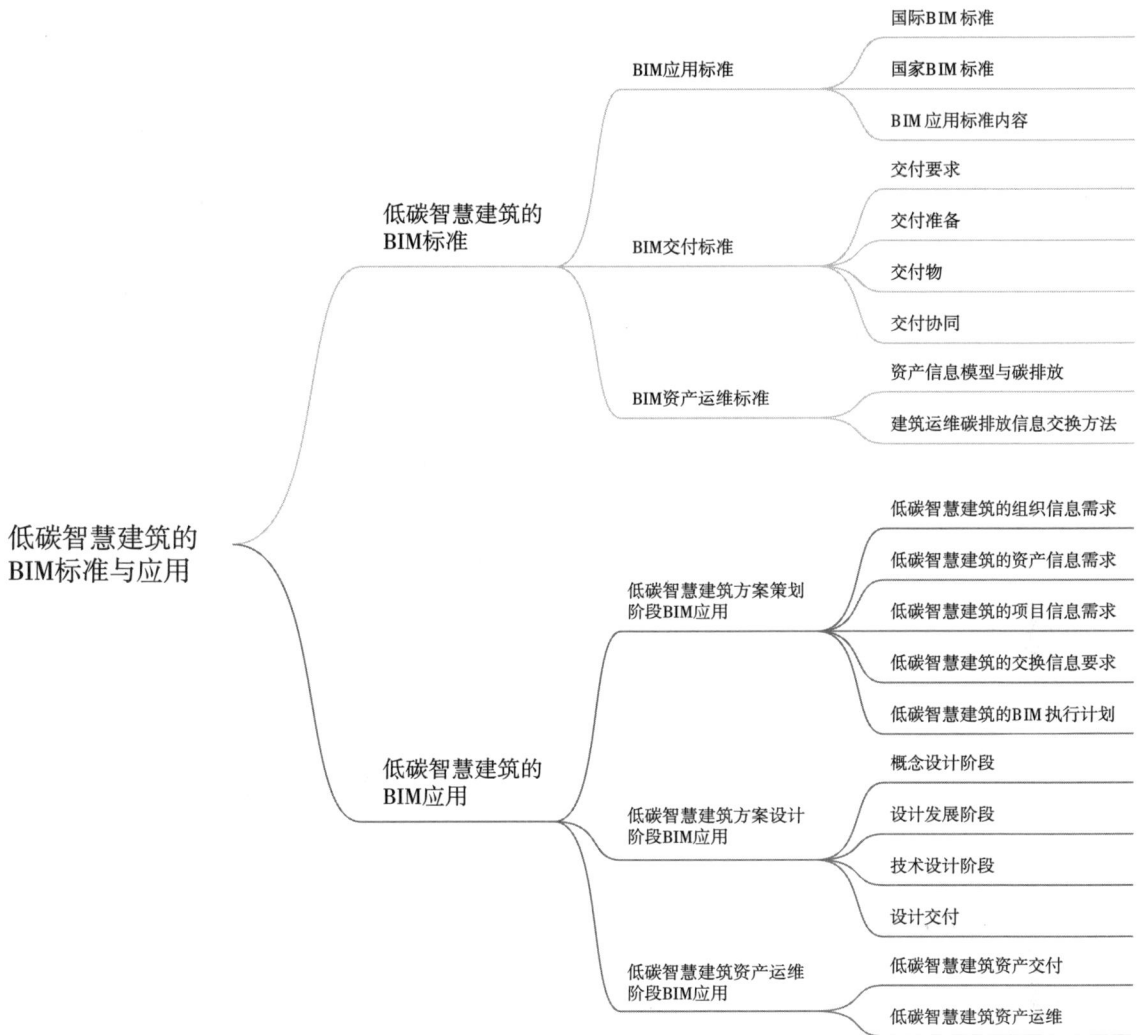

```
                                                          ┌─ 国际BIM标准
                                      ┌─ BIM应用标准 ──────┼─ 国家BIM标准
                                      │                    └─ BIM应用标准内容
                                      │                    ┌─ 交付要求
                      ┌─ 低碳智慧建筑的 ┤                    ├─ 交付准备
                      │   BIM标准       ├─ BIM交付标准 ──────┤
                      │                 │                    ├─ 交付物
                      │                 │                    └─ 交付协同
                      │                 │                    ┌─ 资产信息模型与碳排放
                      │                 └─ BIM资产运维标准 ──┤
                      │                                      └─ 建筑运维碳排放信息交换方法
  低碳智慧建筑的 ──────┤
  BIM标准与应用        │                                          ┌─ 低碳智慧建筑的组织信息需求
                      │                                          ├─ 低碳智慧建筑的资产信息需求
                      │                      ┌─ 低碳智慧建筑方案策划 ┤
                      │                      │   阶段BIM应用        ├─ 低碳智慧建筑的项目信息需求
                      │                      │                      ├─ 低碳智慧建筑的交换信息要求
                      │                      │                      └─ 低碳智慧建筑的BIM执行计划
                      │                      │                      ┌─ 概念设计阶段
                      └─ 低碳智慧建筑的 ──────┤ 低碳智慧建筑方案设计 ┤ 设计发展阶段
                          BIM应用             │   阶段BIM应用        ├─ 技术设计阶段
                                             │                      └─ 设计交付
                                             │                      ┌─ 低碳智慧建筑资产交付
                                             └─ 低碳智慧建筑资产运维 ┤
                                                 阶段BIM应用         └─ 低碳智慧建筑资产运维
```

本章要点：

知识点 1. 国内外 BIM 标准体系。

知识点 2. 低碳智慧建筑的 BIM 标准内容。

知识点 3. BIM 在低碳智慧建筑不同阶段的应用。

学习目标：

（1）了解低碳智慧建筑中的 BIM 标准体系及内容。

（2）了解 BIM 标准在不同低碳智慧建筑设计阶段中的应用思路。

BIM 标准在建筑项目的应用、交付和运维阶段对碳排放管理具有显著影响。通过高效整合设计、施工和运维数据，BIM 支持可持续建筑实践，优化能源使用，并减少整个建筑生命周期中的碳排放。

（1）BIM 标准与碳排放

在应用阶段，BIM 促进了更精确的建筑模型创建，直接减少资源浪费和碳排放。在交付阶段，通过精确的施工文档和交付标准，可以减少后续建造施工过程中的错误和重工，进一步降低碳排放。而在运维阶段，BIM 标准化应用可以提供详尽的资产运维数据，支持能源管理和设施维护，降低运行成本，减少运行期间的碳排放。

（2）BIM 在建筑不同阶段的碳排放应用

BIM 在不同阶段的合理应用都涉及对碳排放的优化。①在策划阶段，通过建筑性能模拟，BIM 帮助设计团队评估和选择最佳能效方案，制定初期的减碳需求策略。②在设计阶段，BIM 技术通过控制建筑材料等选择，确保后续建造的施工精度，有效减少碳足迹。③在运维阶段，BIM 通过持续监控建筑性能，实现能源效率最大化，减少碳排放。

9.1.1　BIM 应用标准

1）国际 BIM 标准

从全球视角看，美国、英国和欧盟等地区在 BIM 标准的发展上扮演了重要角色。美国的 NBIMS-US™ 序列和英国的 PAS 1192 标准系列等为全球建筑行业提供了创新的 BIM 实施指南。这些标准加速了建筑行业对 BIM 技术的深入集成与应用。规范了 BIM 在建筑全生命周期中的信息管理和传递。这些标准对碳排放管理具有直接影响，通过规范化的工作流程和数据交换，BIM 标准有助于实施节能措施和减少碳排放，支持建筑项目的可持续发展目标。

2）国家标准体系

如图 9-1 所示，我国已经建立了全面的国家 BIM 标准框架，由住房和城乡建设部颁布，旨在提升建筑行业的效率和质量。这些标准不仅包括 BIM 的基本原理和技术规范，还涵盖了应用要求，并且与国际标准进行了对接。中国的 BIM 标准体系主要包含最高层的应用工程信息模型统一标准，基础数据标准包含建筑工程设计信息模型分类和编码标准，以及执行标准中的设

9.1　低碳智慧建筑的 BIM 标准

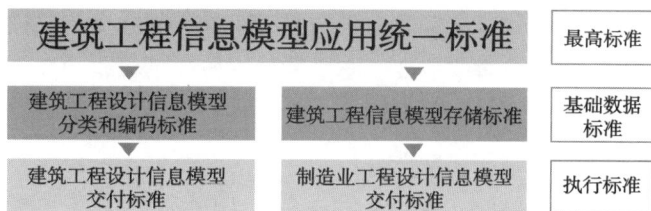

图 9-1 中国国家 BIM 标准分级

计交付标准和制造工程信息模型交付标准。国家标准体系的建立促使了地方和行业级标准的发展，如铁路 BIM 标准，以及大型企业制定的企业级标准。中国国家 BIM 标准的实施有效指导了地方和企业在 BIM 技术应用和发展，加强了对建筑项目在设计、施工及运营过程中能效和碳排放的管理。

3）BIM 应用标准内容

BIM 应用标准提供了如何使用 BIM 进行项目信息管理的指导。这些内容主要涉及策略、协调、规划和实施。在国际标准 ISO 19650 系列中与应用标准相关的部分主要包括：ISO 19650-1：概述了信息管理的概念和原则，包括信息管理的策略和高级规划[1]。ISO 19650-3：针对数字资产运营阶段的信息管理，提供了资产管理和维护阶段信息管理的框架[2]。我国的国家标准《建筑信息模型应用统一标准》GB/T 51212—2016 也对 BIM 模型的创建、使用和管理进行了定义[3]。在 BIM 应用标准中，一般包含以下重要内容：

（1）概念术语：定义了 BIM 技术和流程中的基本概念和组成部分。这些术语的作用是提供一个共同的语言和理解框架，以便于领域内的专业人士之间进行有效协作沟通。这些概念术语包含通用概念如建筑信息模型元素、责任矩阵、空间等，还包含与建筑项目、资产相关的概念如客户、决策节点等，以及与信息管理相关的概念如信息需求、信息交换、资产信息模型等概念。

（2）应用原则：以 ISO 19650 为例，包含资产信息模型（Asset Information Model，AIM）和项目信息模型（Project Information Model，PIM）如何为建筑资产全生命周期决策提供必要信息；项目不同阶段的信息需求定义及信息模型精简的方式；建筑工程信息管理的过程；信息模型的功能；交付团队的能力职责范围；协作工作方式；信息交付规划等各个方面。

（3）模型数据结构：即确保在建筑全生命周期内模型数据的唯一性和一致性。模型元素用于共享时，应能被唯一识别，并且模型结构本身应当具备开放性和可扩展性。模型结构应包含资源数据、共享元素和专业元素，可以根据不同的应用需求形成子模型。这些子模型应根据专业或任务需求创建和管理，以确保信息的有效共享。并且扩展模型时，采用实体扩展和属性或属性集扩展的方式，根据需要增加模型元素的种类和数据。

（4）数据交换方法，确保数据在交换前被审核和清理，且内容和格式符合标准或协议。交换的数据应包括接收和交付的模型数据，且必须满足特定的专业或任务需求。数据格式应统一或兼容，并在转换过程中保持数据的准确性和完整性。

（5）模型应用：包含 BIM 软件环境、模型创建、模型使用及组织实施的数据规定。

9.1.2 BIM 交付标准

设计交付不仅传递建筑项目设计图纸或模型，更是确保建筑从初期设计到运营维护的信息一致性、完整性，其中包含了将施工图和深化设计阶段的信息模型交付的过程，直接关系到项目的能效管理和碳排放控制。

1）交付要求

建筑交付标准旨在帮助委托方在建筑资产交付阶段确立信息需求，一个或多个被委托方能够在建筑或基础设施项目中以高效和有效的方式交互信息。交付要求应当与被交付的建筑资产的项目规模和复杂度相匹配。与建筑资产交付阶段管理相关的工作人员，如采购建设项目专员、项目管理人员、设计人员、施工建造人员以及资产运营维护人员，都可以从一个规定健全的建筑资产交付标准中受益。同时，交付要求需随着项目进程定期审查和修订。在执行 BIM 的建筑方案设计交付过程中，需要确保流程既高效又符合未来应用需求。

2）交付准备

（1）模型单元：建筑设计交付前需要健全的交付准备，其中的重点是根据交付深度、形式及协同要求来组织模型的架构和精细度，确保交付的 BIM 内容精确反映设计信息。BIM 模型由不同级别的单元构成，通过几何和属性信息详细描述工程对象。可以用图形、文字等多种方式增强信息表达。在几何与属性信息不一致时，一般遵循属性信息优先的原则。模型单元分级从项目级到零件级不同层次，每层满足特定的信息需求。

（2）模型精细度：模型精细度从项目级（LOD1.0）到零件级（LOD4.0），根据项目需求可扩展精细度级别（表 9-1），交付准备还需要明确模型的内容，包括系统分类、模型单元间的关联、几何精度、属性深度及属性值的数据来源。几何表达精度和属性信息深度的选取旨在满足设计深度下不同阶段的应用需求，如设计阶段和竣工移交的模型精细度应达到特定等级等。

模型精度等级	包含最小模型单元说明
Level of Model Definition（LOD）1.0	项目级模型单元
Level of Model Definition（LOD）2.0	功能级模型单元
Level of Model Definition（LOD）3.0	构件级模型单元
Level of Model Definition（LOD）4.0	零件级模型单元

模型精细度等级划分 [4]　　　　　　　　　　表 9-1

3）交付物

在交付过程中，各参与方需根据设计要求和应用需求，从项目中提取必要的信息来形成交付物。这些交付物根据其性质分为不同的类别，每种类别的交付物都有其独特的作用和交付要求，并确保所有相关交付物在交付时能够相互索引，交付物包含但不限于以下内容：

（1）建筑信息模型：作为核心交付物，应包含设计阶段所需的信息，支持信息的交换和迭代，模型的表达方式多样，包括模型视图、表格、文档等，需要集中管理并设置适当的数据访问权限，以确保信息的安全性和准确性。

（2）属性信息表：详细记录模型单元的各种属性，包括基本信息和属性信息。

（3）工程图纸：是基于 BIM 视图和工程信息表格加工而成，需符合国家标准，并能索引到其他交付物。

（4）项目需求书：是在建筑信息模型建立之前制定的，概述了项目的基本信息、BIM 应用需求以及项目参与方的协同方式，是项目成功实施的基础。这样的规定，确保了建筑项目的交付物不仅全面覆盖项目需求，还能通过有效的管理和规范的操作，提高项目执行的效率和质量。

交付物应当满足一定的命名规则，这些规则通过使用标准化的字符组合、清晰的命名结构（包括项目简称、分区或系统、设计阶段等）和交付策略，来促进文件的快速识别和访问。其次，交付物也需满足版本管理要求，通过明确标注设计阶段和应用需求的代号，以及在必要时添加版本号的方式，来追踪文件的更新历史。

4）交付协同

BIM 的交付协同是交付质量保证的条件，确保项目的各参与方能够基于一致的模型信息高效协作。交付协同强调在不同阶段根据需求选取适当的模型交付深度和交付物，同时要求模型单元的精细度、信息深度以及几何表达精度应满足特定标准。项目参与方在使用 BIM 时需仔细识别和复核模型单元的系统类别、属性信息及其来源等关键信息。设计阶段的交付协同包括项目需求定义、模型应用和模型交付等主要过程。面向低碳智慧建筑应用的交付协同更侧重于满足特定低碳应用类别的需求，如建筑能耗性能分析、设计选材等，通过定义明确的需求文件和 BIM 执行计划，促进信息准确交换。

9.1.3　BIM 资产运维标准

BIM 提供了详细的建筑物和设施的数字化表示，通过管理丰富的资产数据，帮助维持建筑物和基础设施的绿色运营，优化运营成本，同时最大化绿色资产价值。利用 BIM 进行资产管理不仅需要明确的标准和指南来指导运维效率，还涉及碳排放的监控与减少。例如，ISO 19650 标准体系指导资产管理人员在全生命周期内协同工作，确保信息管理的连续性和准确性，避免信息丢失或混乱[2]，这对于维护资产的环保标准和应对不可预见的事件（设备故障或极端天气）至关重要。这种整合性的信息管理支持建筑在设计、施工和运维阶段的碳排放评估，实施有效减碳策略。

1）资产信息模型与碳排放

资产运维阶段的管理围绕着资产信息模型（AIM）展开。AIM 是一个集成了从所有来源收集的信息库用于支持资产的持续管理。这些信息从设计阶段开始收集，贯穿到建筑的运营阶段，包括但不限于模型、数据、文档以及其他与资产运营相关的记录。模型和数据遵循 BIM 技术标准，涵盖协调、界面管理和信息质量管理等关键活动，在资产管理中发挥作用。AIM 不仅支持客户和资产管理者在日常运营中使用数据，还可以配合计算机辅助设施管理系统，使设施管理者能够有效规划和监控运营维护活动，同时实施主动和反应性的维护策略。

在这个过程中，AIM 的完整性和精确性对于优化建筑能效和降低碳排放至关重要。通过保持信息的高质量和更新状态，委托方可以确保资产信息需求（AIRs）的全部相关信息得到妥善管理和应用。这种系统性的信息管理和标准化流程，如通过公共数据环境（CDE）工作流进行，不仅提升了资产价值，还支持了碳排放的持续监控和管理，有助于实现更广泛的可持续发展目标。

2）建筑运维碳排放信息交换方法

在应用资产信息模型实现低碳建筑的运维管理中，建筑运营信息交换标准（Construction-Operations Building Information Exchange，COBie）作为一种标准化的规范方法使用（图 9-2）。COBie 旨在优化建筑设施资产信息交付的性能规范、关注建筑设备和空间、简化设计和建设阶段的电子交付物的组织工作。COBie 与计算机辅助设备管理系统和资产管理软件等协同，项目文

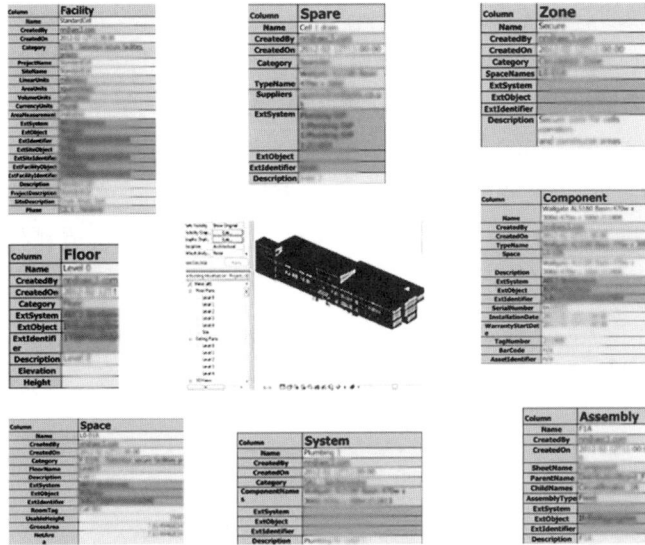

图 9-2 COBie 以电子表格形式表达

件、图纸和模型文件被有序组织。满足对于实物资产清单信息交付的要求。COBie 与 BIM 底层数据模式 IFC 有关联性，从用户友好型的角度，一般以电子表格形式进行表达[5]。

在低碳建筑场景下，建立和维护资产信息模型的过程需要强调资产在设计、建造、运营维护阶段的信息需求，明确指定的信息需求将涵盖能源效率、材料选择、废物管理和可持续运营等方面。通过精细的资产信息管理，确保资产决策考虑降低碳足迹和提升环境绩效等有益信息。例如，可以使用资产信息模型监测和报告建筑的能耗情况，支持能效改进措施。同时，维护 AIM 的过程还需考虑到信息的长期保留和安全性，确保资产管理活动能够满足长期的环境和社会责任目标。

9.2 低碳智慧建筑的 BIM 应用

9.2.1 低碳智慧建筑方案策划阶段 BIM 应用

在建筑项目的起始，前期策划阶段旨在与客户，即采购方，深入讨论新建或改造低碳建筑资产的需求，从而在早期阶段有效避免不必要的资源消耗和碳排放。此阶段重点在于明确项目的商业案例，以及潜在的数字化应用场景，验证方案对于实现低碳目标的可行性。在绿色建筑方案中，主要商业目标一般包含获取绿色建筑认证如绿色建筑标准认证等。达到绿色建筑标准不仅意味着建筑方案整体的环保和节能水平较高，还直接有益于提升建筑的市场价值。在确定低碳建筑目标后，项目交付方式成为关键，其影响着项目团队组建和整体执行的时间表，是项目成功关键因素之一。不同的项目交付方式，如设计—施工（Design-Build）、总承包（General Contracting）等，会对项目团队的协作模式、责任分配、进度安排以及 BIM 应用产生影响。重要的是要评估它们如何影响项目团队的构建和信息交换的时间节点。一个高效的团队构建策略能够确保项目的所有关键参与者，从设计师到承包商，再到建造施工管理者都能在项目的早期阶段就紧密合作，共享信息和目标。这种早期的合作和信息共享对于实现指标至关重要，需要跨专业领域专家协同，确保每个环节都符合绿色低碳标准。

1）低碳智慧建筑的组织信息需求

组织信息需求（Organizational Information Requirements，OIRs）是标准流程中定义的一个关键概念，是为支持资产管理和业务运营决策所需的信息需求所设立的，通常在项目启动阶段由资产的拥有者或运营者即委托方制定，用以指导整个项目的信息管理流程。OIRs 的内容不限于资产的规划、建设、运营、维护以及拆除或重建，也强调信息在资产管理中长期价值和作用。在 OIRs 制定后，项目团队将进一步制定资产信息需求（Asset Information Requirements，AIRs）和项目信息需求（Project Information Requirements，PIRs），以确保信息模型的有效建立与管理（图 9-3）。

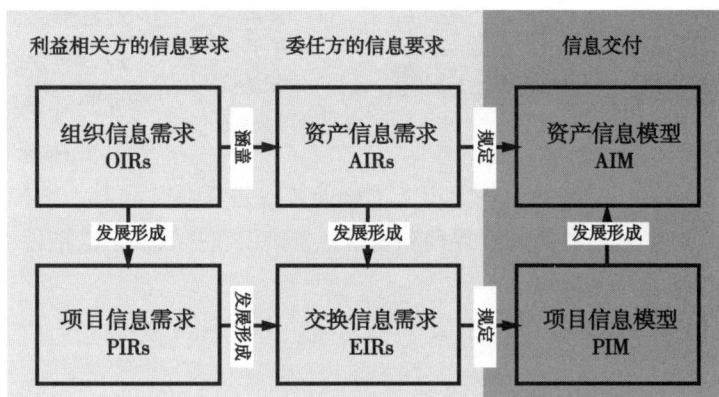

图 9-3　信息模型与信息需求之间的关系[6]

2）低碳智慧建筑的资产信息需求

资产信息需求 AIRs 是进一步细化了与特定建筑资产相关的信息需求。在低碳建筑项目中，AIRs 需强调支持资产全生命周期内可持续性和低碳目标的信息。AIRs 涉及设计、建造到运营和维护阶段的每个环节，确保收集和管理的信息能够支持资产管理、决策，同时促进能源效率的提升和碳排放的降低。制定 AIRs 的过程需要考虑到如何通过优化设计、选用可持续材料、实现能源管理和减少整个建筑生命周期内的碳足迹。

3）低碳智慧建筑的项目信息需求

项目信息需求 PIRs 是在 OIRs 和 AIRs 的基础上进一步细化，具体化项目执行过程中信息需求。PIRs 明确为达到项目目标所需提交的信息的类型、格式、细节以及时程，还应包括对设计方案选材决策、建造施工方法以及运营维护计划中的低碳考量的详细信息需求等。通过制定 PIRs，项目团队能够了解在项目的各个阶段中需要生产和交付哪些信息，以及如何管理这些信息以支持项目的顺利交付。

与 PIRs 相比，AIRs 更侧重于资产的长期管理和运营阶段，从资产的角度出发，定义了为支持资产的可持续性、效率和有效管理所需的信息内容和质量。如办公楼宇资产的 AIRs 可能包括对建筑能源管理系统的详细信息，比如能耗数据、维修记录和设备性能信息。而 PIRs 则侧重于项目交付过程中的信息需求，可能包括设计图纸的详细规格、建材的环保标准、施工进度的更新信息等，以确保项目按照预定目标顺利完成。两者共同作用，确保了项目从开始到资产的整个生命周期都能满足相关方的信息需求。

4）低碳智慧建筑的交换信息要求

构建以上健全的商业计划和信息交换需求，为 BIM 项目的成功实施奠定了基础。可以制定更为具体的 BIM 策略，以确保团队能够最大限度地利用 BIM 技术支持低碳智慧建筑的目标。这是个评估项目是否正确应用 BIM 的关键时刻，包括确认是否已明确交换信息要求（Exchange Information Requirements，EIRs）、BIM 执行计划（BIM Execution Plan，BEP）、任务信息交付计划（Task Information Delivery Plan，TIDP）等关键组成部分。其中，EIRs 定义了客户对其资产想要了解的所有数据，从而使他们能够就资产的所有方面做出知情决策，支持低碳运营和维护。低碳建筑方案 EIRs 包含但不限于：

（1）项目信息需求：详细考虑与环境性能相关的信息类型，如能源使用、材料来源和回收利用等。

（2）数据和模型要求：指定数据格式和结构必须支持环境分析工具和软件，以便准确评估建筑的能效和碳足迹。

（3）交付计划：明确了低碳建筑项目各阶段需要提交的环境性能信息，包括设计、施工和运营阶段的能效数据，以及完成时的碳排放报告。如 TIDP 涉及建筑、结构工程师等在项目中交付数字信息的一系列协调任务，创建信息的团队将分开制定 TIDP，以支持低碳目标的实现。它协调了与创建和共享环境性能相关数字信息的一系列任务，包含信息交付内容，即详细描述每个团队或个人需要产生和交付的低碳建筑相关信息，如节能设计方案、材料的环境影响评价，以及交付时间点等内容。所有参与项目的组织都将创建自己的任务信息交付计划，这些计划将被整合和协调，形成一个全面的信息交付计划文档，以支持项目的整体低碳目标。

（4）信息管理流程：描述如何有效管理和维护与项目可持续性相关的信息，包括实时监控能源消耗和资源利用的流程。

（5）技术和标准：列出环保技术规范和行业标准如绿色建筑标准、BIM 标准等。

（6）信息安全和保密要求：针对敏感的项目和环境信息，应提出保护措施，以防止信息泄露和未经授权的访问。

5）低碳智慧建筑的 BIM 执行计划

BIM 执行计划（BEP）概述了项目上 BIM 的具体应用，确保 BIM 数据管理的高效和透明。其在低碳建筑项目中定义了 BIM 应用范围、目的、实施方式和时间表，明确项目所需的环境性能数据，包括能源消耗、材料循环利用率和碳排放等，以便进行准确的环境影响评估。包含但不限于：

（1）数据创建和共享：规定了创建和共享低碳建筑数据的流程和标准，确保信息的准确性和一致性，支持项目参与方之间的有效协作。

（2）文档编号：建立了一套统一的文档管理系统，便于跟踪和管理与项目可持续性相关的所有文档和数据。

（3）实施时间表：设定了具体的时间节点，确保在项目的每个阶段都能够按时收集和分析环境性能数据，及时调整设计和施工策略以满足低碳目标。

通过实施以上流程，BIM 在方案前期策划阶段的应用可以提高后续设计和建造施工效率，从全生命周期的起点开始把控方案向低碳、高效、智能化发展。

9.2.2 低碳智慧建筑方案设计阶段 BIM 应用

与建筑设计阶段划分一样，低碳建筑的建筑设计流程中的关键阶段包含概念设计阶段、设计发展阶段以及技术设计阶段，最终执行设计方案交付。

1）概念设计阶段

在某商务中心区地块的综合办公楼（大厦）项目中，建筑总面积约 6.12 万 m²，包括地下 5 层和地上 21 层。结构形式为核心筒偏置、劲型钢柱、钢梁及大量转换层抽屉结构，造型复杂。概念设计阶段作为其设计初步阶段，通过共享和讨论设计师的初步概念模型（包含场地模型和主题建筑概念模型等），项目团队可以探索概念假设，并考虑使用低碳材料和技术。设计在这一阶段具有灵活性，因此不宜着手创建精度较高的详细 BIM 模型，以避免设计资源的过度消耗。通过协作，团队可以推敲、检验概念设计的可行性及其碳排放等环境影响。

在选择结构设计方案的材料时，优先考虑低碳选项，并进行简单的计算，以确保低碳目标的实现。如在方案中的办公层采用 24m 大跨钢梁设计时，所有管道均采用穿钢梁安装、钢梁留洞等方式，确保后续施工过程中的高效性和精确性，减少材料浪费和碳排放。在此过程中，需要确保所有信息的准备、建立和共享都遵循 BIM 应用标准，以选择符合可持续性要求的解决方案。基于 BIM 的初步设计可以实现方案分析如通过应用 BIM 进行初步结构分析，确保初步设计方案结构模态分布合理；通过应用 BIM 进行场地分析，形成绿色、高效集中的平面布置逻辑；通过 BIM 进行自然采光和日照分析，确保室内环境有着充足的自然采光补充（图 9-4）。

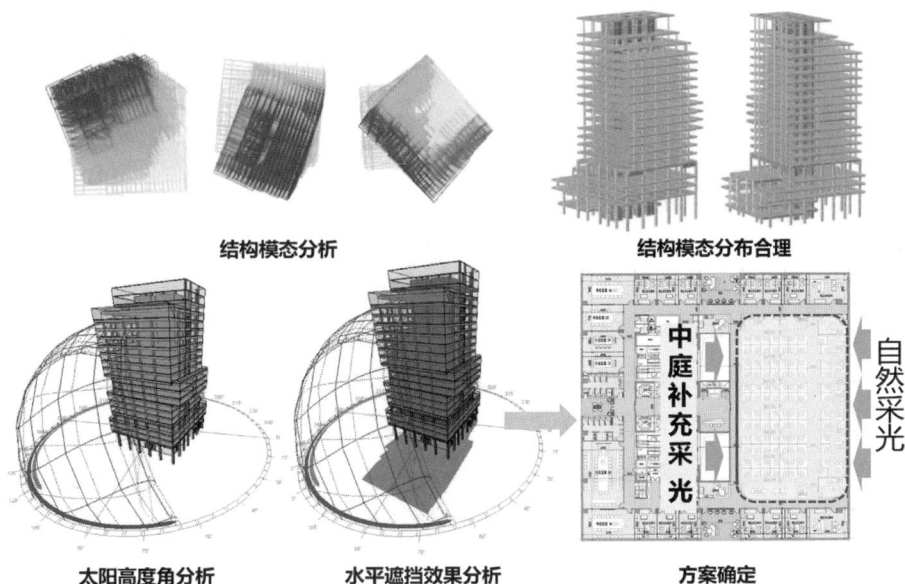

图 9-4 BIM 在初步设计阶段对低碳要素的考虑

2）设计发展阶段

在某商务中心区地块的综合办公楼（大厦）项目中，随着项目推进进入更加详细的设计阶段，即设计发展阶段，BIM 被用来促进高效且环境友好的设计实践。在这一阶段，特定专业的模型被设计师构建和整合，形成一个联合模型用于跨专业、跨阶段协同。此阶段着重于技术和材料的选择，以确保遵循设计规范和环境保护等标准，依照 BIM 建模指南，创建和共享 BIM 模型。特定专业的 BIM 模型例如由结构工程师创建的结构模型等，可共享至公共数据环境 CDE 中进行存储、查看和传递，与建筑设计、机电、暖通等不同专业模型集成。在这一阶段，基于概念设计的模型，BIM 建模软件用于创建几何更精确并符合规范的方案，模型可以导出为符合标准的数据交换格式，用于方案的深化分析，如模拟建筑运营阶段的碳排放和能耗，以进一步推动可持续性目标。如在方案设计阶段，基于 BIM 模型可视化，分析建筑各功能分区是否满足功能需求；通过能量分级利用等技术措施，优化方案设计；基于 BIM 模型进行专业综合分析和复杂结构分析，从而进一步确定方案的施工可行性（图 9-5）。

3）技术设计阶段

技术设计阶段也是方案的深化设计阶段，标志着设计从概念走向实施，

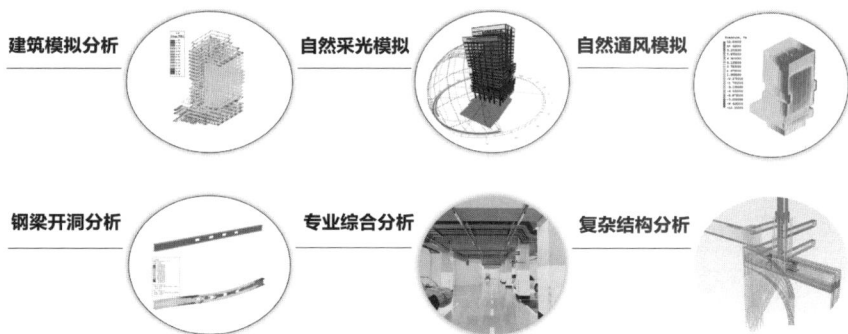

图 9-5　BIM 方案模型用于不同场景的模拟分析

涉及详细的工程计算和建造准备。通过 BIM 流程，设计信息以数字形式准确无误地传递给所有参与方，提高了设计和建造的精确性。在此阶段，工程信息和方案设计转移到制造商。在传统的 2D 设计流程中，一般会通过提供一套图纸和计算报告来传递信息。而基于 BIM 的多维数字模型将设计与成本驱动因素整合，使得工程师、业主以及施工方对设计从造型外观到可建造性能，多方面评估。在案例项目中，办公层的 24m 大跨钢梁布置及其穿孔定位需要高度精确。通过 BIM 模型，设计师可以精确地传递钢梁的几何信息、穿孔位置以及相关的管道布置信息，确保施工过程中所有参与方都能准确理解和执行设计意图，在建造施工前，为团队提供不同专业下关于范围、成本和进度的准确预测。如基于 5DBIM 应用使得设计和估算周期时间缩短，提供更直观的视觉和数据建模（图 9-6）。

图 9-6　不同专业的 BIM 深化设计模型

4）设计交付

在完成设计后，设计方将联合 BIM 模型按照交付标准进行设计交付。在低碳建筑设计中，交付标准除了满足 BIM 交付标准外，还需要满足特定的可持续性和环保标准如参考绿色建筑评价标准等。交付可以通过 CDE 来实现，其不仅在项目设计阶段为团队提供了环境用于存储、管理、共享和更新项目信息和文件，同样也可用于设计的交付，通过 CDE 实现文档的版本控制，确保团队成员总是在使用最新批准的文件版本进行工作及审批。CDE 有助于确保信息的一致性和可追溯性，帮助识别和管理项目风险。在设计交付前，需要制定信息交付计划，确保信息在正确的时间以正确的格式提供给需要方。最终，在设计交付阶段，BIM 集成全部设计信息，确保建造、施工和运维阶段能够准确实施低碳设计意图。

9.2.3　低碳智慧建筑资产运维阶段 BIM 应用

1）低碳智慧建筑资产交付

随着项目竣工，在标准框架下，任务团队需要交付用于资产管理的信息模型。在模型进入审核阶段前，需要根据项目特定的信息生产流程和工具进行初步的质量检查。主要合同方负责对信息模型进行全面的审核，这包括审查模型是否符合信息交换要求、是否完整地包含了交付清单中的内容，以及是否满足与可持续性相关的各项指标等。审核通过后，模型将提交给客户方进行最终审批，涵盖设计与建造施工阶段，实现建筑资产交付，交付流程如图 9-7 所示。

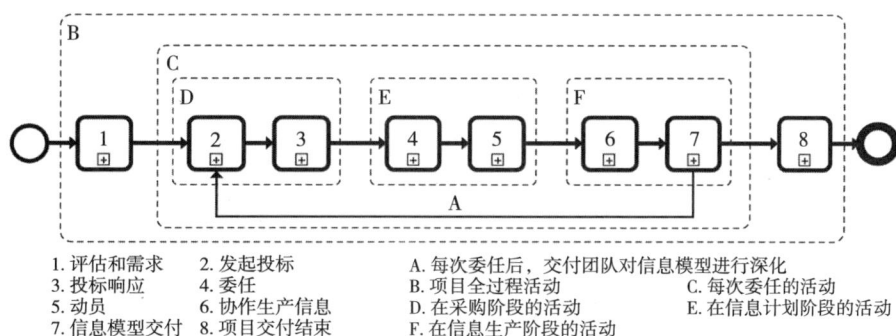

1. 评估和需求　　2. 发起投标　　　A. 每次委任后，交付团队对信息模型进行深化
3. 投标响应　　　4. 委任　　　　　B. 项目全过程活动　　　C. 每次委任的活动
5. 动员　　　　　6. 协作生产信息　 D. 在采购阶段的活动　　E. 在信息计划阶段的活动
7. 信息模型交付　8. 项目交付结束　 F. 在信息生产阶段的活动

图 9-7　建筑资产交付流程 [7]

2）低碳智慧建筑资产运维

BIM 在建筑资产的运维管理应用是近年来非常新颖的领域，在资产管理领域，标准化流程对于实现项目目标至关重要。同 BIM 在前期阶段应用一

样，在确立参考信息、共享资源和 CDE 时，应收集、分析和共享与能效和可持续性相关的信息，考虑资产信息模型 AIM 的创建和企业资产管理系统之间包含低碳性能相关的数据，以保持信息的不断更新和优化。如图 9-8 所示，资产运维管理标准中的几个重要阶段及作用如下：

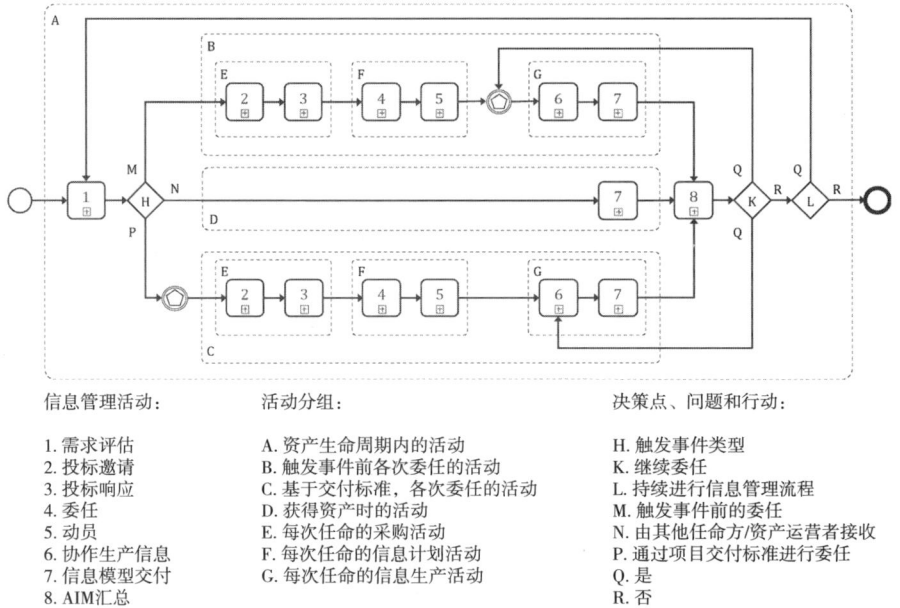

信息管理活动：
1. 需求评估
2. 投标邀请
3. 投标响应
4. 委任
5. 动员
6. 协作生产信息
7. 信息模型交付
8. AIM 汇总

活动分组：
A. 资产生命周期内的活动
B. 触发事件前各次委任的活动
C. 基于交付标准，各次委任的活动
D. 获得资产时的活动
E. 每次命名的采购活动
F. 每次命名的信息计划活动
G. 每次命名的信息生产活动

决策点、问题和行动：
H. 触发事件类型
K. 继续委任
L. 持续进行信息管理流程
M. 触发事件前的委任
N. 由其他任命方/资产运营者接收
P. 通过项目交付标准进行委任
Q. 是
R. 否

图 9-8　建筑资产运维管理流程 [8]

（1）确认评估和需求：这是资产管理过程的起点，特别关注那些与能效、可持续材料使用、废物减少和碳足迹管理直接相关的资产和信息，需要预测那些会触发对低碳性能进行评估或重新评估的事件，并据此建立资产信息运维方法，这些标准和方法应支持低碳运维实践。

（2）发起资产管理投标 / 服务请求：基于确定的信息管理需求，资产管理团队会发出邀请投标或提供服务的请求，以寻找合适的供应商或服务提供者。委托方首先决定提供信息的活动类型，确定资产相关的信息交换需求 AIRs，并汇总参考信息和共享资源。接着，委托方设立响应要求和评估标准。最后，委托方汇编包括资产相关交换信息需求、参考信息、响应要求、评估标准、资产信息标准、资产信息生产方法以及资产信息协议等在内的所有信息，形成招标邀请或服务请求，供应商或资产运维方对邀请提出响应。这通常包括提供解决方案的提案、预期的成本和时间表，从而为运维选择最适合项目需求的服务提供者。

（3）委任：在评估了各方的提案后，在信息管理过程的委任阶段，委托方和运维方之间的协作是确保 BIM 资产运维成功实施的关键。首先，需要确认交付团队的 BIM 执行计划和详细责任矩阵（Responsibility Matrix）。责任矩阵是一个关键工具，详细列出了项目中每个角色或团队成员对各项任务的责任、权限和协作需求。需制定与资产相关的信息交换需求，进一步建立 TIDP，详细规划每个任务或阶段所需交付的信息内容和时间安排，统筹全项目的信息交付时间表和要求。

（4）动员：即组织和准备资产运维所需的资源和安排。这可能包括团队建设、设定具体目标、制订详细计划和工作流程等。

（5）信息生产：在这一阶段，执行团队根据项目需求和目标，产生和编制所需的信息和文档。这包括设计文档、技术规范、运营模型等。运营团队需要确保他们能够访问 CDE 内的相关参考信息和资源。随后，团队根据任务信息交付计划在工作进展状态下生成信息，这些信息需符合资产信息标准，并遵循资产信息生产方法和程序进行质量检查和模型审查，确保符合资产信息生产方法和资产信息标准，审查成功后主要指定运维方将授权信息模型。

（6）资产信息模型集成：最后，所有相关信息将被整合到资产信息模型 AIM 中，为资产的运营阶段提供一个全面、可靠的信息基础。这一阶段是确保资产管理过程中信息的完整性和可访问性，为设施管理和后续运营提供支持。通过遵循这些标准化阶段，确保运维过程中信息的完整性和可访问性，支持设施管理和后续运营，整合不同数据源，应用云计算和物联网等技术，可以构建高效的 BIM 运维管理平台。平台利用了设计和施工阶段已有的 BIM 模型、数据和现有的智能化系统，对整个建筑物的能源使用和碳排放进行基于 BIM 数据的可视化管理（图 9-9）。通过这种方式，BIM 环境能够显著提升运维管理的能力，实现数据信息和服务资源的有效集成，提高管理效率和运维服务水平，为业主带来实际效益。

图 9-9　BIM 运维管理平台

（1）【填空】中国 BIM 标准体系包含最高层的____，基础数据标准包含____和____，执行标准包含____和____。

（2）【填空】BIM 应用标准提供了如何使用 BIM 进行项目信息管理过程的指导。主要内容包含____、____、____、____和____等。

（3）【填空】Level of Model Definition（LOD）代表了模型的详细程度。LOD 1.0 被称为____模型单元，LOD 2.0 被称为____模型单元，LOD 3.0 被称为____模型单元，而 LOD 4.0 被称为____模型单元。

（4）【简答】请描述资产信息模型在资产运维阶段如何帮助优化建筑能效并降低碳排放？

（5）【简答】请描述低碳智慧建筑方案阶段信息模型与信息需求之间的关系。

（6）【简答】请描述 BIM 在低碳智慧建筑设计阶段的应用。

（7）【填空】在 BIM 资产运维国际标准中，BIM 的交付和管理须通过____来实现。

（8）【简答】概述建筑资产运维管理中，如何通过标准化流程，支持能效和可持续性信息的集成和管理？

本章参考文献

［1］ THE BRITISH STANDARDS INSTITUTION. Transition guidance to BS EN ISO 19650[E]. 2019.

［2］ THE BRITISH STANDARDS INSTITUTION. Information management according to BS EN ISO 19650 – Guidance Part 2：Processes for Project Delivery[E].2020.

［3］ 中华人民共和国住房和城乡建设部 . 建筑信息模型应用统一标准：GB/T 51212—2016[S]. 北京：中国建筑工业出版社，2016.

［4］ 中华人民共和国住房和城乡建设部 . 建筑信息模型设计交付标准：GB/T 51301—2018[S]. 北京：中国建筑工业出版社，2018.

［5］ THE BRITISH STANDARDS INSTITUTION. BS 1192-4：Collaborative production of information Part 4：Fulfilling employer's information exchange requirements using COBie – Code of practice[S].2014.

［6］ ISO/TC 59/SC 13.Organization and digitization of information about buildings and civil engineering works，including building information modelling（BIM）—Information management using building information modelling—Part 1：Concepts and principles[S]. 2018.

［7］ ISO/TC 59/SC 13. Organization and digitization of information about buildings and civil engineering works，including building information modelling（BIM）— Information management using building information modelling—Part 2：Delivery phase of the assets[S].2018.

［8］ ISO/TC 59/SC. Organization and digitization of information about buildings and civil engineering works，including building information modelling（BIM）—Information management using building information modelling—Part 3：Operational phase of the assets：ISO 19650[S].2020.

第10章

低碳智慧建筑的 BIM 设计及碳计算方法

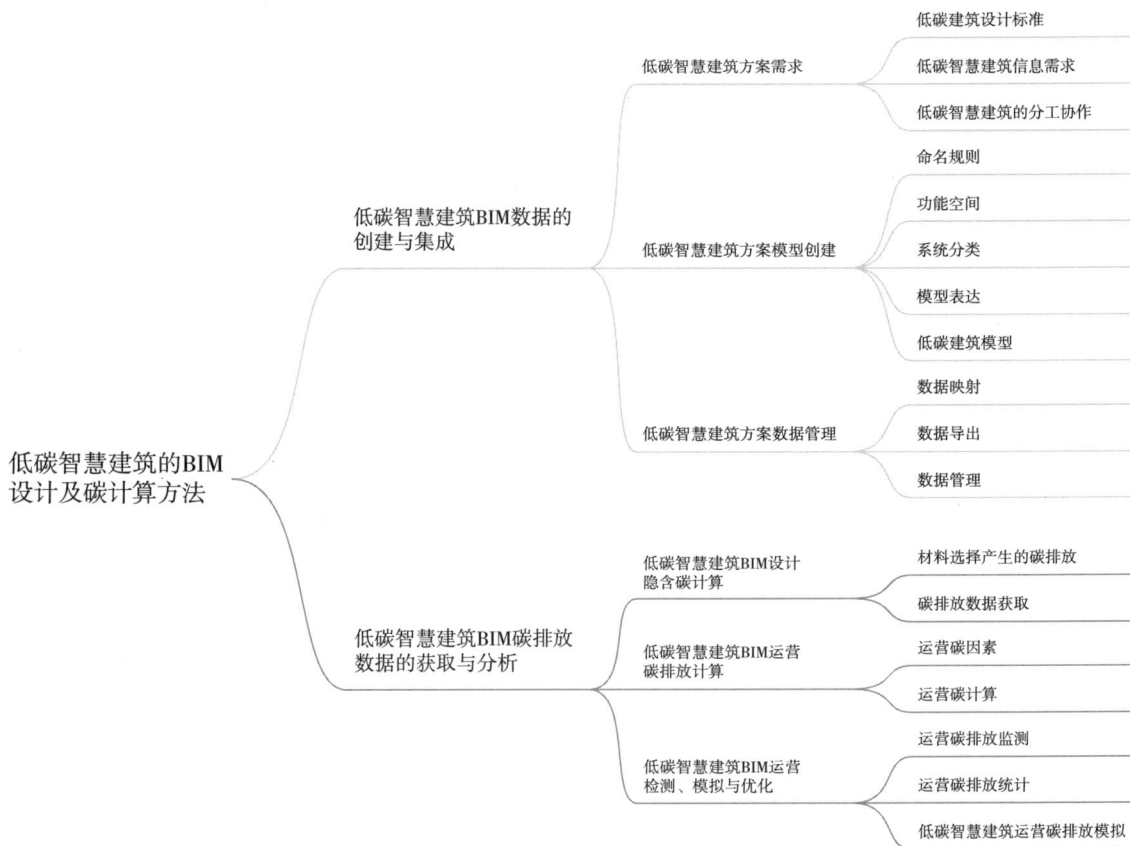

低碳智慧建筑的BIM
设计及碳计算方法

低碳智慧建筑BIM数据的创建与集成
低碳智慧建筑方案需求
低碳建筑设计标准
低碳智慧建筑信息需求
低碳智慧建筑的分工协作

低碳智慧建筑方案模型创建
命名规则
功能空间
系统分类
模型表达
低碳建筑模型

低碳智慧建筑方案数据管理
数据映射
数据导出
数据管理

低碳智慧建筑BIM碳排放数据的获取与分析
低碳智慧建筑BIM设计隐含碳计算
材料选择产生的碳排放
碳排放数据获取

低碳智慧建筑BIM运营碳排放计算
运营碳因素
运营碳计算

低碳智慧建筑BIM运营检测、模拟与优化
运营碳排放监测
运营碳排放统计
低碳智慧建筑运营碳排放模拟

本章要点：

知识点1. 低碳智慧建筑方案数据创建需要遵循的标准、信息需求以及模型创建的要求。

知识点2. 低碳智慧建筑数据的获取和管理方法。

知识点3. BIM低碳智慧建筑的碳排放计算、监测、模拟与优化。

学习目标：

（1）了解BIM数据的创建与集成管理方法。

（2）了解碳排放在设计和运营阶段的计算方法以及BIM在设计隐含碳和运营碳计算中的作用。

在低碳智慧建筑领域，基于 BIM 设计的数据创建、集成以及数据获取与分析，对于实现低碳目标和进行精确的碳排放计算具有关键作用。

（1）BIM 模型创建：碳排放数据的起点

BIM 提供了一个全面的信息模型，该模型融合了建筑的几何形状、材料属性、设备信息以及运营数据。这使设计师能够从设计阶段就充分考虑建筑的整体能效和碳排放，同时通过访问详尽的材料数据库，选择具有低生命周期碳足迹的材料和高效能系统，从而降低整体建筑的碳排放。

（2）BIM 数据获取与分析：碳排放计算的基础

BIM 数据获取与分析能够支持能效模拟和实时能源监控，使设计团队能够评估不同设计选择对能源效率的影响，并在建筑运营阶段，通过集成到管理系统的 BIM 模型实时监控能源使用情况，从而进行持续的性能优化。这种数据驱动的方法不仅优化了能源消耗，还有助于实施及时的调整措施以减少碳排放。

10.1.1　低碳智慧建筑方案需求

1）低碳建筑设计标准

（1）性能化设计：在追求低碳建筑的设计过程中，性能化设计方法起着核心作用。这种方法不仅要求设计团队采用全过程、多专业的协同设计方式，而且强调从建筑的内在本质和基本规律出发，基于零碳建筑的设计目标来开展工作。设计过程中需要综合考虑地域性、文化、气候变化、环境资源等多种因素，以及经济约束、功能需求、技术措施和建筑美学等要素，优化零碳建筑设计策略。通过设置室内环境参数和碳排放指标，利用碳排放模拟计算软件等工具，结合建筑全过程的经济效益分析，对设计方案进行细致的优化，确保技术措施和性能参数的合理确定。

（2）建筑布局与方案设计优化：合理的建筑布局能够有效利用场地环境与气候特点，特别是在利用太阳能和风能等可再生能源的前提下，通过对这些条件的综合分析，合理选择和利用景观、生态绿化等措施，可以营造适宜的场地微气候环境，优化自然通风、天然采光和自遮阳效果。此外，根据使用需求合理控制建筑规模和高度，避免不必要的大拆大建。设计方案应充分考虑当地气候条件和居民的生活习惯，根据功能需求确定合理的建筑舒适度等级。最后，建筑应采用合适的体形系数、充分利用天然采光和自然通风，以及围护结构的保温隔热等被动式设计手段，从而有效降低碳排放。

（3）建材与设备：当功能需求和资源条件适宜时，应优先使用木结构、钢结构等低碳建筑结构体系。设计时还应考虑建筑拆除时材料的循环利用，以减少建筑过程中的碳排放。应合理使用装饰性材料，减少无功能作用的装饰性构件，内部应采用易于维护和更换的装饰装修体系、材料和设备，从而降低维护中作业对环境的影响。

2）低碳智慧建筑信息需求

不同类别的组织信息需求和资产信息需求，应当呼应低碳设计标准，关注于长期的财务规划和投资决策，应确定哪些资产应优先考虑以降低整体碳足迹。聚焦于项目中期的风险管理、安全健康环境管理以及能源和环境效率的提升等方面，确保日常操作和维护活动能够有效执行，保持资产最佳性能和寿命。

3）低碳智慧建筑的分工协作

要实现低碳智慧设计与运维，各职能人员需进行分工协作。在前期策划阶段，业主或业主代表方负责制定项目的低碳目标和策略，与设计团队紧密合作，对方案进行初步评估和优化，确保目标在整个项目过程中贯彻落实。

（1）建筑设计师负责创建初步概念模型，并在设计阶段确保建筑布局和材料选择符合低碳目标。结构工程师则负责创建结构模型，应优化结构设计以减少材料用量和碳排放，他们需要与建筑设计师协作，确保结构方案与建筑设计的统一性。建筑和结构等设计人员可通过 BIM 模型计算隐含碳。例如，计算使用不同类型混凝土和钢材的碳足迹，并选择碳排放较低的材料。

（2）运营碳计算则关注建筑在使用阶段的碳排放。机电工程师通过 BIM 模型模拟不同设备和系统的能耗，包括设计机电系统，如暖通空调、电气和管道系统等，利用 BIM 模型进行能耗分析，选择高效、节能的设备方案，降低碳排放。

（3）在施工阶段，施工方利用 BIM 模型进行施工模拟和进度管理，确保施工过程中的资源优化和碳排放控制。他们需要与设计团队保持密切沟通，解决施工中可能遇到的问题。

（4）业主和运营团队则在建筑投入使用后，利用 BIM 模型进行设施管理和能效监控。他们需要从竣工 BIM 模型中获取完整的数据，以便在运营阶段实现低碳目标。

10.1.2 低碳智慧建筑方案模型创建

在方案的 BIM 模型创建之前，需确保相关 BIM 应用技术标准和设计交付标准中的基本规定、对交付物的要求，以及建筑存储标准等被纳入考量，同时，应遵循 BIM 设计交付标准中的分类和标识要求，将模型中的所有元素进行合理分类，一般分为用地性质分类、建筑功能分类、模型单元分类等，包含建筑外围护系统、建筑构件系统、给水排水系统、暖通空调系统、电气系统、智能化系统等。模型标识应在对应的项目、空间、构件体现，根据标准进行模型单元的分类和编码。最后，BIM 模型的创建需要选择满足标准要求的建模软件环境来实现，建模准备阶段需要设定满足国家坐标系的坐标系统、高程基准，并确认 BIM 软件环境中的模型的单位如长度单位、坐标值单位、面积单位以及角度单位。

1）命名规则

BIM 模型创建中，命名规则是基础也是很重要的一部分。模型创建者应根据当地或企业组织内遵循的模型数据存储标准和 BIM 设计交付标准等，对 BIM 模型进行命名，且应该遵循一定的格式，其中包括对项目文件夹和模型文件的命名方式[1]。例如，文件夹的命名通常包括项目代码、项目名称、阶段和日期，它们之间可以使用半角下划线等连接，而模型文件命名则涉及项目名称、建筑楼号或分区等信息。这样的规范化命名有助于维持项目文件的组织和管理效率。

2）功能空间

模型需要明确表达各种公共空间，如社区体育活动场地或公共绿地等，可以通过模型单元占位或场地模型进行边界划分来实现。单体模型则通过房间单元的分割边界来表达不同的功能空间，这一步骤关乎模型的空间组织，也涉及模型属性信息的丰富性，为后续的使用提供便利。

3）系统分类

最后，按照模型架构建立模型是实现 BIM 构建的核心。所构建的 BIM 模型由不同级别的模型单元组成，从项目级到功能级再到构件级，每一级别都承载着特定的信息和功能。模型单元的分级建立和模型的拆分合并是为了确保模型的灵活性和可操作性，通过这样的结构安排，BIM 模型能够更好地支持建筑项目的设计、建造和维护过程。一般情况下，应根据设计信息将模型单元进行系统分类，在低碳智慧建筑中，系统分类应符合 BIM 设计交付标准的基础上，进一步考虑所有相关性的系统以及子系统，如智能化系统的内容在 BIM 模型中的体现。

4）模型表达

在同一项目中，不同专业的 BIM 模型各自承载着不同的信息和细节，服务于不同场景。对于低碳建筑方案规划和设计来说，总图 BIM 模型和单体 BIM 模型是创建过程中的两个关键组成部分。总图模型的主要任务是真实地表达项目的规划用地性质、地形地貌、控制线、绿地、道路交通、出入口布置以及场地设施等信息。模型创建中不仅要详细表达场地本身的各项特征，还需要反映场地及其周边至少 50m 范围内的现状和规划情况。这包括但不限于现有的建筑、相邻地块的用地、规划中的建筑、城市道路和市政公用设施等。对于场地周边外的区域，模型深度应以项目级模型深度为控制标准，而与项目衔接处则应控制在构件级模型深度。单体模型则聚焦于具体的建筑单体，包括建筑的体量、外围护结构、内部空间、造型、停车位、绿化设施和建筑附属物等。单体模型需要详细展现建筑的每一个方面和细节，从大体量的结构到细小的附属元素，随着设计阶段的推进，逐步精确表达。

5）低碳建筑模型

如图 10-1，通过 BIM 软件构建项目模型时，可以考虑建筑和构造的项目类型，建立符合标准规范的设计环境，并在设计阶段考虑到建筑的环境影响如隐含碳排放等关键信息。利用 BIM 软件，可以详细地按照不同的族（例如结构框架、墙、窗等）添加和获取与碳排放相关的属性，这些属性包括但不限于体积、面积、长度以及材质信息（如钢、磨砂玻璃、塑料等）。此外，还可以包含其他重要内容，如 IFC 的唯一标识符（GUID）、对应的 IFC 数据类型等，这对于实现低碳建筑设计至关重要。

（1）碳排放相关属性添加与获取：在 BIM 软件中，为模型的每一个构件添加碳排放相关的属性，这些属性可以通过参数化管理来实现。例如，对于一个墙体，可以添加其体积、使用的材料类型（如混凝土、木材），及基于这些信息的碳排放量。

（2）材质信息：材质信息是低碳建筑设计中的一个关键因素。不同建筑材料有不同的环境影响，从其生产过程到运输、使用乃至废弃的全生命周期都会产生不同程度的碳排放。可以在 BIM 模型中如在族库中详细选择材质信息。

（3）设置 IFC 相关信息：为了促进软件平台之间信息交换，将 BIM 模型中的族或元素与对应的 IFC 类型相关联并获得 GUID，确保建筑信息能够在项目不同阶段和不同参与者之间被准确地共享。

6）碳排放在不同层级的表达

在 BIM 软件中，处理和管理隐含碳信息的颗粒度是提高建筑项目低碳

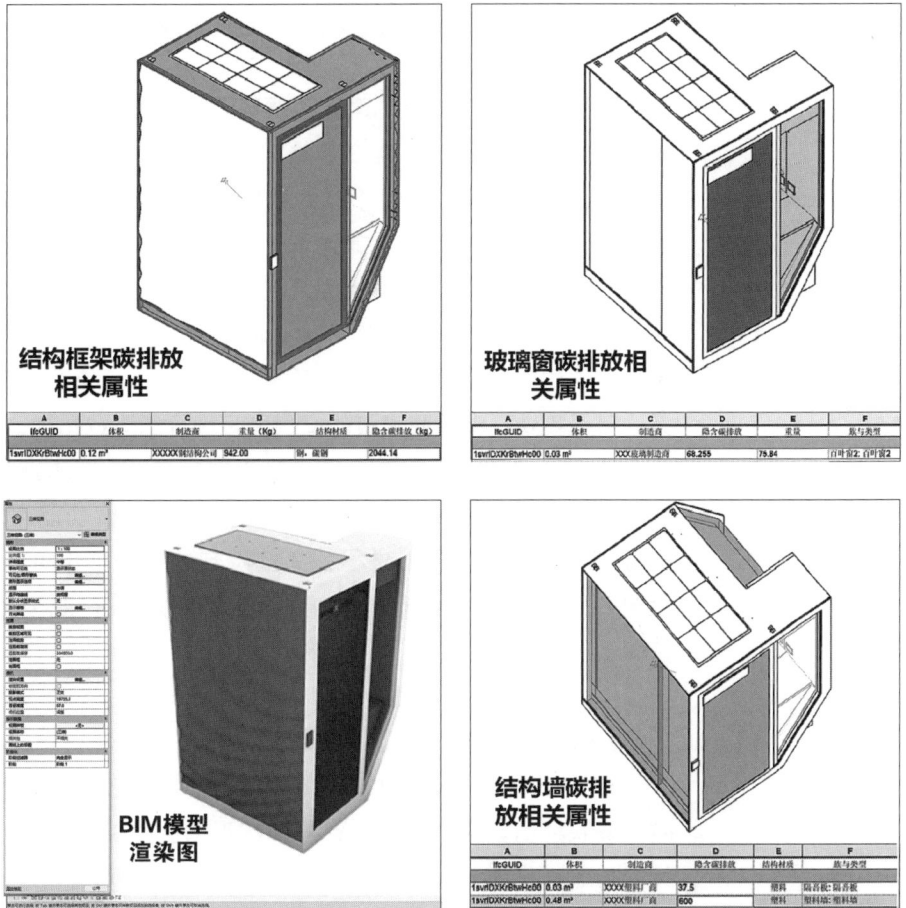

图 10-1　通过 BIM 软件进行族添加和显示隐含碳排放数据

设计质量的关键。通过在族库等层级上细化表达，能够更精确地评估和控制项目整体碳足迹。

（1）项目级别的隐含碳管理：在项目层级，通过汇总各族和类型的隐含碳信息，来评估建筑或构造项目的碳排放。不同专业如结构、机电和建筑表皮等团队能考虑各自设计对项目整体碳足迹的影响，使用统一的参数和标准来评估隐含碳排放。

（2）族与类型的隐含碳管理：BIM 软件中建筑元素被组织成族，构件，可以进一步细分为不同的"类型"，包含了特定尺寸、材料和属性的族的实例。通过为每个族和类型设定具体的参数（如材料类型、体积、重量），并添加隐含碳的相关信息，设计师可以针对特定类型的构件创建碳排放数据；也可以创建定制族、链接外部数据库来考虑特殊构造构件的碳足迹。

通过在不同层级上创建和管理隐含碳信息，BIM 软件能够帮助建筑行业从业者在设计过程中做出更加明智和可持续的决策，实现低碳建筑设计的目标。

10.1.3 低碳智慧建筑方案数据管理

实现高效的低碳智慧建筑数据管理需要健全的数据模式以及适合的 BIM 软件。数据应以国际标准 IFC 格式从 BIM 软件环境中进行导出和管理，提供结构化和兼容多个软件平台的数据交换方式，帮助建筑全生命周期各个阶段碳排放、能耗的计算决策。其中数据的导出需确保数据的一致性和完整性，从 BIM 软件中建立的模型几何和属性数据应保持一定的结构，使得信息在不同阶段和工具间的传递一致，同时数据导出也是实现跨平台交互的重要步骤，通过数据格式转换，在不同的设计、分析和设施管理软件之间交换数据，对于实现低碳智慧建筑的交付和后续运维十分重要。

主流的 BIM 软件支持以 IFC 数据交换为核心的标准，提供数据导入和导出功能。BIM 模型中的标准元素通过软件功能可直接映射到 IFC 的数据模式中，简化导出过程，某些特定的元素则也可以在导出前进行映射设置。IFC 作为包含低碳建筑数据交换载体，在软件导出时需要遵循以下步骤：

1）数据映射

在 BIM 软件导出 IFC 文件之前，需要检查设置，以确保构建的模型类别正确映射到对应的 IFC 类，从而实现模型类别与数据标准之间的匹配。数据映射过程是将 BIM 软件内的类别或元素与 IFC 标准中定义的类进行对应，这个过程通常涉及准备一个映射表，该表以文本文件形式存在，可以在 BIM 软件内或使用文本编辑器进行定制和编辑。如 BIM 软件中的构建的"墙"类别对应到 IFC 的"*IfcWall*"。在导出 IFC 数据之前，非常重要的一步是检查映射设置，以确保所有关键信息都被正确映射并准备好导出。这包括对 IFC 类和类型的名称进行准确输入，有时根据项目需求还需要进行自定义映射。对于不需要导出的元素或类别，可以将它们在映射表中设置为不导出。此外，IFC 类型的指定允许在一个大类别内进行更精细的区分，类似于 BIM 软件中的子类别，这对复杂项目中的数据管理非常有用。例如，在 BIM 软件中，"结构柱"是一个广泛的类别，它可以包括多种不同类型的柱子，如混凝土柱等。在将这些元素从 BIM 软件导出到 IFC 格式时，可以利用 IFC 类型的指定来进行更详细的分类。具体到 IFC 映射过程中，混凝土柱可以被指定为"*IfcColumn*"类别下的"*IfcColumnType*"为"CONCRETE"。从而有助于在模型中清晰地识别和管理细致划分类别的结构元素，也便于在后续的分析和建造施工过程中对信息的识别和捕捉，如结构分析、造价估算等进行针对性的处理和决策。

2）数据导出

数据导出前需在特定软件环境进行导出设置，应针对 BIM 软件的导出设置选择 IFC 架构和模型视图定义，以满足场景需求。从对于广泛兼容性的角度如 IFC 2×3 和 IFC 4 等在支持建筑类和基础设施建设类项目有着良好的适用性。对于大型项目，也可以使用压缩 IFC 格式以提高效率。在低碳建筑设计用于计算评估中，IFC 导出设置中的空间边界导出选项发挥了重要作用。这些选项允许设计者根据不同的需求选择如何导出空间边界信息。良好的导出设置会提供恰当合适的数据，用于碳排放或热计算等。模型的边界表面不是简单的界限，而是根据相邻表面及其属性如材料进行调整的。所以，高水平低碳建筑 BIM 导出的模型包括关于建筑物如何与其环境相互作用的更多信息，例如热传导、隔热性能等。最后，需要明确 BIM 组件属性集的导出。导出 IFC 常用属性集包括 IFC 架构中定义的默认属性实体。在 BIM 软件中，一般可以以选择性定义的属性集、属性等方式导出，也可以通过指定导出包含 IFC 映射表的参数来实现。数据导出通常会考虑低碳智慧建筑资产运营和维护阶段的运营策略和具体的信息需求，所以使用 COBie 等方法进行数据导出可以为实现目标提供强有力支持。利用 IFC 导出方法与 COBie 定义的详尽资产数据需求结合，将标准化的数据交换模式用于寻找信息和跨部门沟通，有助于压缩时间成本，帮助资产运维方提升监控和分析的效率。

3）数据管理

低碳智慧建筑的数据和信息管理保障建筑从设计到运营维护阶段的节能减排过程，主要体现在数据管理、检索和传输的效率上，与交付一样，可以通过 CDE 和 BIM 数据库协同实现。CDE 为低碳建筑项目提供了集中的平台，用于存储、管理和分享所有相关的项目文档、图纸和数据，有效管理文件和模型的版本，通过标准化流程支持项目成员之间的沟通和协作。可以在 CDE 中设置不同的权限级别，控制对文件和信息的访问。在运维阶段，将 BIM 数据与设施管理系统等其他数据库集成，则可以有效地利用 BIM 数据进行资产管理和维护规划，实时监控和分析建筑性能，优化维护计划和预算分配，实现节能减排的目标。

10.2.1 低碳智慧建筑 BIM 设计隐含碳计算

1）材料选择产生的碳排放

在设计阶段通过考虑多种因素来捕捉和计算隐含碳排放，是实现高水平低碳智慧建筑决策制定的重要内容。在 BIM 数据中获取相关的隐含碳的数据需要一个详细的设计模型作为前提。在方案设计中，建筑材料的选择直接关联到建筑整体的碳足迹。如混凝土作为一种广泛使用的建筑材料，其生产和使用过程中的二氧化碳排放占据了很大一部分比例，对混凝土材料进行合理化选择是实现建筑项目低碳排放的关键部分之一。以不同类型混凝土材料举例：普通强度混凝土（Normal Strength Concrete，NSC）和高强度混凝土（High Performance Concrete，HPC）材料在建筑结构方案的选取对于环境影响不同。普通强度混凝土中如 C25、C30、C35、C45 等不同强度等级的混凝土是在多种建筑项目中常见的混凝土强度等级，而高强度混凝土则包括更高强度等级如 C80、C95、C90、C105，用于要求更高承载能力的结构方案。根据标准，混凝土的混合比例有一系列的规定，这些规定确保混凝土混合物在达到预期的强度和耐久性的同时，降低对环境的影响。可通过隐含碳计算，对其混合比例进行特别的设计和调整优化。如混凝土构件隐含碳排放计算需要先考虑所选混凝土材料其在生产、运输和施工过程中的碳含量。以设计阶段为例，在 BIM 数据以及碳排放数据库支持下，计算生产过程中的隐含碳含量公式如下表示：

$$Embodied\ CO_2\ (production) = \sum_{i=1}^{n} W_i CO_{2i}$$

$$C_{total} = V C_{unit}$$

其中，W_i 为建筑用混凝土用料 i 的重量，CO_{2i}（kg）为混凝土用料 i 中单位隐含碳含量。如混凝土一般包含水泥、骨料、和水。每种用料的重量乘以单位用量后求和即得到所计算混凝土每立方米的隐含碳 C_{unit}（kg）。通过单位混凝土碳排放计算 BIM 元素隐含碳含量，C_{total} 为构件总隐含碳排放（kg），V 表示元素体积（m³）。

2）碳排放数据获取

根据碳排放计算需求，需要对 BIM 数据进行对应的数据获取，基于 IFC 的自动化数据交换发挥着至关重要的作用。通过对 IFC 文件进行数据提取、元素选择和属性集或属性提取等功能，可以更为精确地获取设计方案中的隐含碳计算数据。数据的提取，包括单个或多个数据集的提取，涉及 IFC 数据类型的多种对象。利用定义在 IFC 模型中的关系实体，可以提取出一组相关实例，用于指定模型内不同实体间的联系。此过程可能涉及计算建筑碳排放所需的属性，如体积、长、宽、高等参数。如图 10-2 所示，IFC 关系实

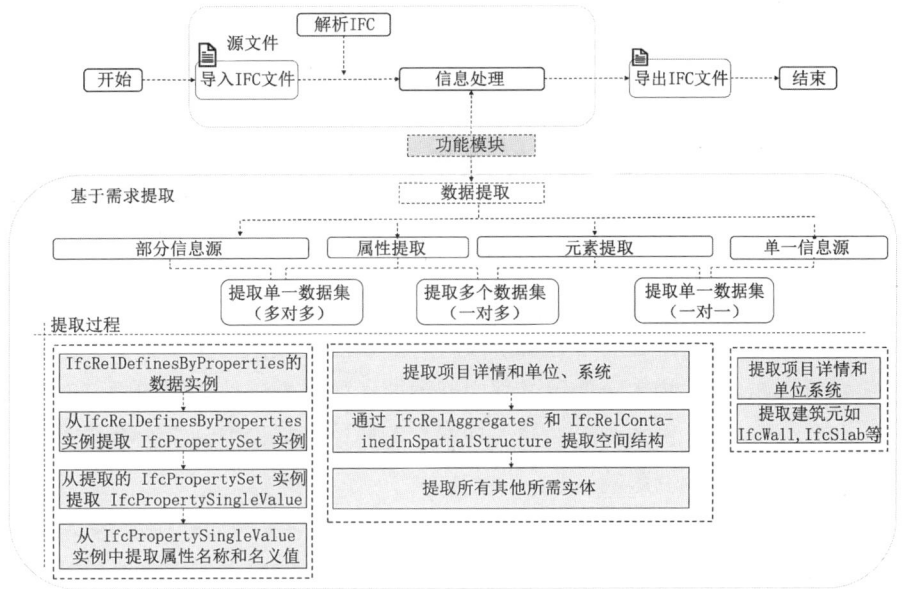

图 10-2 IFC 元素提取思路举例 [2]

体 *IfcRelAggregates*，这一实体允许我们从 IFC 文件中找到出特定的建筑元素及其属性。接下来，元素的提取过程既可以针对特定实例进行。在属性集的提取阶段，通过这一关系实体，我们能够识别出项目中所有的混凝土构件，从复杂的 BIM 项目层次结构中定位到混凝土构件及对应元素，进一步通过 *IfcRelDefinesByProperties* 等 IFC 实体，找到详细属性。

以混凝土墙为例，首先确定数据提取对应的建筑元素，需要识别出使用了混凝土的构件，如 *IfcWall*（墙）、*IfcSlab*（板）、*IfcColumn*（柱）等，通过 *IfcRelAggregates* 识别元素都是一个 *IfcElement*，这些元素具有关联属性集，通过 IfcRelDefinesByProperties 实体进行访问。*IfcRelDefinesByProperties* 中，*IfcPropertySet* 或 *IfcElementQuantity* 会包含元素的详细属性内容。在这里，我们可以找到与计算碳排放直接相关的属性，例如体积、使用的材料类型、面积、宽度、长度、高度等，这对于计算碳排放至关重要。获得了对应的数据后，可以结合材料的碳排放系数计算每个构件的碳排放量。

通过智能化地获取 IFC 数据，该框架能够动态地结合来自不同来源的数据，包括手册、标准和数据库中的静态数据，以及直接从 IFC 文件中提取的动态数据。这种集成方法不仅加速了数据处理流程，还提高了决策支持系统的智能化水平，使得在项目早期就能够考虑到可持续性和成本等多重因素，进行综合决策。这一过程依赖于一个详尽的 BIM 设计模型，以确保能够捕获设计阶段所有相关的隐含碳排放数据。通过自动化地从 IFC 文件提取关键数据，如混凝土的使用量及其碳排放系数，能够高效地计算建筑材料（例如不同等级的混凝土）的总体碳足迹。这一自动化数据交换过程不仅减少了手动输入的需求，还加快了决策制定，使项目团队能够在早期设计阶段评估和选择更低碳的建筑方案。

10.2.2　低碳智慧建筑 BIM 运营碳排放计算

1）运营碳因素

建筑的运营碳排放指的是建筑建成后的运营阶段，由能耗设施产生的碳排放。在运营阶段，对建筑能耗数据的精准捕捉尤为重要，不仅涉及对建筑物实际使用过程中能源效率的综合评估，还包括了对建筑方案模型参数如何影响能耗的深入理解。可通过能耗模拟，综合考量多个关键因素对建筑能耗的影响。

（1）建筑类型：在计算碳排放的时候需要考虑建筑类型，如作为住宅或是办公楼使用，决定了建筑空间的占用率和活动模式，这些因素也会对能耗产生影响。住宅和办公楼的使用时间和人流密度不同，相应的照明、设备使用和空调需求也有所不同，因此在模拟中考虑这一点可以提高预测的准确性。

（2）气候条件：当地气候条件，包括温度变化和日照强度，是影响建筑能耗的重要外部因素。这些因素直接关联到建筑的制冷和采暖需求，因而需要在能耗模拟中予以重视。另外建筑布局的设计，如楼层的平面布局、建筑组件的具体位置和尺寸，决定了空间的利用效率和内部流通性，进而影响能源的使用。合理布局可以最大化自然光的利用、减少照明能耗，同时促进自然通风，降低空调负荷。

（3）建筑材料：最后，建筑材料的热物理属性，尤其是热导率等因素，直接影响建筑的保温和隔热性能。选择合适的材料可以显著减少能源的浪费，高热阻材料可以减少热量通过建筑外壳的传递，从而降低制冷或采暖需求。

2）运营碳计算

针对以上方面能源模拟对建筑运营能耗的捕捉有助于评估建筑能效表现。根据我国建筑运营碳计算标准，建筑运行阶段单位建筑面积碳排放量（C_M）计算如下[3]：

$$C_M = \frac{[\sum_{i=1}^{n}(E_i EF_i) - C_p]y}{A}$$

$$E_i = \sum_{i=1}^{n}(E_{i,j} - ER_{i,j})$$

C_M 表示建筑运行阶段单位建筑面积的碳排放量（$kgCO_2/m^2$）；E_i 代表建筑第 i 类能源的年消耗量（单位 / 年）；EF_i 为第 i 类能源的碳排放因子；$E_{i,j}$ 代表 j 类系统的第 i 类能源消耗量（单位 / 年）；$ER_{i,j}$ 表示 j 类系统消耗的由可再生能源系统提供的第 i 类能源量；i 指建筑消耗的终端能源类型，包括电力、燃气、石油、市政热力等；j 表示建筑用能系统类型，包括供暖空调、照明、生活热水系统等；C_p 代表建筑绿地碳汇系统年减碳量（$kgCO_2/$ 年）；y 为建筑寿命（年）；A 指的是建筑面积（m^2）。将建筑每种能源的年消耗量乘以相应的碳排放因子，然后累加所得的结果，并从中减去建筑绿地碳汇系统的年减碳量，再乘以建筑设计寿命，最后该结果除以建筑面积，得到单位面积的碳排放量。E_i 是通过计算所有系统类型中每种能源的消耗量减去由可再生能源系统提供的相应能源量的总和来得出。

10.2.3 低碳智慧建筑 BIM 运营监测、模拟与优化

基于 BIM 的运营碳需要考量运营阶段不同建筑系统的能耗方式以及建筑内外因素的影响是一个复杂的过程，主要包含监测、统计以及模拟等三个方面。前两者主要针对碳排放和能耗的计算或预测。后者侧重于方案的优化。

1）运营碳排放监测

监测法即通过建立的建筑能耗监测系统获取建筑运营实时能耗。一些技术和 BIM 的融合应用可以助力更好捕捉和改进碳排放量化过程，特别是物联网，作为迅速发展的技术领域，可以创建能够唯一识别并通过互联网访问的对象。

（1）BIM 与物联网技术结合：BIM 和物联网技术之间实现互操作性需要结合场景需求和标准，通过 API 将基于 IFC 的 BIM 信息与无线传感器节点整合起来，将传感器网络、BIM 整合到一个系统中，以实现高效的能耗数据收集、监控和分析。这一过程首先需要 IoT 设备在建筑中的部署，包含了传感器部署以及数据的采集。通过建筑物的关键位置部署能耗监测设备或传感器，如电表、水表、燃气表以及温湿度传感器，实时采集建筑能耗数据，包括电力、水、热能和气体消耗量，以及相关的环境参数如温度和湿度（图 10-3）。

（2）数据集成：之后，从运营管理的需求角度，可以进行后端服务器功能开发，这里面涉及数据管理与分析、BIM 数据集成以及 API 的开发。通过以服务的形式收集存储传感器的数据，可以对能耗进行模拟分析，BIM 则在这一环节提供和建筑元素、建筑空间和建筑设备相关的详细信息和数据，将能耗数据与建筑物情况相关联，从而提高数据分析的广度和精确度，通过

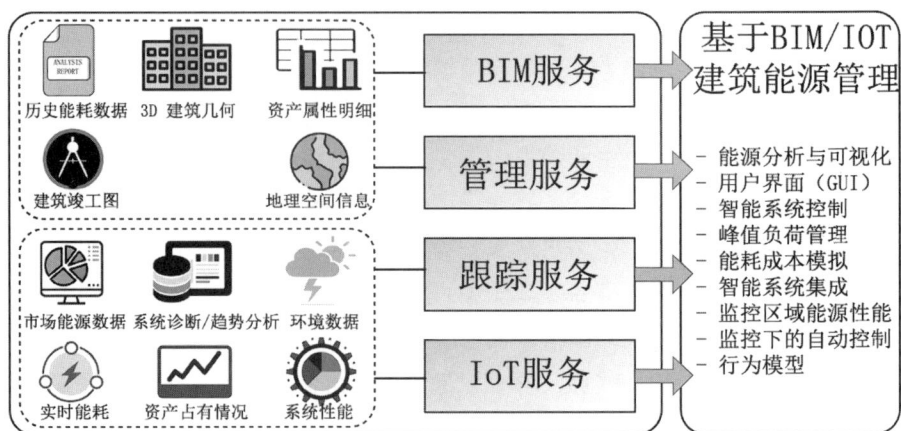

图 10-3 基于 BIM 和 IoT 的建筑能耗管理概念

开放的数据格式用于标准化能耗数据的发布和获取，促进数据共享和程序开发。

（3）程序开发：在数据管理的基础上，可以进行前端数据、模型可视化的应用程序开发，实现用户交互，实时数据分析得到的能耗图表和 3D 模型的协同可以直观展示建筑碳排放状况，并设定阈值触发提醒机制从而采取相应的节能减排措施。最后，通过数据分析结果，制定节能策略，如优化暖通和空调系统的优化运行方案，开发移动应用程序，为用户提供友好操作环境，查看实时能耗数据、根据情况自动调节室内设置和空间使用，提升能源使用效率和环境舒适度等。

（4）低碳运营场景：在现代建筑管理和实践中，如校园建筑或办公建筑都可以使用 BIM 和 IoT 结合用于优化资源利用，保证用户舒适度的前提下，通过数据驱动决策实现能源节约，减少碳排放。BIM 建筑空间与暖通系统的集成，实时调节空调和通风系统，响应用户需求实现建筑内部环境智能控制。如在学校建筑能源管理中，通过资产信息标准获取精细 BIM 模型，加上温度、湿度、CO_2 浓度等传感器的部署，实现建筑能耗的实时监测。借助 API 可以使 BIM 数据与 IoT 传感数据相结合，环境传感器用于监测特定教室或会议室的实时使用情况，与 BIM 模型中的空间属性和建筑设备属性结合，当系统检测到某个空间未被使用时，自动调整该空间的空调、照明和其他系统至节能模式，减少碳排放和能源浪费。例如一个预定的会议室未被使用，系统可以根据房间的实际占用情况和外部环境条件，动态调整空调系统的运行。

结合 BIM 模型的结构和设备信息与 IoT 传感器如振动、温度和能耗传感器收集的设备运行数据，可以进行设备性能分析和故障预测，这一方面对于建筑维护的智能化应用十分重要，通过分析设备运行数据与 BIM 模型中预期性能指标的偏差，系统能够预测潜在的设备故障并提前进行维护，延长设备使用寿命，减少碳排放和成本。

2）运营碳排放统计

对于碳排放的捕捉也可以通过结合统计法即收集各类能耗碳排放相关的数据，如通过 IFC 数据模式获得与能耗相关的数据进行计算等和能耗模拟方法，即集成度较高的能耗模拟软件进行能耗分析。同 IFC 在设计阶段进行碳计算一样，基于 IFC 和 IDM 的碳计算方法是一种通过 BIM 环境获取的通用数据模式直接用于碳计算的方式。与运营碳相关的数据可以通过 IFC 获取，基于 IFC 的运营碳计算方式可以在设计阶段通过人机交互将相关计算信息输入到 BIM 模型中，这些信息包括与空间 *IfcSpace* 相关的暖通、照明、居住信息，以及与围护结构如 *IfcWall* 相关的热传导系数、光折射系数等。根据这些设计参数，可以提取与运营碳计算相关的数据用于不同建筑系统的能耗和碳排放计算。

3）低碳智慧建筑运营模拟

在智慧建筑的发展中，基于低碳指标的方案优化成为专业需要。BIM 通过创建和管理建筑项目的数字表示，使建筑全生命周期的数据管理过程更加高效、精确和可持续。在低碳智慧建筑的背景下，BIM 不仅仅是数字化工具的应用，更是对建筑全生命周期碳排放的深度洞察和优化的有效手段。

（1）方案设计分析与优化：结合 BIM 标准和技术，前期设计阶段应用 BIM 软件进行辅助环境分析和场地分析，从而在绿色建筑场地布局和概念设计中结合场地信息进行细致分析，对初步设计方案进行优化。方案设计发展阶段的 BIM 应用进一步通过总体布局、建筑体量，以及性能模拟分析，确保建筑本体方案的可行性，并且在这一阶段中，结合 BIM 数据的模拟分析可以帮助设计师进行快速的迭代设计。

（2）深化设计的分析与优化：是对前期工作的细化和完善，通过风、光环境分析，进一步优化建筑的室内外设计，确保建筑在功能上满足使用需求的同时在能源消耗和环境影响方面达到最优。在整个设计阶段，利用 BIM 和 IFC 进行模拟和数值分析可以对方案的形态、朝向、结构以及材料选择进行细致分析和调整。BIM 模型中的信息如材料属性和建筑构件的几何数据可以通过 IFC 与碳排放评估工具结合。这些工具可以计算出从建筑材料的生产、运输到建筑的运营阶段的整体碳排放量。通过比较不同设计方案，设计师可以选择碳排放最低的方案。

（3）运营阶段的信息需求：从标准和流程层面，BIM 标准中的组织信息需求 OIR、公共数据环境 CDE，以及任务信息交付计划 TIDP 等方法发挥重要作用，确保项目信息的正确收集和管理，保证项目团队成员间信息的一致性和实时更新，用于规划信息交付的任务和时间表。信息需求为整个项目设定了低碳建筑的具体目标和要求，比如能源效率范围、低碳材料的选择范围等。通过 BIM 软件进行的辅助环境分析和场地分析允许设计团队在项目的早期就进行细致的分析，优化初步设计方案，确保设计方案从一开始就考虑到低碳和可持续性目标，从而与信息需求联动，进一步制定面向资产管理信息需求 AIR 和交换信息要求 EIR。TIDP 则将以上相关的性能模拟、分析和碳排放评估的方法、方式详细地列入任务计划中，包括每个设计和建造阶段需要的负责人以及完成的时间节点，满足低碳建筑资产的信息需求。

（4）低碳运营的数据标准：从运营的视角，基于 BIM 信息的碳排放在建筑运营阶段的计算模拟可以在方案阶段就开始考虑能效问题，并采取措施优化设计。通过 IDM 和模型视图定义，确定低碳运营计算的特定信息交换需求和信息子集，从 BIM 模型中提取出精确且相关的数据，以便进行能源分析。在完成数据的提取和转换后，接下来就是利用 gbXML 进行能源分析。gbXML 同样也是一种开放的数据交换标准，专门设计用于促进 BIM 和建筑能源分析软件之间的信息交流。它基于 XML，成为跨行业之间信息交换的通用语言之一。BIM 过程中产生了大量的数据信息，包含了对于执行能源分析和评估建筑性能至关重要的详细信息，如建筑几何形状、材料属性、空间布局、环境影响等，gbXML 被设计出来包含用于能源分析的数据结构和元素，使得不同来源的建筑数据可以被各种能源分析和建筑性能评估工具读取和理解。BIM 模型中的布局配置、材料热物理属性和建筑类型可以通过 BIM 软件被导出为 gbXML 文件，或通过适当的数据格式转换得到 gbXML 文件。gbXML 在能源模拟中确定建筑几何形状、材料类型和房间占用情况等信息。同时为了结合气候因素计算，需要从外部数据源获取包含当地气候数据的天气文件，模拟建筑与环境之间的动态热交换。

（5）BIM 到 BEM 的转化：实现从建筑信息模型 BIM 到建筑能源模型（Building Energy Modeling，BEM）的转化，从而从软件应用的角度提供建筑能源解决方案。数据从 BIM 转移到 BEM 的过程涉及语义的互操作性问题。虽然当前 BIM 数据模式如 IFC 在几何形状、空间类型和区域，以及暖通系统的信息集成方面已经趋于成熟，但主流的 gbXML 方法在执行上更为高效，能够实现几何形状、材料和热区的转换。在低碳智慧建筑背景下，工具和技术的集成应用覆盖了能源建模、供暖和制冷负荷模拟、热设计和分析、光控制、遮挡分析、照明设计、成本分析和调度等多个方面。它们支持从高级数据格式如 IFC 和 gbXML 导入建筑信息，以便于模拟和分析建筑的能源性能和环境影响。

综上，低碳智慧建筑 BIM 方案模拟优化是一个多维度、跨学科的过程，涉及 BIM 应用体系、考量标准与流程，以及创新计算和模拟方法。BIM 通过提供详细的三维模型、高度集成的材料物理和功能属性、健全的信息管理流程，支持能耗和碳排放计算的同时服务于建筑资产的全生命周期管理，帮助实现更高效、环保的建筑。

10.3

课后习题

（1）【简答】从不同角度，概述低碳建筑设计需求的内容。

（2）【填空】低碳智慧建筑的模型分类包含 ___、___、___、___、___ 和 ___ 等系统。

（3）【简答】概述实现低碳智慧建筑的 BIM 模型创建应该包含哪些重要内容？

（4）【填空】低碳智慧建筑方案的数据管理包含 ___、___、___ 等重要步骤。

（5）【简答】请举例说明设计方案中对建筑材料的选择关系到建筑整体碳足迹？

（6）【简答】概述如何从 BIM 数据中提取和碳排放相关的数据？

（7）【填空】基于 BIM 的运营碳需要考量运营阶段不同建筑系统的能耗方式，主要包含 ___、___ 以及 ___ 三个方面。

本章参考文献

［1］ 中华人民共和国住房和城乡建设部 . 建筑信息模型设计交付标准：GB/T 51301—2018[S]. 北京：中国建筑工业出版社，2018.

［2］ KHUDHAIR A, LI H, REN G. Knowledge-based OpenBIM data exchange for building design[J]. Automation in Construction, 2023, 156（10）：105144.

［3］ 中华人民共和国住房和城乡建设部 . 建筑碳排放计算标准：GB/T 51366—2019[S]. 北京：中国建筑工业出版社，2019.

第 5 篇
案例与展望

第 11 章

案例与展望

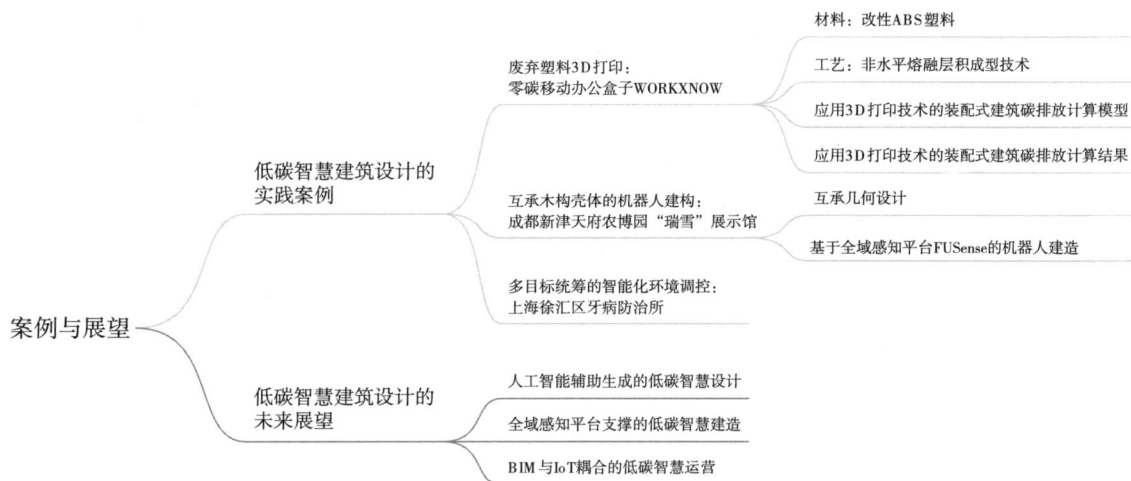

材料：改性ABS塑料

工艺：非水平熔融层积成型技术

废弃塑料3D打印：
零碳移动办公盒子WORKXNOW

应用3D打印技术的装配式建筑碳排放计算模型

应用3D打印技术的装配式建筑碳排放计算结果

低碳智慧建筑设计的
实践案例

互承木构壳体的机器人建构：
成都新津天府农博园"瑞雪"展示馆

互承几何设计

基于全域感知平台FUSense的机器人建造

案例与展望

多目标统筹的智能化环境调控：
上海徐汇区牙病防治所

人工智能辅助生成的低碳智慧设计

低碳智慧建筑设计的
未来展望

全域感知平台支撑的低碳智慧建造

BIM与IoT耦合的低碳智慧运营

本章要点：

知识点1. 建筑碳排放的不同阶段与计算方法。

知识点2. 3D打印技术使建筑碳排放降低的优势。

知识点3. 全域感知技术对建筑碳排放降低的作用。

知识点4. 建筑信息模型与物联网耦合对建筑碳排放降低的影响。

学习目标：

（1）了解人工智能对辅助生成低碳智慧建筑设计的作用。

（2）梳理人工智能相关技术，了解其在建筑工程领域的前沿应用。

11.1.1 废弃塑料 3D 打印：零碳移动办公盒子 WORKX NOW

3D 打印材料和技术的应用，在不同的工业领域有所不同。在建筑行业，相较于传统建造，预制装配化部品、部件与 3D 打印技术克服了传统方法建造复杂结构、非线性形式的困难，对施工方法和建筑形式做出了新的贡献。由于免模板、省人工、自动化程度高等优势，3D 打印技术不仅能够缩短工期，还能够推动建筑材料、工艺的创新，使建筑物化阶段碳排放量大幅度下降，也减少了现场建筑垃圾，成为建筑行业研究的热点。

当前，建筑行业 3D 打印研究的最新主题是混凝土、金属、塑料的打印，其中，关于塑料 3D 打印建筑的研究相对缺乏。塑料相较于混凝土、金属，具有质量轻、成本低等优势，适用于家具、装配式建筑、非线性建筑表皮等应用场景。然而，塑料生产、转化和处置的过程将形成大量温室气体，仅 2015 年，塑料在温室气体排放中贡献了接近 18 亿 t CO_2e，同时，对塑料废物的管理不善引起了严重的环境污染问题。若能够提高塑料废物回收利用的比例，将对全球环境污染和温室效应做出极大贡献。

1）材料：改性 ABS 塑料

在零碳移动办公盒子 WORKX NOW 项目中，设计团队通过对钢结构、3D 打印改性塑料饰面板的分级控制，使异形空间形态完整表达。ABS 塑料作为一种经济成本低，能够反复"软化—固化"回收利用的原材料，强度高、韧性好，在非线性、不规则建筑构件的制造中具有明显优势。通过添加剂、合金等方法提高性能之后的 ABS 属于工程塑料，种类丰富、应用广泛，是目前主要改性塑料之一。我们在原材料中掺入了增强纤维，不仅大幅度提高了材料的拉伸强度和弯曲强度，还改善了材料的刚度，使它在打印过程中，能够更好地抵抗内部应力引起的变形。同时，耐候性实验显示，该材料在 10 年紫外线环境下不变色，物理性能下降小于 10%。另外，我们采用了 100% 的废弃回收塑料，不仅使材料具备了高辨识度的表面肌理，还大幅度减少了碳排放。

2）工艺：非水平熔融层积成型技术

WORKX NOW 改性塑料饰面板采用非水平熔融层积成型技术完成，通过温度控制与软件计算运动轨迹，六轴机械臂打印喷头将熔融的塑料连续喷射，在 Z 坐标方向不均匀、非水平位移，使塑料根据机械臂运动路径快速成型、依次堆叠，最终形成三维构件。六轴机械臂打印喷头由团队自主研发，工作功率为 15kW。这些三维构件安装于钢结构主体，建造流程不涉及任何湿作业。一方面，钢结构起到物理建造上的支撑作用，另一方面，也起到了3D打印建造流程中的定位作用，这不仅是对钢结构传统功能的拓展，也为异形空间形态提供了解决方案。

3）应用 3D 打印技术的装配式建筑碳排放计算模型

（1）碳排放计算边界

在 WORKX NOW 项目中，研究对象边界定义为单体建筑、独立工位，规模为 1500mm（长）×1500mm（宽）×2400mm（高），其中，室外（图 11-1）、室内（图 11-2）2 个版本在生产材料、物理设备上略有差异。

图 11-1　零碳移动办公盒子 WORKX NOW 室外版本模型

图 11-2　零碳移动办公盒子 WORKX NOW 室内版本产品

由于示范项目在上海试运行，碳排放区位边界定义在上海。碳排放过程边界定义为"摇篮—摇篮"，根据全生命周期评价法、中国《建筑碳排放计算标准》GB/T 51366—2019，建筑碳排放计算包括建筑材料生产及运输阶段、建造及拆除阶段、运行阶段。

本案例为同济大学、上海一造科技有限公司、瑞安集团联合开发的分布式、可移动箱体建筑 WORKX NOW，投放于上海市主城区各个办公角落，目前已经生产样品 5 台，投放于黄浦区进行试点运行，具体设计信息如表 11-1。

（2）碳排放计算模型

本书根据中国《建筑碳排放计算标准》GB/T 51366—2019、《环境管理—生命周期评价—原则与框架》ISO 14040—2006、《环境管理—生命周期评价——目标与范围确定和清单分析》ISO 14041—2006 对应用 3D 打印技术的装配式建筑全生命周期碳排放计算模型进行定义。在全生命周期、建筑材料生产及运输阶段、建造及拆除阶段、运行阶段分别建立碳排放计算模型。

建筑版本	室外		室内	
建筑层数	1		1	
建筑面积	2.25m² （1500mm×1500mm）		2.25m² （1500mm×1500mm）	
建筑高度	2.40m		2.40m	
设计年限	5 年		5 年	
建筑功能	办公、教育		办公、教育	
耐火等级	二级		二级	
防水等级	屋面防水Ⅱ级		屋面防水Ⅱ级	
容纳人数	1		1	
运行时间	假设 8:00–20:00 运行，使用率 70%，仅计算工作日			
设备清单	名称	功率	数量	功率	数量
	空调	980W	1	×	0
	LED 灯	12W	1	64W	1
	显示器	50W	1	50W	1
	椅子	×	1	×	1
	桌子	×	1	×	1

（3）总碳排放计算模型

根据上述应用 3D 打印技术的装配式建筑碳排放计算边界定义，采用碳排放系数法进行计算，该建筑全生命周期碳排放 C 计算公式为：

$$C=C_p+C_t+C_c+C_d+C_m \qquad (11\text{-}1)$$

式中　C——应用 3D 打印技术的装配式建筑全生命周期碳排放总量；

C_p——应用 3D 打印技术的装配式建筑材料生产阶段碳排放总量；

C_t——应用 3D 打印技术的装配式建筑材料运输阶段碳排放总量；

C_c——应用 3D 打印技术的装配式建筑建造阶段碳排放总量；

C_d——应用 3D 打印技术的装配式建筑拆除阶段碳排放总量；

C_m——应用 3D 打印技术的装配式建筑运行阶段碳排放总量。

各项碳排放总量的单位均为 $kg\,CO_2e$。

（4）建筑材料生产及运输阶段碳排放计算模型

应用 3D 打印技术的装配式建筑材料生产阶段碳排放 C_p 计算公式为：

$$C_p=\sum_{i=1}^{n} M_i F_i \qquad (11\text{-}2)$$

式中　M_i——第 i 种主要建筑材料的消耗量（t）；

F_i——第 i 种主要建筑材料的碳排放因子（$kg\,CO_2e/t$）。

应用 3D 打印技术的装配式建筑材料运输阶段碳排放 C_t 计算公式为：

$$C_t = \sum_{i=1}^{n} M_i D_i T_i \tag{11-3}$$

式中　M_i——第 i 种主要建筑材料的消耗量（t）；

　　　D_i——第 i 种建筑材料的平均运输距离（km）；

　　　T_i——在第 i 种建筑材料的运输方式下，单位重量运输距离的碳排放因子 [$kgCO_2e/$（t·km）]。

（5）建造及拆除阶段碳排放计算模型

建造及拆除阶段可以采用基于能源消耗总量或基于机械台班数量的碳排放计算方法。

在能够获取机械消耗量的情况下，应用 3D 打印技术的装配式建筑建造阶段碳排放适宜根据机械台班消耗量及对应碳排放因子计算，其计算公式为：

$$C_c = \sum_{i=1}^{n} R_{c,i} RF_{c,i} \tag{11-4}$$

式中　$R_{c,i}$——建造阶段第 i 种施工机械的台班量；

　　　$RF_{c,i}$——建造阶段第 i 种施工机械的碳排放因子（$kgCO_2e/$ 台班）。

拆除阶段碳排放计算原理类似，其计算公式为：

$$C_d = \sum_{i=1}^{n} R_{d,i} RF_{d,i} + M_{d,i} D_{d,i} T_{d,i} \tag{11-5}$$

式中　$R_{d,i}$——拆除阶段第 i 种施工机械的台班量；

　　　$RF_{d,i}$——拆除阶段第 i 种施工机械的碳排放因子（$kgCO_2e/$ 台班）；

　　　$M_{d,i}$——拆除阶段第 i 种主要建筑材料的消耗量（t）；

　　　$D_{d,i}$——拆除阶段第 i 种建筑材料的平均运输距离（km）；

　　　$T_{d,i}$——拆除阶段在第 i 种建筑材料的运输方式下，单位重量运输距离的碳排放因子 [$kgCO_2e/$（t·km）]。

（6）运行阶段碳排放计算模型

建筑运行阶段碳排放计算范围应包括暖通空调、生活热水、照明及电梯、可再生能源、建筑碳汇系统在建筑运行期间的碳排放量，该碳排放量应根据不同类型能源消耗量及其碳排放因子确定，应用 3D 打印技术的装配式建筑运行阶段碳排放 C_m 计算公式为：

$$C_m = \left[\sum_{i=1}^{n} (E_i EF_i) - C_p \right] y \tag{11-6}$$

$$E_i = \sum_{i=1}^{n} (E_{i,j} - ER_{i,j}) \tag{11-7}$$

式中　E_i——建筑第 i 类能源的年消耗量（单位 /a）；

　　　EF_i——建筑第 i 类能源的碳排放因子；

　　　$E_{i,\,j}$——j 类系统的第 i 类能源的消耗量（单位 /a）；

　　$ER_{i,\,j}$——j 类系统消耗由可再生能源系统提供的第 i 类能源量（单位 /a）；

　　　y——建筑设计年限（a）。

4）应用 3D 打印技术的装配式建筑碳排放计算结果

（1）建筑材料生产及运输阶段碳排放量

从材料类型维度分析发现，不论室外、室内版本，铝合金门窗是材料生产阶段碳排放量比例最高的部分，分别为 63.62%、80.36%；钢是除铝合金门窗外，碳排放量最高的材料，占据 28.72%、13.67%；3D 打印再生改性塑料的碳排放量比例分别为 3.24%、4.22%（图 11-3）。

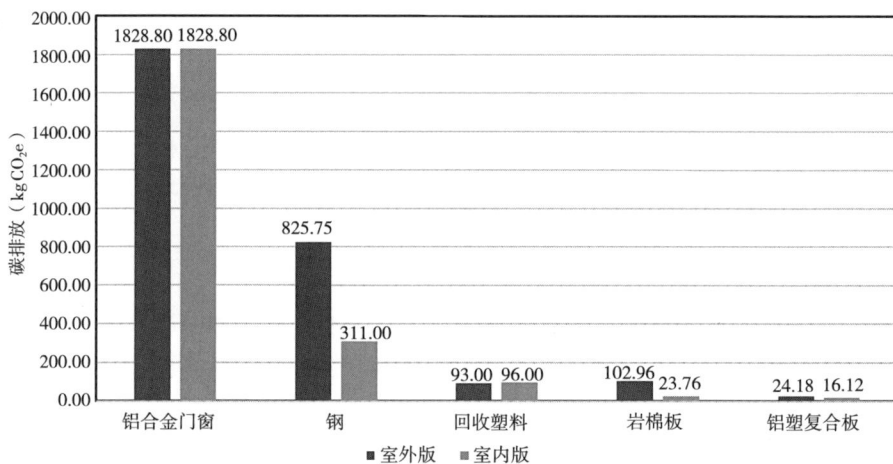

图 11-3　材料生产阶段碳排放量（从材料类型维度分析）

根据式（11-3）计算发现，主要由于室外版本重量高于室内版本，在材料运输阶段，室外版本的碳排放量为 $91.63 \mathrm{kg CO_2 e}$，室内版本的碳排放量为 $40.56 \mathrm{kg CO_2 e}$，较于材料生产阶段，材料运输阶段的碳排放量远小于材料生产阶段。

（2）建造及拆除阶段碳排放量

根据 WORKX NOW 的设计信息，建造及拆除阶段碳排放范围主要包括：3D 打印建造设备、拆除设备的电力消耗、能源消耗等两个部分。建造阶段，WORKX NOW 室外、室内版本分别需要六轴机械臂 4 台班、3.75 台班的工作量；拆除阶段，室外、室内版本则各自大约需要轮胎式装载机 0.25 台班的工作量。

根据公式（11-4）、公式（11-5）计算得到，建造阶段，室外版、室内版本分别产生 201.60kg CO$_2$、189kg CO$_2$e 的碳排放量；拆除阶段，室外、室内版本的碳排放量一致，为 45.42kg CO$_2$e。

（3）运行阶段碳排放量

WORKX NOW 室外版本运行阶段能源消耗量评估通过 Grasshopper 工具调动 EnergyPlus 模拟引擎完成，步骤是将 Rhino 模型逐步转化为模拟引擎能够识别的建筑能量模型，图 11-4~ 图 11-6 是模型转化基本过程。

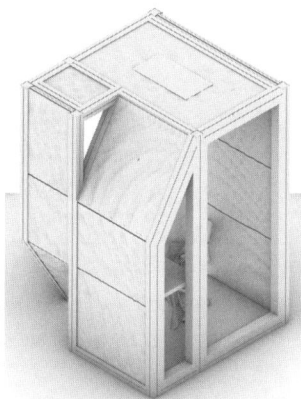

图 11-4　建筑信息模型　　　　图 11-5　数字模型　　　　图 11-6　建筑能量模型

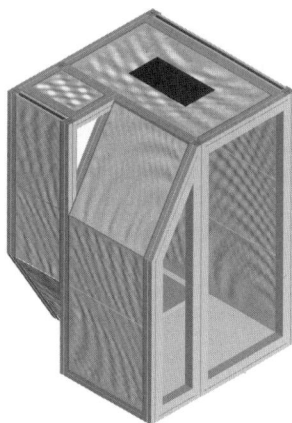

WORKX NOW 室内版本不独立安装空调，室内环境与其所在大型办公建筑、商业建筑环境共享，仅计算通风照明设备、显示器运行能耗。设定 WORKX NOW 运行时间表为全年工作日 8：00 至 20：00，250 天 / 年，使用率为 70%，得到 WORKX NOW 室内版本运行能耗为 1197kWh/5 年，根据上海市电力碳排放因子，得到室内版本 5 年碳排放量的结果为 502.74kg CO$_2$e。其中，月度运行能耗如图 11-7 所示。

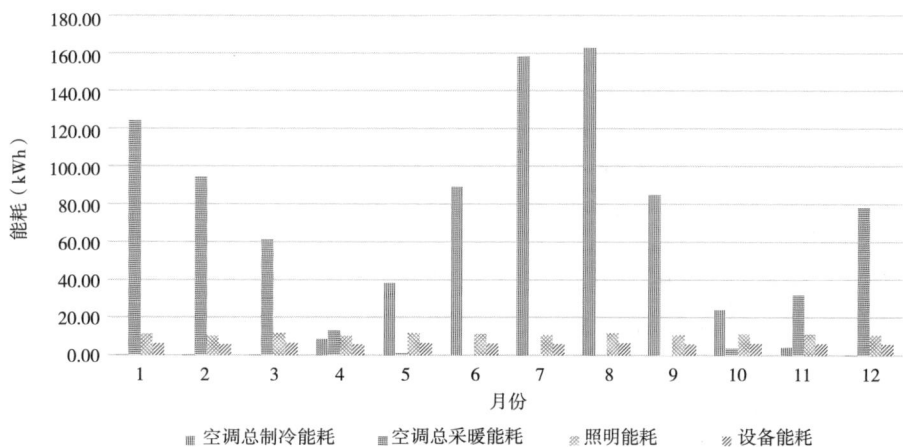

图 11-7　WORKX NOW 月度运行能耗模拟结果

运行阶段，WORKX NOW 主要碳排放集中在空调设备上，约为 82.54%；其次是照明设备和显示器，分别约为 11.26%、6.20%。

（4）WORKX NOW 全生命周期碳排放量（图 11-8）

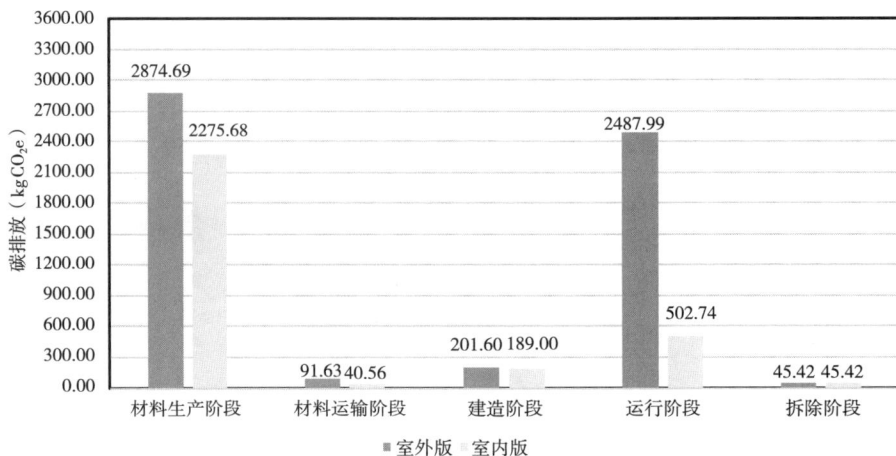

图 11-8　WORKX NOW 全生命周期碳排放量

11.1.2　互承木构壳体的机器人建构：成都新津天府农博园"瑞雪"展示馆

成都新津天府农博园"瑞雪"展示馆的设计策略和建造过程，作为首个"全机器人预制"的研究型实践，以结构性能化的设计策略为导向、机器人建造为核心，构建出复杂的双曲互承木构壳体，同时以木构机器人、3D 打印机器人、FUSense 全域感知数字模拟系统等为代表的智能建造技术，实现建造过程中精确拟合与模块化预制装配，以人机共生的乡村智造彰显后人文建构理念的实际应用，使传统乡村建筑重新焕发生机（图 11-9、图 11-10）。

设计之初，团队利用非均匀有理样条曲线（NURBS）生成柔和而可控的形态边界。然而，在后续深化和面向施工的过程中，该类曲线通常会产生难以精准定位、放样等实际问题。因此，在深化方案设计时，团队针对无理性样条曲线进行了有理化的编程设定：首先，在曲率较低的

图 11-9　成都新津天府农博园"瑞雪"项目建成实景（a）

246

图 11-10 成都新津天府农博园 "瑞雪" 项目建成实景（b）

近直线曲线段上，直接采用直线段进行拟合；接着，针对离散程度较高的曲线部分，通过二阶有理化的圆弧线混接，并确保圆弧混接点达到曲率切线连续（G1）的方式进行第二次拟合。经过以上两种方法对控制点曲线进行有理化处理，最终得到了相对稳定的平面边界形态控制线。

1）互承几何设计

通过对壳体结构性能的优化，团队得到了有理化的壳曲面，为下一步的内部结构设计提供了基础。内部结构设计基于图像镶嵌的网格转化的联想，即互承结构。

图 11-11 室内的互承结构细节

互承结构是通过短杆构件相互旋转、搭接，不断迭代和延展形成的一种结构，多单元编织的互承体系中，互承单元不断在周围延展组合，最终会形成高度自相似性的互承几何语言。

由于旋转、搭接，互承几何语言在空间中被赋予结构意义，成为一种独特的结构形式（图 11-11）。基于多单元互承结构体系的设想，团队对互承结构的几何原型及其几何转换方式进行了研究。互承结构的诞生首先产生于图形镶嵌，而镶嵌图形中的每个顶点是否连接3 条或以上的线段，是决定能否转换为互承几何的关键因素。具备符合条件的图形镶嵌网格后，可以进行相应的互承

247

几何转换，得到不同旋转角度下的互承几何网格。

在深化设计阶段，设计团队依据结构性能计算结果及构件位置关系，将木结构构件总结为 4 种类型，并针对不同构件之间的连接需求，设计了基于剪板、螺栓、销钉等连接件的参数化节点系统（图 11-12）。

局部节点分布图

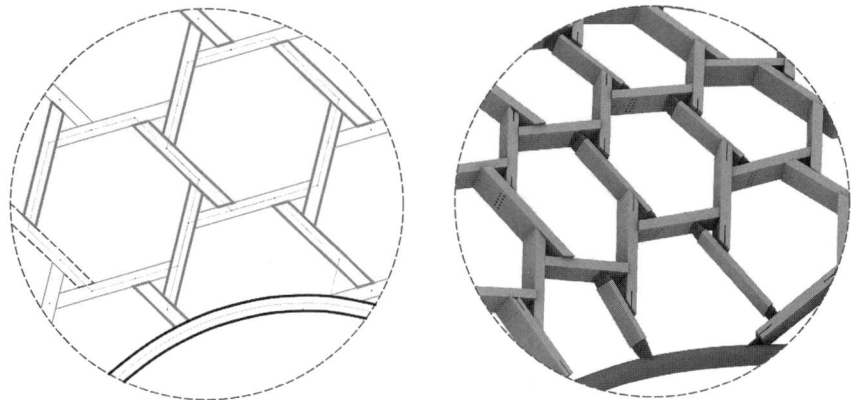

B1类杆件-节点1

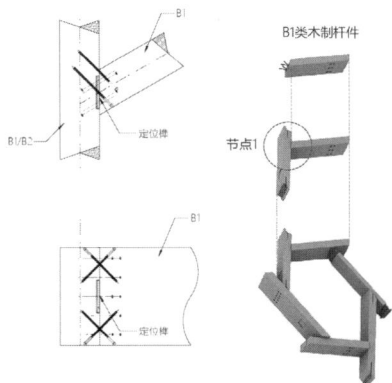

B2类杆件-节点2

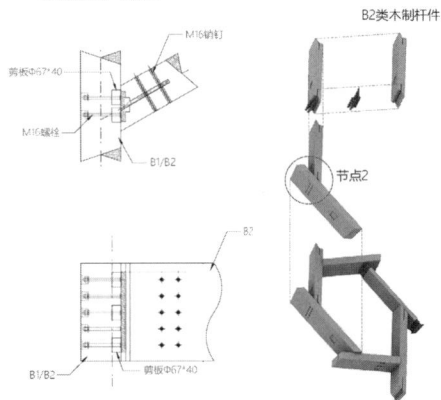

B3类杆件-节点3

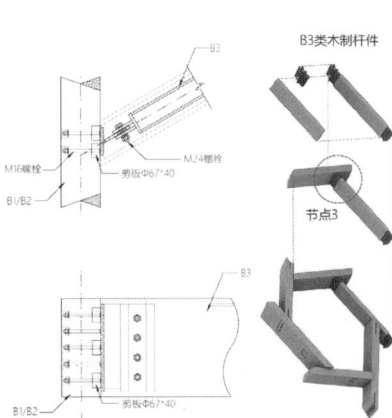

B4类杆件-节点4

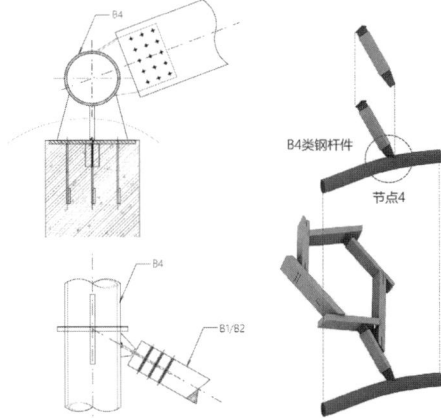

图 11-12 节点分解图

互承结构内部形成了大跨度无柱空间，同时为建筑带来了独特的几何语言和优异的结构性能。在互承结构壳体的几何设计方面，设计团队对自由曲线边界进行了有理化处理，获取基本平面边界形态控制线；在此基础上，设计团队对壳体曲面进行了一系列参数优化，以使空间更符合建筑功能的基本尺度，同时在结构上更为自洽（图 11-13）。

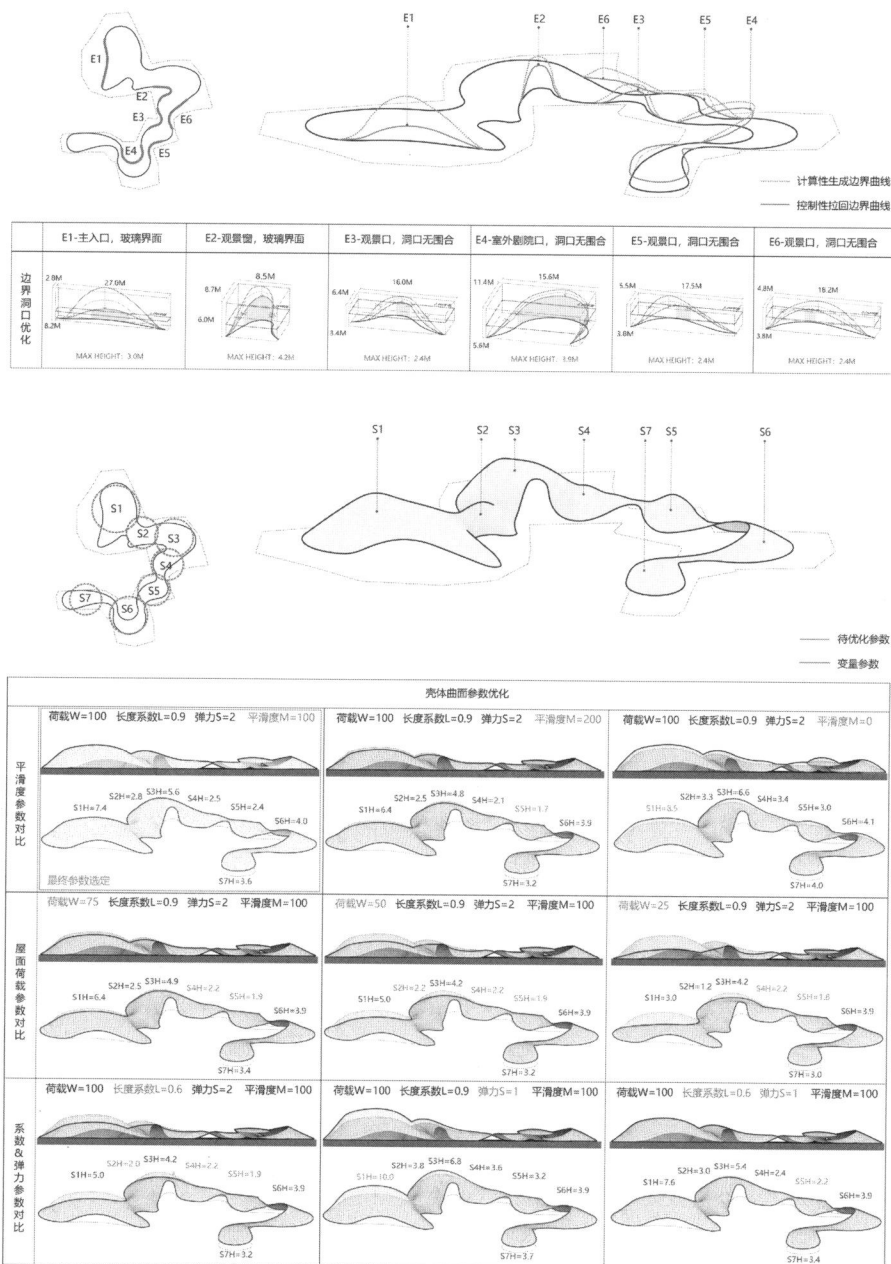

图 11-13 壳体曲面参数优化

2）基于全域感知平台 FUSense 的机器人建造

在智能建造过程中，多模态信息的实时采集与分析至关重要。然而，传统的测绘方法和采集方式往往难以满足复杂施工环境下高精度、多维度数据的采集需求，其原因在于传统测绘技术采用固定平台和固定方式，在工程施工过程中，现场环境不断变化，导致测绘精度难以保障。FUSense 全域感知技术是一种基于多源数据采集、融合和分析的智能建造技术，它能够实现对复杂建筑项目的全方位、高精度、实时的感知和指导，提高建筑设计和施工的效率和质量。

在"瑞雪"项目中，FUSense 全域感知技术发挥了重要作用，通过搭载环境感知技术的自研无人机空中采集终端、全站仪地面采集终端（固定）、动力小车采集终端（移动）等多种感知设备，团队能够实现自动路径规划、自主飞行、自主智能避障、复杂环境测绘等功能，结合实时动态测量技术（GPS-RTK）实现混合高精度感知，快速生成数字设计模型，进行实时交互和对比验证。这一技术路径能够方便建筑师通过实时监控复杂项目的施工情况全貌，逐一智能化校对非线性钢结构、互承木结构、OBS 木板平整度、木方高度和打印板等关键要素。在互承木结构与屋面系统完成深化设计后，互承木结构杆件与屋面 3D 打印板均进入工厂预制环节，有序进行互承木结构单元铣削与切割、改性塑料单元模块 3D 打印。在完成单元构件预制并对其进行分区编号后，立即运输至成都市新津区进行现场组装。通过脚手架搭建与全站仪配合，定位每段钢梁所在空间位置坐标，完成临时支撑结构搭建，在此基础上进行互承木结构和屋面系统的依次安装（图 11-14）。

在感知过程中，一方面通过感知技术，提前摸排施工现场的挑战，实现风险预评判。无人机可在高空中获取项目整体数据，全站仪则可获取精细局部数据，GPS-RTK 为整体数据定位提供支持。利用 FUSense 云端数据库储存采集由各类数据采集规划终端，实时采集到的多模式、多类型的施工现场二维数据，并进行可视化展示。用户可自定义数据采集视角、采集时间。内嵌 AI 智能算法，高准确率、高运行效率完成场景识别与内容比对分析。这些数据可在数字设计模型中实时交互，使建筑师更全面地了解施工过程中的挑战与风险。

另一方面，通过实时强大算力支持，团队可实时解算并提供施工指导。运用统计计算、大数据分析、知识图谱、计算机视觉等相关技术，FUSense 将采集的场景数据信息经整理后数字仿真模型与设计模型进行比对校验，根据实际业务需求，构建各类可复用的功能模块，对所涉及的数据进行分析、理解，并对已发生或即将发生的问题做出诊断、预警及调整，实现误差检测、工期检查、电子验收等功能。借助数字建模和全域感知技术，建筑师能实时监控并指导施工现场。例如，在互承木构和 3D 打印屋面施工中，建筑师可通过数字设计模型实时监控铺设过程中的偏差与误差，提供相应指导和

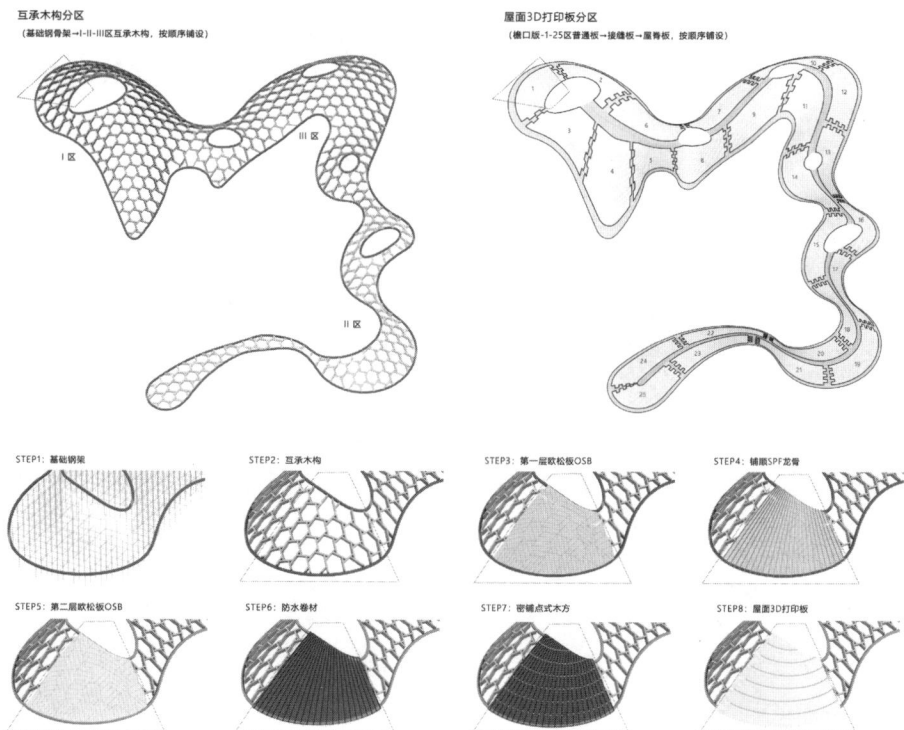

互承木构分区
(基础钢骨架→I-II-III区互承木构，按顺序铺设)

屋面3D打印板分区
(檐口板-1-25区普通板→接缝板→屋脊板，按顺序铺设)

STEP1: 基础钢架   STEP2: 互承木构   STEP3: 第一层欧松板OSB   STEP4: 铺筋SPF龙骨

STEP5: 第二层欧松板OSB   STEP6: 防水卷材   STEP7: 密铺点式木方   STEP8: 屋面3D打印板

图 11-14　屋面分区图

调整建议，使整个施工过程更高效、准确。

　　最后，通过后评估，团队可实现后续工序的动态调整。数字设计模型和全域感知技术不仅能在施工过程中提供指导和调整，还可在施工完成后进行后评估和优化，提高工程质量与施工效率。针对不同用户的痛点需求，通过搭建的 FUSense 数字化平台，服务设计方、业主方、施工团队、监理单位、政府单位在建筑工程中的感知需求。不同的用户借助 FUSense 平台中特定的软硬件设备，可以实现在施工过程中采集信息的规划、数据采集的执行、信息的汇总分析、与人工智能赋的数据可视化。这能有效打通智能建造场景中复杂多变的定制化流程和生产场景中信息复杂、联通困难、效率低下等问题。[1]

11.1.3　多目标统筹的智能化环境调控：上海徐汇区牙病防治所

　　上海徐汇区牙病防治所（新院）位于徐汇区枫林路 500 号，总建筑面积由过去的 1980m² 扩展到了 30400m²（图 11-15、图 11-16）。建筑在满足空间需求的基础上，引入弹性模块化生态诊疗空间的概念，将更多的阳光、新鲜空气引入建筑，构建更多的弹性围合式庭院空间，让医生和患者在治疗之余，仍能获得对自我身份的认同与尊重。

图 11-15　项目建成实景鸟瞰图

图 11-16　项目建成实景沿街透视图

　　在空间通风与照明设计中，将多目标条件与使用者对空间的使用需求纳入建筑方案构思。单元化诊疗空间是高精度医疗作业以及对舒适度要求最高的区域，在设计概念阶段将该空间区域定义为"空调舒适区"（comfort zone），环境调控、自然采光以及环境视觉舒适性等成为设计的最高优先级；而与之相对应的候诊区、医生及服务通道和公共交通区等位置，都被我们在方案设计阶段定义为"环境缓冲区"（buffering zone），通过合理控制建筑环境供冷与供暖区域、时间、品质，合理地设计"少用能""不用能"空间，实现"保证诊疗空间舒适度，公共空间缓冲过渡"的目标。在优化建筑能耗以及运营碳排放的过程中，将时间、面积、能效作为改进建筑能耗的输入接口，实现多目标统筹的智能化节能低碳设计。

　　我们在每个庭院的顶部设置可开启的天窗。一方面，用来引入自然光使得庭院空间呼吸感增强；另一方面，可在过渡季节形成拔风井，进行微气候调节。拔风井在春秋季节和夏冬季节间切换，最大化地平衡绿色节能要求和人体热舒适感（图 11-17、图 11-18）。夏冬季节，天窗和诊室窗户皆密闭，每个诊疗空间由空调进行主动式调节，利用全空间空调的运行模式达到室内恒温目的。而医生通道、候诊区和庭院作为热缓冲空间对诊疗室进行包裹，实现室内外气候的合理过渡。春秋季节，天窗和诊室窗户皆开启，4 层高的内庭院在风压和热压的作用下形成拔风井，释放内部空间的热量，对诊室和其他空间进行

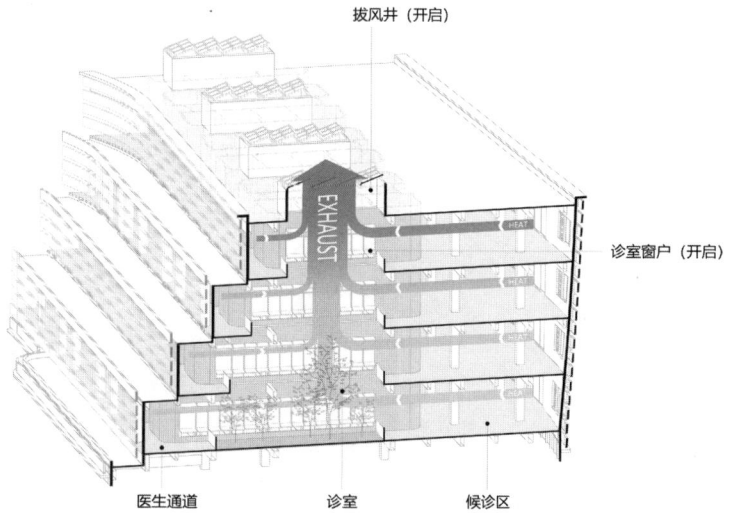

拔风井（开启）

诊室窗户（开启）

医生通道　　　　　诊室　　　　候诊区

Spring & Autumn　春秋季节

图 11-17　春秋季室内热环境运作模式

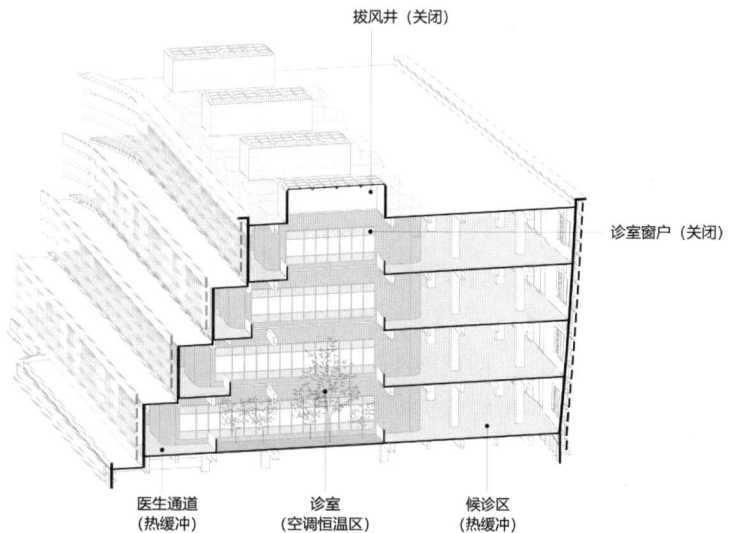

拔风井（关闭）

诊室窗户（关闭）

医生通道　　　　　诊室　　　　候诊区
（热缓冲）　　（空调恒温区）　（热缓冲）

Summer & Winter　夏冬季节

图 11-18　夏冬季室内热环境运作模式

热舒适调节，最终达到基于季节与使用者体验的空间低碳、低能耗设计。

　　建筑表皮采用生态化的立面系统，优化了形态与性能，并通过当代的设计语言对形体加以包裹，使之成为东西向房间的遮阳构件。双层 Low-E 玻璃、铝制玻璃框料和冲孔铝板表皮相得益彰。经过材料性能化计算、形态优化的冲孔铝板外表皮，为室内的医疗空间提供有效的降噪处理（图 11-19）[2]。

图 11-19　有韵律变化的冲孔铝板表皮

11.2.1　人工智能辅助生成的低碳智慧设计

人工智能在低碳智慧建筑设计中发挥着越来越重要的作用。通过人工智能技术辅助低碳智慧建筑设计，可以实现更加高效、环保和可持续的建筑方案。

未来，人工智能在低碳智慧建筑设计中的潜在应用包括：

（1）能源效率优化：人工智能可以通过分析建筑的能源使用数据、气候数据和使用模式，提供优化建议。智能系统可以根据天气预报和用户行为自动调整采暖、制冷和照明系统，以降低能耗并提高能源利用效率。

（2）材料选择优化、循环利用：人工智能可以分析建筑材料的生命周期数据和环境影响，帮助设计师选择更加环保和可持续的材料。此外，人工智能还可以优化材料的使用方式，提高材料的循环利用率，减少废弃物的产生。

（3）智能建筑控制系统：通过智能传感器和控制系统，人工智能可以实现对建筑内部环境的精细化管理。智能系统可以实时监测室内空气质量、温湿度等参数，并自动调节通风、空调和照明系统，以提高室内舒适度并降低能耗。

（4）仿生设计：借鉴自然界的设计原则，人工智能可以帮助设计师优化建筑结构和布局，实现更加高效的能源利用。通过仿真和优化算法，可以设计出具有良好通风、采光和隔热性能的建筑结构，从而降低能耗并提高舒适度。

（5）建筑生命周期管理：人工智能可以通过分析建筑的运营数据和维护需求，提供定制化的建筑维护和管理方案。智能系统可以预测设备的故障风险，并提供及时的维护建议，以延长设备的使用寿命并降低维护成本。

总之，人工智能在低碳智慧建筑设计中的应用可以帮助实现能源节约、环境保护和舒适性提升的目标，促进建筑行业向更加可持续的方向发展。

11.2.2　全域感知平台支撑的低碳智慧建造

全域感知平台结合了传感器网络、大数据分析和人工智能技术，可以实现对建筑各个方面的实时监测和智能管理。

（1）实时监测建造全过程：全域感知传感器能够实时监测建筑工地的各种参数，如温度、湿度、压力等，帮助建筑师和工程师及时了解工地情况。

（2）优化资源、降低成本：通过全域感知传感器收集的数据，建筑师可以更好地优化资源利用，如节约能源、减少废料，从而降低建造成本。

（3）提升建造安全性：全域感知传感器可以检测到潜在的安全隐患，如裂缝、结构不稳定等，及时发出警报，有助于减少意外事件的发生。

（4）控制建造质量：通过全域感知传感器监测建筑材料的质量和工艺过程，可以及时发现误差并加以解决，提高建筑质量。

（5）建造数据分析：全域感知传感器采集的大量数据可以用于分析建造过程中的各种模式和趋势，帮助优化未来的建造计划和流程。

因此，全域感知平台支撑的低碳智慧建造可以提高效率、降低成本、提升安全性和质量，并为未来的建造工作提供更多的数据支持和分析基础。

11.2.3　BIM 与 IoT 耦合的低碳智慧运营

BIM 和物联网（IoT）的耦合可以为低碳智慧建筑的运营提供全面和智能的解决方案。

（1）智能设备管理：BIM 模型可以与建筑内部的物联网设备连接，实现对设备运行状态的实时监测和管理。通过 BIM 模型，运维人员可以准确了解每个设备的位置、型号、安装日期等信息，并监控设备的运行参数和故障报警。这样可以及时发现设备运行异常，并采取预防性维护措施，减少能源浪费和碳排放。

（2）室内环境优化：物联网传感器可以实时监测建筑内部的温度、湿度、CO_2 浓度等参数，与 BIM 模型结合，可以实现对室内环境的精细化管理。运用 BIM 模型的空间分析功能，可以针对不同区域的环境特点，调整空调、通风和照明系统，提高室内舒适度，并降低能耗。

（3）能源消耗优化：BIM 模型可以结合物联网设备对建筑的能源消耗进行模拟。通过对建筑模型的分析，可以识别能源消耗的高峰时段和高耗能设备，并采取相应的调整措施，如优化设备运行策略、调整用能时间等，以降低能源消耗和碳排放。

（4）维护与管理优化：BIM 模型可以与物联网设备的数据进行整合，实现对建筑设备的维护和管理的智能化。运用 BIM 模型的维护管理功能，可以自动生成设备维护计划和工作指导书，并将其与物联网设备的运行数据相结合，提供实时的设备状态监测和维护提示，降低维护成本和提高设备可靠性。

（5）实时监控与预警：BIM 模型和物联网设备可以实现对建筑运行状态的实时监控和预警。通过 BIM 模型的空间分析功能，可以将建筑分成不同的区域，并与物联网设备相连接，实现对每个区域的实时监测和预警。一旦发现异常情况，系统可以自动发出预警信息，并提供相应的应对措施，保障建筑的安全和稳定运行。

因此，BIM 与物联网的耦合可以使低碳智慧建筑的运营实现对建筑设备、室内环境、能源消耗等方面的精细化管理和优化，从而降低碳排放，提高能源利用效率，实现可持续发展的目标。

11.3 课后习题

（1）【简答】根据全生命周期评价法、中国《建筑碳排放计算标准》GB/T 51366—2019，建筑碳排放计算包括哪些阶段？

（2）【填空】建筑碳排放最高的环节是＿＿＿阶段和＿＿＿阶段。

（3）【填空】由于＿＿＿、＿＿＿、＿＿＿等优势，3D 打印技术能够使建筑物化阶段碳排放量大幅度下降。

（4）【简答】全域感知技术主要包括哪些终端采集感知设备？

（5）【简答】人工智能在低碳智慧建筑设计中的应用可以帮助实现哪些目标？

本章参考文献

[1] 高伟哲，孙童悦，袁烽. 天府农博园"瑞雪"：互承木构壳体的机器人建构实践 [J]. 建筑学报，2023（10）：62-71.

[2] 袁烽，高天轶. 环境可调控医疗空间的具身体验——上海徐汇区牙病防治所设计 [J]. 建筑学报，2023（1）：41-43.